Python 工程应用系列丛书

图像处理算法及其 Python 实践

张晓燕　江保祥　王晓东　编著

西安电子科技大学出版社

内 容 简 介

Python 语言具有简洁、易读、扩展性强的特点，是目前图像处理工程实践中应用最广泛的编程语言。本书紧扣读者需求，采用循序渐进的叙述方式，深入浅出地介绍了使用 Python 语言解决图像处理工程中热点问题的方法。全书共 9 章：第 1 章为 Python 程序设计基础；第 2 章为 Python 图像处理基础；第 3 章为深度学习基础；第 4～9 章为基于 Python 语言图像处理的典型案例，包括图像分类、图像分割、目标检测、人脸识别、图像风格迁移和图像描述等热点及难点问题。

本书内容较为系统，注重实用性，既有详尽的理论基础知识介绍，又兼顾了 Python 编程实现技术，知识点明晰且难易适中，可供智能科学与技术、计算机科学与技术、电子信息工程、通信工程、光电信息科学与工程、自动化等专业学生及从事数字图像处理工作的技术人员学习参考。

图书在版编目(CIP)数据

图像处理算法及其 Python 实践 / 张晓燕，江保祥，王晓东编著. -- 西安：西安电子科技大学出版社，2024.11
ISBN 978-7-5606-7272-4

Ⅰ. ①图… Ⅱ. ①张… ②江… ③王… Ⅲ. ①数字图像处理②软件工具—程序设计
Ⅳ. ①TN911.73②TP311.561

中国国家版本馆 CIP 数据核字(2024)第 081881 号

策　　划　刘玉芳
责任编辑　刘玉芳
出版发行　西安电子科技大学出版社(西安市太白南路 2 号)
电　　话　(029)88202421　88201467　　邮　　编　710071
网　　址　www.xduph.com　　电子邮箱　xdupfxb001@163.com
经　　销　新华书店
印刷单位　咸阳华盛印务有限责任公司
版　　次　2024 年 11 月第 1 版　　2024 年 11 月第 1 次印刷
开　　本　787 毫米×1092 毫米　1/16　　印张 17
字　　数　402 千字
定　　价　45.00 元
ISBN 978-7-5606-7272-4 / TN
XDUP 7574001-1

前　言

随着人工智能研究的不断发展，Python 语言的应用领域也在不断拓展。Python 语言的简洁性、易读性、可扩展性、在开源方面的优势，以及和深度学习中各种神经网络的结合，使得 Python 语言已经成为最受欢迎的程序设计语言之一。

本书从初学者的角度出发，详细介绍了使用 Python 语言进行图像处理程序开发应该掌握的各方面技术。本书从介绍 Python 基本图像处理功能开始，阐述了基于深度学习的理论基础，给出了较全面的图像处理工程实践实例。通过本书的学习，读者可以快速全面掌握基于 Python 语言的图像处理方法以及深度学习理论在 Python 中的应用。

本书共 9 章：第 1 章主要介绍 Python 语言的语法和图形用户界面设计；第 2 章主要介绍 Python 语言图像处理中常用的基础类库；第 3 章主要介绍深度学习理论基础、深度学习框架和卷积神经网络；第 4～6 章主要介绍图像处理的基础和典型应用——图像分类、图像分割和目标检测，详细介绍了相关数据集、典型实现方法和具体实现；第 7 章主要介绍人脸识别的主要方法及具体实现；第 8 章主要介绍图像风格迁移的常用方法和具体实现；第 9 章主要介绍图像描述的方法与实现。

本书的第 1～4 章由张晓燕编写，第 5、6 章由王晓东编写，第 7～9 章由江保祥编写。参加编写的人员还有陈祥、石浩等，他们对书中代码进行了实现并对全书进行了核对校正，对他们的辛勤付出表示感谢！

由于作者水平有限，书中可能还存在不足之处，衷心希望读者批评指正。

本书的出版得到了福建省自然科学基金项目(编号：2019J01039)的支持。

作　者

2024 年 7 月

目 录

第 1 章　Python 程序设计基础

近些年，随着人工智能与机器学习技术逐渐走向成熟，Python 语言也因此成为一种流行的编程语言。本章主要介绍 Python 语言的基础知识。

1.1　Python 语言快速入门

Python 语言是一种动态类型的解释型语言。作为一种解释型语言，Python 语言不像 C++语言、C 语言那样程序要通过编译器的编译生成二进制文件后才能运行，Python 程序只需要在操作系统上安装 Python 解释器就可以运行了，Python 解释器会将程序代码逐行解释为机器码后再运行。作为一种动态类型的语言，相对于 C++ 和 Java 等静态类型语言，Python 语言拥有动态类型系统，Python 程序在运行时才进行类型检查，并且可以改变变量的类型。

虽然 Python 语言被归为脚本语言，但是相比于只能处理简单任务的 Shell Script、VBScript 等脚本语言，Python 语言可以处理各种难度的任务。Python 语言本身被设计为可扩展的，并能将所有的特性和功能都集中到语言核心之中。Python 语言提供了丰富的 API 和工具，以便开发者可以使用 C、C++ 等语言来编写扩展模块。Python 语言强调代码的可读性和语法的简洁性。相对于 C++ 语言、Java 语言，Python 语言的代码更加简洁清晰。当然其缺点也很明显，即运行效率没有前两者那么高效，但在大部分情况下，Python 语言的运行效率完全能满足需求。在大型的工程项目中，对于性能要求极高的部分，可使用 C 或 C++ 等语言开发，然后使用 Python 语言调用相应的模块。因此，很多开发人员把 Python 语言当作一种“胶水语言”使用。

1.1.1　Python 的版本与安装

Python 可以在 Windows、Mac OS、Linux 系统等很多主流的操作系统上运行。Python 只占用很小的内存，只要配置不是太低的计算机都可以运行 Python。

1. Python 的实现版本

Python 的实现有很多版本，如官方版本 CPython、ActiveState 公司的 ActivePython 和

Anaconda 公司的 Anaconda 等。

1) CPython

CPython 是由 Python 软件基金会创建的官方标准的 Python 解释器，也是最流行的 Python 解释器。除了解释器和标准库之外，它还包括一些第三方组件，并且内置了第三方组件 pip。CPython 使用 C 语言实现，因此它编写的二进制文件很难在其他 Python 解释器上使用。

2) ActivePython

ActivePython 是由 ActiveState 公司发行的一套企业级二进制 Python 编程调试工具，带有集成开发环境(Integrated Development Environment，IDE)。ActivePython 有三个发行版本(社区版、商业版和企业版)，适用于 Windows 和 Linux 操作系统，并和其他 Python 实现兼容。ActivePython 调用了 CPython 内核，预安装了数十种流行的第三方库，并通过数学函数库增加了许多数学和科学数据库来改进性能。

3) Anaconda

Python 语言的主要用途就是数据分析和机器学习，Anaconda 公司的 Anaconda 在这一方面得到广泛使用。像 ActivePython 一样，它捆绑了许多常见的 Python 数据库和统计数据库，并使用了英特尔优化版本的数学库。当使用 Anaconda 进行数据科学计算时，可以轻松创建并管理 Python 环境，以确保库和依赖项的有效管理，同时保持版本兼容性。

2. Python 的开发工具

Python 的开发工具有很多，其 IDE 的功能一般比较强大。通过 IDE 进行代码开发时，IDE 都会提供代码提示、文件和目录管理、代码搜索和替换、查找函数等功能。这里主要介绍基于 VS Code 和 PyCharm 进行代码开发。

1) VS Code

VS Code 是由微软开发的，同时支持 Windows、Linux 和 Mac OS 操作系统且开放源代码的文本编辑器。它支持程序调试，并内置了 Git 版本控制功能，同时也具有开发环境的功能，如代码补全、代码片段、代码重构等。该编辑器支持用户自定义配置，还支持扩展程序并在编辑器内置了扩展程序管理功能。

2) PyCharm

PyCharm 是由 JetBrains 公司开发的一款 IDE 工具，它集成了一系列开发功能，如 Python 包管理、虚拟环境管理、框架整合和 Git 等。PyCharm 大大节省了程序开发时间，程序运行更快捷，且代码可以自动更新格式，并支持多种操作系统。

3. Python 解释器和文本编辑器 VS Code 的下载与安装

Python 解释器和文本编辑器 VS Code 的下载与安装步骤如下：

(1) 登录 Python 官网(https://www.python.org/)，如图 1-1 所示。单击“Downloads”→“Windows”，下拉选择需要的版本，如图 1-2 所示。下载后双击打开下载的安装包勾选添加到环境变量，开始安装，如图 1-3 所示。

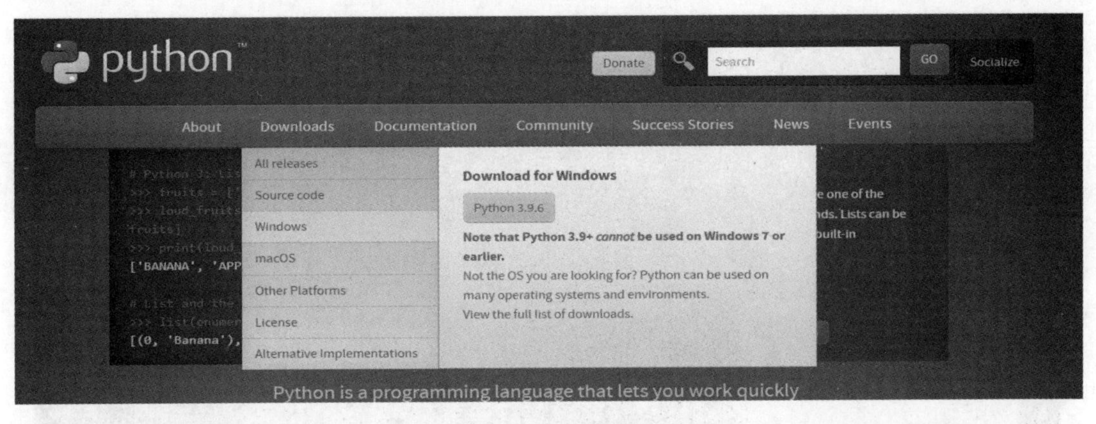

图 1-1　Python 官网界面

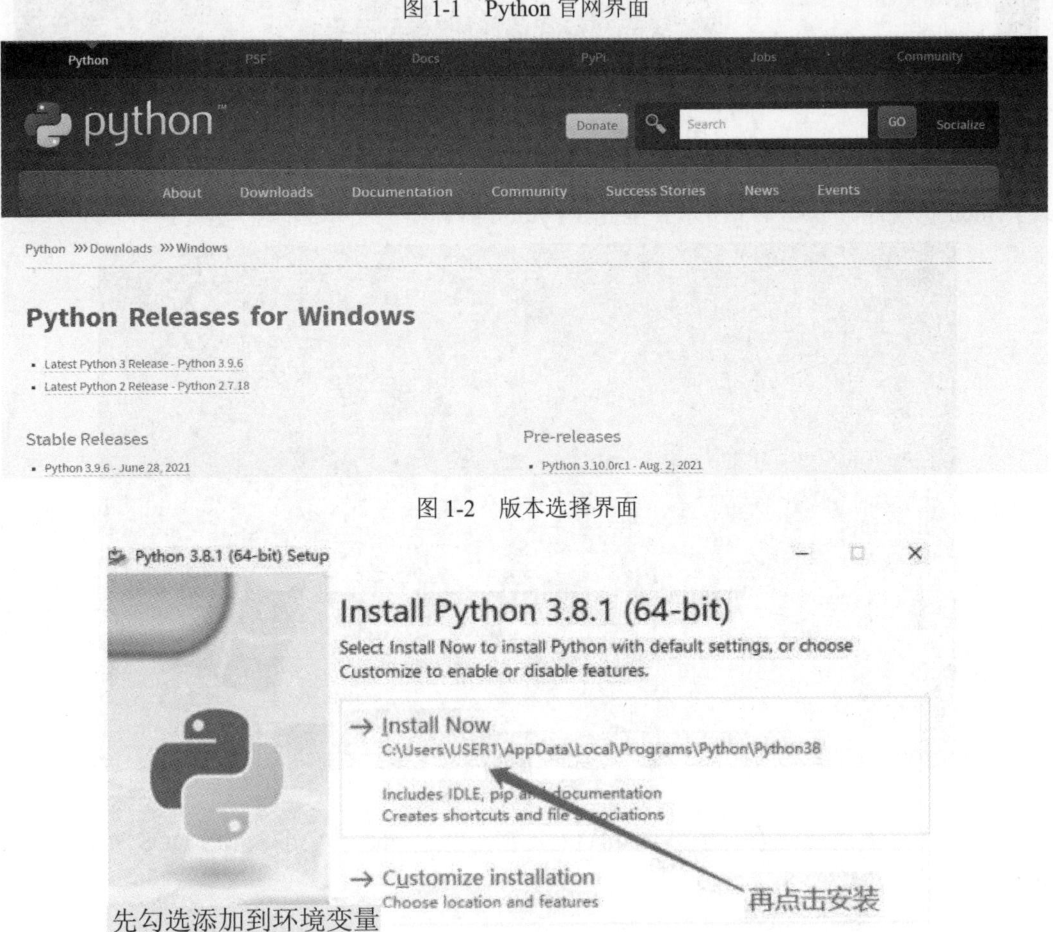

图 1-2　版本选择界面

图 1-3　添加到环境变量

(2) 安装完 Python 解释器后，进入 VS Code 官网(https://code.visualstudio.com/)安装文本编辑器，如图 1-4 所示。

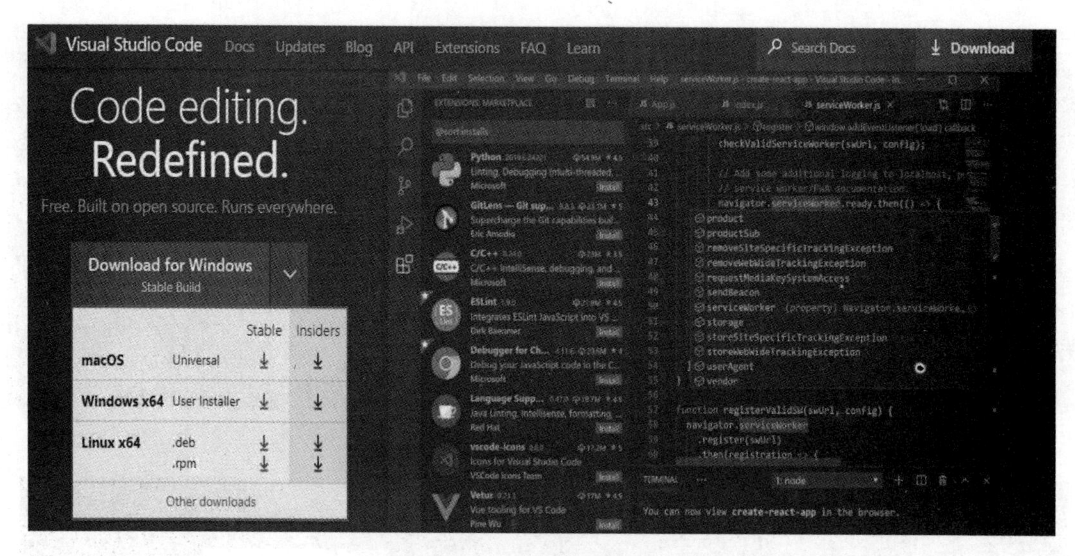

图 1-4 选择相应版本安装 VS Code

(3) 安装完成之后，双击打开安装的 VS Code，在左侧的搜索栏中输入“python”，安装 Python 扩展库，如图 1-5 所示。至此，Python 解释器与文本编辑器安装完毕。

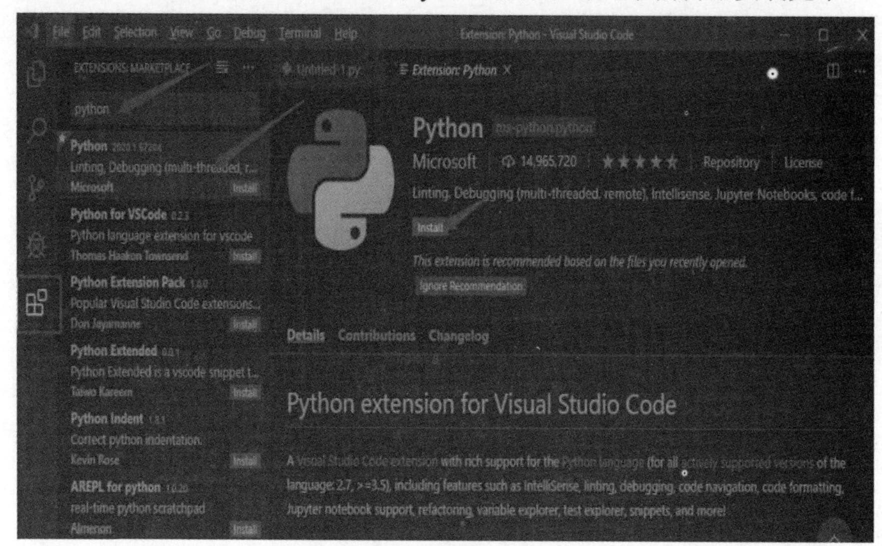

图 1-5 安装 Python 扩展库

(4) 如图 1-6 所示，按下键盘上的 Win+R 键，输入 cmd 命令进入 MS-DOS 界面，输入 python，显示版本为 3.8.1，表明 Python 已经正确安装。

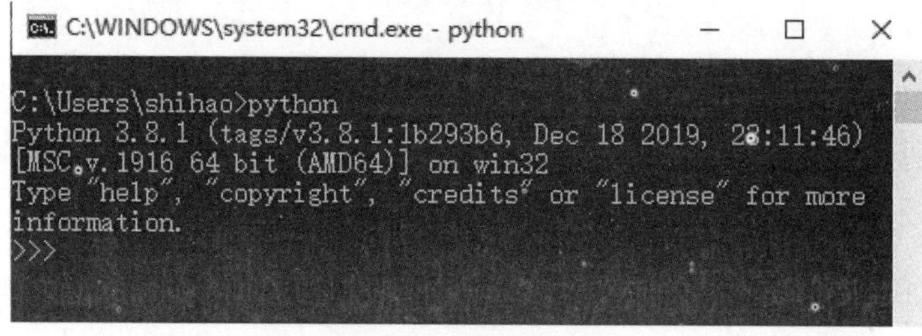

图 1-6 MS-DOS 界面

4. 集成开发环境 PyCharm 下载与安装

PyCharm 是 JetBrains 开发的一个 Python 集成开发环境(IDE)，提供了强大的编辑、调试和开发功能。下载和安装 PyCharm 的步骤如下：

(1) 打开浏览器，访问 PyCharm 官方下载网站，网址为 https://www.jetbrains.com.cn/en-us/pycharm/。

(2) 单击“下载”按钮，选择与用户的操作系统(Windows、macOS 或 Linux)相对应的安装包。

(3) 下载完成后，双击 .exe 安装文件，启动安装程序，按照安装向导的步骤进行安装。用户可以选择安装路径，创建桌面快捷方式，并选择添加到系统 PATH 环境变量中。

1.1.2　编写简单的 Python 程序

首先，按下键盘上的 Win+R 键，输入 cmd 命令进入 MS DOS 界面，输入 python，显示版本为 3.8.1，表明 Python 已经正确安装。

当从终端运行 Python 程序时，在 >>>后面即可输入简单的 Python 代码片段。输入“print("Hello World!")”，并按下回车键，输出结果如图 1-7 所示。

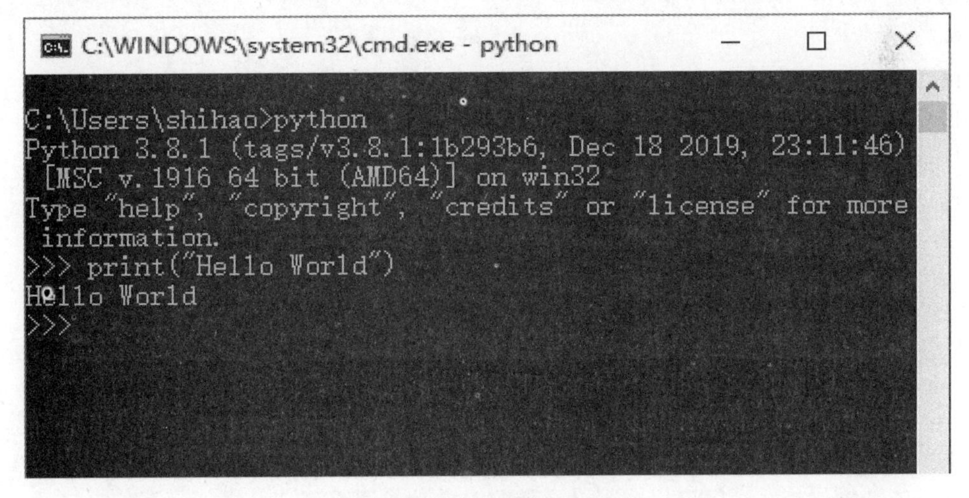

图 1-7　从终端运行程序

对于简单的 Python 代码片段，可以通过以上方式直接运行，也可在 Python 交互式环境中运行。

1.1.3　编辑和运行复杂的 Python 程序

当代码量较大时，无法直接在 Python 交互界面中进行编辑，因此一般选择在文本编辑器 VS Code 或 Pycharm 中编辑运行。

(1) 使用 VS Code 软件编写 Python 代码，在 VS Code 中单击“新建文件”按钮，输入文件名，如 demo.py，在新创建的 demo.py 文件中输入程序“print("Hello VS Code! ")”，输出结果如图 1-8 所示。

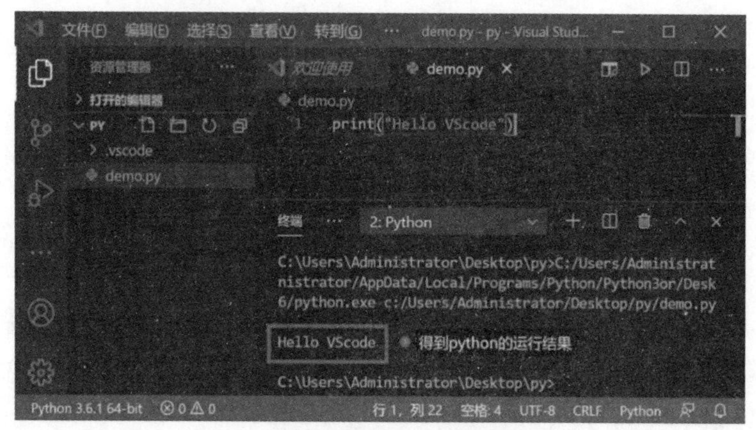

图 1-8　在 VS Code 中运行程序

(2) 使用 Pycharm 编写 Python 程序，打开 PyCharm，单击“Create New Project”，选择项目位置和 Python 解释器，单击“Create”，在项目视图中右键单击项目目录，选择“New”→“Python File”，输入文件名（如 hello.py），在 hello.py 文件中输入如下程序：

```
message1="python world"
message=f"Hello, welcome to {message1.title()}!"
print(message)
print("Here we go!")
```

保存为文件 first.py，并运行该程序，输出结果如下：

```
Hello, welcome to Python World!
Here we go!
```

1.2　Python 语法速览

本节介绍 Python 语言的基本语法，主要包括基本的数据类型、列表与元组、字典与集合这些复杂的数据结构、程序流程控制以及函数的定义与调用等。

1.2.1　数据类型

在 Python 语言中，常见的数据类型有整型、浮点型、字符串和布尔型，如表 1-1 所示。表 1-2 列出了 Python 语言常用的运算符。

表 1-1　常见的数据类型

数据类型	示　例
整型	-2，-1，0，1，2，3
浮点型	-1.1，-1.4，3.14，1.414
字符串	'a '，'Hello '，"aa "，"hello"
布尔型	其值只有两个，即 False 和 True

表 1-2 常用的运算符

<table>
<tr><th>操作符</th><th>描 述</th><th>示 例</th><th>操作符</th><th>描 述</th><th>示 例</th></tr>
<tr><td>+</td><td>加法</td><td>a+b</td><td>&</td><td>按位与</td><td>a&b</td></tr>
<tr><td>-</td><td>减法</td><td>a-b</td><td>|</td><td>按位或</td><td>a|b</td></tr>
<tr><td>*</td><td>乘法</td><td>a*b</td><td>^</td><td>按位异或</td><td>a^b</td></tr>
<tr><td>/</td><td>除法</td><td>a/b</td><td>~</td><td>按位取反</td><td>a~b</td></tr>
<tr><td>%</td><td>取模</td><td>a%b</td><td><<</td><td>左移运算符，左操作按位左移，右操作数指定移动位数</td><td>a<<b</td></tr>
<tr><td>**</td><td>指数运算</td><td>a**b</td><td>>></td><td>右移运算符，左操作按位右移，右操作数指定移动位数</td><td>a>>b</td></tr>
<tr><td>//</td><td>取商的整数部分</td><td>a//b</td><td>and</td><td>逻辑与</td><td>a and b</td></tr>
<tr><td>==</td><td>相等</td><td>a==b</td><td>or</td><td>逻辑或</td><td>a or b</td></tr>
<tr><td>!=</td><td>不相等</td><td>a!=b</td><td>not</td><td>逻辑非</td><td>not a</td></tr>
<tr><td>>=,<=</td><td>大于等于，小于等于</td><td>a>=b,a<=b</td><td></td><td></td><td></td></tr>
</table>

下面是在命令行中演示一些数学计算的例子。

```
>>> 3*4
12
>>> 10/3
3.3333333333333335
>>> 10//3
3
>>> 10%3
1
>>> 10**2
100
>>> 100/(22+3)
4.0
```

在 Python 语言中，当数学表达式中含有浮点型数时，输出结果一定也是浮点型数，但浮点型数的小数位数是不确定的。在除法运算时，即使能够被整除，输出结果也一定是浮点型数。

除了整型和浮点型数据，Python 语言还可以处理字符串。在 Python 语言中可以用“' '”或“" "”括起来代表字符串，也可以使用“\”操作符来对特殊字符转义。例如，“\'”为单引号“ ' ”，“\n”为换行符，“\t”为制表符。下面是在命令行中演示一些字符串处理的例子。

```
>>> 'How are you'
'How are you'
>>> "How are you"
'How are you'
```

```
>>> 'I\'m ok'
"I'm ok"
>>> "I'm ok"
"I'm ok"
```

在 Python 语言中，可以使用“+”拼接两个字符串，使用“*”来重复字符串。当多个字符串相邻时，解释器会自动合并。示例代码如下：

```
>>> a="Hello"
>>> b="World"
>>> a+b
'HelloWorld'
>>> 'Hello''World'
'HelloWorld'
>>> 2*'A'+'pple'
'AApple'
```

Python 语言可以通过“索引”方式来获取字符串中某个位置的字符。示例代码如下：

```
>>> a='fragrant'
>>> a[0]
'f'
>>> a[0]+a[5]
'fa'
>>> a[-1]
't'
>>> a[-6]
'a'
>>> a[-8]
'f'
```

索引为正数时，从字符串左边向右查找(0 和-0 都表示第一个字符)。当索引为负数时，从字符串右边向左查找(最右边的索引为 −1，并依次向左为 −2，−3，……)。

要获取字符串中的一段字符串，可以通过如下“切片”操作来实现。

```
>>> a='water'
>>> a[0:3]
'wat'
>>> a[:3]
'wat'
>>> a[1:]
'ater'
```

对于字符串进行切片操作时，可以使用形如 a[x1:x2]的表达式，这会切取索引号为 x1 到 x2 之间的元素，包含索引 x1 处的元素，但不包含索引 x2 处的元素。如果 x1 缺省(未指定)，则默认为 0，即从序列的第一个元素开始，如 a[:x2]表示从第一个元素开始切到索引

x2 处的元素(不包含 x2 处的元素)。如果 x2 缺省(未指定)，则默认切到序列的最后一个元素，包括最后一个元素，如 a[x1:]表示从索引 x1 处的元素开始切到序列的最后一个元素。

在 Python 中，大部分序列(如字符串、列表和元组)都可以进行一些通用操作。这些操作包括索引访问、切片、序列相加、检查某个元素是否在序列中、获取长度以及获取最大值和最小值。

1.2.2　列表与元组

1. 列表

列表是由一系列按特定顺序排列的元素组成的，列表通常包含多个元素，非常适合用于存储在程序运行期间可能变化的数据集。在 Python 语言中，用方括号[ ]表示列表，并用逗号分隔其中的元素。下面是一个简单的列表示例。

```
app=['a', 'b', 'c', 'd']
print(app)
```

打印的结果包括方括号，输出如下：

```
['a', 'b', 'c', 'd']
```

访问列表元素，可以通过索引的方式访问任意元素。示例代码如下：

```
app=['a', 'b', 'c', 'd']
print(app[0])
print(app[1])
print(app[-1])
```

输出结果如下：

```
a
b
d
```

在 Python 语言中第一个元素索引为 0 而不是 1，大多数编程语言都是这么规定的。此外，Python 语言还通过设定最后一个元素的索引为 -1 来访问列表的最后一个元素。

修改列表元素的值，通过指定列表名和对应元素的索引，对其重新赋值。示例代码如下：

```
app=['a', 'b', 'c', 'd']
print(app)
app[0]='apple'
print(app)
```

输出结果如下：

```
['a', 'b', 'c', 'd']
['apple', 'b', 'c', 'd']
```

在列表末尾添加元素，可使用方法 append()。演示示例代码如下：

```
app=['red','yellow','blue','green']
print(app)
app.append('black')
```

```
print(app)
```

输出结果如下：

```
['red', 'yellow', 'blue', 'green']
['red', 'yellow', 'blue', 'green', 'black']
```

如果想要在列表任意位置插入元素，可使用方法 insert()将相应的元素插入相应的位置。示例代码如下：

```
app=['red','yellow','blue','green']
print(app)
app.insert(1,'black')
app.insert(5,'white')
print(app)
```

输出结果如下：

```
['red', 'yellow', 'blue', 'green']
['red', 'black', 'yellow', 'blue', 'green', 'white']
```

在 Python 语言中，知道列表元素的索引，可使用 del 语句删除元素。示例代码如下：

```
app=['red','yellow','blue','green']
print(app)
del app[1]
print(app)
```

输出结果如下：

```
['red', 'yellow', 'blue', 'green']
['red', 'blue', 'green']
```

还可以使用 pop()方法删除列表末尾元素。示例代码如下：

```
app=['red','yellow','blue','green']
print(app)
app.pop()
print(app)
```

输出结果如下：

```
['red', 'yellow', 'blue', 'green']
['red', 'yellow', 'blue']
```

pop()方法还可以用来删除指定位置的元素，只需要在 () 中添加对应元素的索引即可。

2. 元组

元组与列表十分相似，大部分方法都通用，但是元组和列表的最大区别是列表可以修改，可以删除，而元组不能修改，不能删除单个元素，但是可以删除整个元组。

元组定义和列表类似，元组定义时只需用“( )”把元素括起来，并用“，”把元素隔开。下面的代码定义了一个元组，访问其中一个元素，并将元组打印出来。

```
app=('apple','peach','mango','grape')
print("My favorite fruit is",app[3])
```

```
print(app)
```

输出结果如下：

```
My favorite fruit is grape
('apple', 'peach', 'mango', 'grape')
```

如果定义只包含一个元素的元组，则必须在这个元素后面加上一个“,”，否则元素还是原来的类型。示例代码如下：

```
app1=('apple')
print(type(app1))
app2=('apple',)
print(type(app2))
```

输出结果如下：

```
<class 'str'>
<class 'tuple'>
```

由输出结果可知，app1 为 str 字符串类型，而 app2 为 tuple 元组类型。

由于元组不能修改，因此元组不能单独删除部分元素，只能删除整个元组。示例代码如下：

```
app=('apple','peach','mango','grape')
print(app)
app[1]='orange'
print(app)
```

输出结果如下：

```
('apple', 'peach', 'mango', 'grape')
TypeError: 'tuple' object does not support item assignment
```

在执行第三行代码修改元组元素时，输出会报错，显示元组类型不支持修改元素。元组不能删除单个元素，但可以执行 del 语句整体删除。

1.2.3　字典与集合

1. 字典

在 Python 语言中，字典(dict)是一系列键值对。每个键都有一个值关联，可以使用键来访问关联的值。与键关联的值可以是数值、字符串、列表乃至字典。任何 Python 对象都可用作于字典中的值。

在 Python 语言中，字典用放在花括号{}中的一系列键值对表示，键和值之间用冒号分隔，而键值对之间用逗号分隔。下面的代码定义了一个字典，并将其打印出来。

```
fruit={'Joe':'apple', 'Michael':'peach','Tony':'mango',
'Maria':'grape'}
print(fruit)
```

输出结果如下：

```
{'Joe': 'apple', 'Michael': 'peach', 'Tony': 'mango', 'Maria': 'grape'}
```

访问字典中的值，可通过字典名和对应的键来获取，如要获取键“Joe”对应的值，可以用如下代码实现：

```
print(fruit['Joe'])
#输出为 apple
```

还可以将字典中的值赋值给其他变量使用，也可以通过上面的方式修改键对应的值。

字典是一种动态结构，可随时在其中添加和删除键值对。只要依次指定字典名、用方括号括起来的键和相关联的值，就可以在字典末尾添加上一个键值对。使用 del 语句，指定字典名和要删除的键，就可以删除键值对。示例代码如下：

```
fruit={'Joe':'apple','Michael':'peach'}
fruit['Tony']='mango'          #添加 Tony 键
del fruit['Joe']               #删除 Joe 键
```

一个 Python 字典可能只包含几个键值对，也可能包含几百万个键值对。因此，Python 语言支持对字典的遍历，遍历的方式有多种，可遍历字典的所有键值对，也可仅遍历键或值。

遍历所有键值对可使用方法 items()，它返回一个键值队列表。使用 for 循环依次将每个键值对赋给指定的两个变量。示例代码如下：

```
fruit={
    'Joe':'apple',
    'Michael':'peach',
    'Tony':'mango',
    'Maria':'grape'
}
for keys,values in fruit.items():    #将键值对赋值给两个变量
    print(keys，values)
```

输出结果如下：

```
Joe apple
Michael peach
Tony mango
Maria grape
```

在遍历键时使用方法 keys()，可访问字典中的所有键。使用 values()方法可访问字典中所有键所对应的值。示例代码如下：

```
for key in fruit.keys():        #在 for 循环中依次将键赋值给变量 key
for value in fruit.values():    #在 for 循环中依次将值赋给变量 value
```

有时需要将一系列字典存储到列表中，或者将列表作为值存储在字典中，或者在字典中嵌套字典。下面演示一个在字典中嵌套字典的例子。

假设在一个字典 users 里面设定两个键，每个键对应一个具体用户，每个具体用户键对应的值又为一个字典，在字典中存储年龄、性别和爱好。示例代码如下：

```
users={
    'Joe':{
        'age': '18',
```

```
            'sex': 'male',
            'hobby':'table tennis',
        },
        'Maria':{
        'age': '19',
        'sex': 'female',
        'hobby':'piano',
        },
}
for name,user_more in users.items():
        print("\n"+"name:"+name)
        print("age:"+user_more['age'],"\t","hobby:"+user_more['hobby'])
```

输出结果如下：

```
name:Joe
age:18      hobby:table tennis

name:Maria
age:19      hobby:piano
```

2. 集合

集合(set)是 Python 语言的一个内置类型，它是一个非常有用的数据结构。它与列表的操作类似，唯一区别在于集合不会包含重复的值。下面演示集合的定义，以及添加和删除元素的方法。示例代码如下：

```
app1=set()                      #空集合必须使用 set()方法定义
app1.add('apple')               #使用 add()方法添加元素
app1.add(2)
print(app1)
app2=set([1,2,3,4])
app2.remove(2)                  #使用 remove 方法删除元素
print(app2)
```

输出结果如下：

```
{ 2, 'apple'}
{1, 3, 4}
```

Python 语言中的集合可以看成数学意义上的无序和无重复元素的集合。Python 语言自带的集合类型支持很多数学意义上的集合操作。示例代码如下：

```
app1=set([1,3,4,6,7])
app2=set([3,7,4,8,9])
print("交集：",app1&app2,"\t","并集：",app1|app2)
print("差集：",app2-app1)
```

输出结果如下：

```
交集： {3, 4, 7}                并集： {1, 3, 4, 6, 7, 8, 9}
差集： {8, 9}
```

1.2.4 程序流程控制

所有的编程语言在编写时都要遵照语法结构和流程控制结构，流程控制结构控制整个程序的运行过程。流程控制结构包括顺序控制、条件控制和循环控制。

常用的流程控制语句有 if-else 语句、while 循环语句、for 循环语句、continue 语句、break 语句、pass 语句等。

if-else 语句按照条件选择执行不同的代码。if 语句的语法格式如下：

```
if 表达式：
    语句 1
    语句 2
    …
else:
    …
```

或者是如下格式：

```
if 表达式：
    ...
elif 表达式：
    ...
elif 表达式：
    ...
else:
    ...
```

下面演示一个实例。

```
x1=95
if x1<60:
        print("差")
elif x1<80:
        print("良")
elif x1<90:
        print("优")
else :
        print("极优")
```

输出结果如下：

```
极优
```

循环结构有 while 语句和 for 语句。while 语句的语法格式如下：

```
while 表达式:        #表达式结果为 True 时，一直循环下去
    语句 1
    语句 2
    ...
```

for 语句的语法格式如下：

```
for 变量 in 序列：#变量逐一遍历序列里的所有元素，遍历完退出循环体
    语句 1
    语句 2
    ...
```

下面演示两个实例。

实例 1 代码如下：

```
x=1
while x<5:
    print(x)
    x=x+2
```

输出结果如下：

```
1
3
```

实例 2 代码如下：

```
x=[1,2,3]
for y in x:
    y=y+1
    print(y)
```

输出结果如下：

```
2
3
4
```

在 Python 语言中，pass 语句是空语句，其作用是保持程序结构的完整性。pass 语句是一个特殊的空语句，它不做任何事情，一般用作占位语句。下面演示一个实例。

```
for i in range(3):
    if 1==2:
        pass
    else:
        print(i)
```

输出结果如下：

```
0
1
2
```

从输出结果可以看出，pass 语句并没有执行任何操作，只是保持了程序结构的完整性。

在 Python 语言中，缩进至关重要，行首的空格决定逻辑行的缩进层次，从而决定语句的分组，缩进不正确，就会引起程序出错。由几种流程控制语句的结构可知，在流程控制语句之后必有缩进的语法块，有时候可能并不需要执行什么功能，然而空语句无法提供缩进，这时就需要 pass 语句来占位，以保持程序的完整运行。

在循环的流程控制中，只要表达式的逻辑为真，循环就会一直运行下去。但有时候程序需要立即跳出循环体，此时就要用到 break 语句和 continue 语句。

在执行 break 语句时，程序会立即退出循环体，直接结束整个循环体。而 continue 语句并不会退出整个循环体，而是跳过当前循环去执行之后的循环。下面演示两个实例。

实例 1 代码如下：

```
for i in range(4):
    if i>1:
        break
        print(i)
```

输出结果如下：

```
0
1
```

实例 2 代码如下：

```
for i in range(3):
    if i==1:
        continue
    print(i)
```

输出结果如下：

```
0
2
```

1.2.5 函数定义与调用

在编程中会经常执行类似的操作，这些操作可由同一段代码完成。函数的出现把相对独立的某些功能抽象出来，成为一个独立的个体，调用函数可以避免重复编写代码。函数定义时，通常会包含一个或多个形参(函数的参数)，调用函数时会传入一个或多个实参(实际传递给函数的值)。下面是函数定义的基本语法格式：

```
def function_name(arg1, arg2):
    function body
    return value
```

定义一个函数，即以“def”开头，加上函数名。后面的括号内是形参，个数可能一个或多个，也可能没有。之后根据需求编写函数代码，并在函数定义最后返回想要的值，也可以没有返回值，根据需要定义。下面演示一个实例。

```
def greet(name, language):
    print("Hello," + name)
```

```
    print("Welcome to" + language + "world!")
greet("Joe","Python")
```

此处定义了一个函数 greet()，该函数实现打印两条语句的功能。在调用函数时，把两个实参“Joe”和“Python”分别传递给两个形参 name 和 language。调用函数 greet 的输出结果如下：

```
Hello,Joe
Welcome to Python world!
```

函数定义中可能包含多个形参，因此函数调用中也可能包含多个实参。向函数传递实参的方式有很多：可用位置实参，要求实参的顺序与形参的顺序相同；也可使用关键字实参，其中每个实参都由变量名和值组成；也可位置实参和关键字实参并用。

在使用位置实参时，位置实参要与形参一一对应，不能随意改动。示例代码如下：

```
def food_like(name, fruit):
    ...                                  #函数体内容
food_like('Joe', 'orange')               #调用时，位置实参须与形参一一对应
```

在使用关键字实参时，因为直接在实参中将形参名称和值关联起来，所以无须考虑函数调用时的实参位置顺序。示例代码如下：

```
def food_like(name,fruit):
    ...                                          #函数体内容
food_like(name='Joe', fruit='orange')            #实参顺序先后无影响
```

在编写函数时，可给每个形参指定默认值。当调用函数提供了实参时，Python 将使用指定的实参值，否则将使用形参默认值。在使用形参默认值时，可在函数调用中省略相应的实参。示例代码如下：

```
def food_like(fruit,name='Michael')
    ...
food_like('apple')
```

在使用形参默认值时，需要注意形参顺序。对于没有使用默认值的实参会被 Python 视为位置实参，因此需将形参 fruit 放在前面，要一一对应。

在预先不确定要接收的实参个数时，可通过设置形参方式为*args(表示某个或某些形参)来接收任意个数的实参。下面演示一个实例。

```
def food_like(*fruits):
    print(fruits)
food_like('apple')
food_like('apple','strawberry','mango')
```

输出结果如下：

```
('apple')
('apple', 'strawberry', 'mango')
```

由以上输出结果可知，形参名*fruits 创建了一个名为 fruits 的空元组，并将接收的实参值封装到这个元组中。

需要注意的是，当位置实参和任意数量的实参结合使用时，需要将接收任意数量实参的形参放在最后面，因为 Python 会先匹配位置实参和关键字实参，再将余下的实参放在最后一个形参中。示例代码如下：

```
def food_like(name,*fruits):
    ...
food_like('Michael','apple')
food_like('Maria','apple','strawberry','mango')
```

在需要接收任意数量关键字实参时，Python 会用形如 **args(表示某个或某些关键字形参)的形参形式接收任意数量的关键字实参。下面演示一个实例。

```
def food_like(name,**fruits):
    print(fruits)


food_like('Michael', fruits1='apple')
food_like('Maria', fruits1='apple', fruit2='strawberry', fruit3='mango')
```

输出结果如下：

```
{'fruits1': 'apple'}
{'fruits2': 'apple', 'fruit2': 'strawberry', 'fruit3': 'mango'}
```

由上面的输出结果可知，形参 **fruits 创建了一个名为 fruits 的空白字典，并将接收的任意数量关键字实参加入其中。因此程序可以通过访问字典的方式访问其中的键值对。

1.3 类与模块

Python 语言是一种面向对象的编程语言，本节将介绍 Python 语言中的类和对象的相关概念与基本使用方法，同时引入模块的概念，并介绍导入、调用与创建模块的方法。

1.3.1 类与对象

早期的计算机编程语言都是面向过程的，即程序由数据和算法构成，数据可能是复杂的数据结构，算法也可能是由上到下的复杂逻辑控制，这是一种将数据与操作算法分离开来的编程思想。

C 语言设计中的结构体只能支持复杂的数据结构，但对于每个数据的处理都要单独提供方法，而且这些方法与整体的结构体没有关系。在后来的 PHP、C++、Java、Python 等语言中，人们对 C 语言的结构体进行了升级，引入了新的编程思想——面向对象编程。

面向对象编程即程序操作都是针对对象的，程序是对象的结合。对象不仅可以定义复杂的数据结构，还可以包含具有复杂算法的方法。对象将数据和方法封装在一起，开发者只需处理对象内部的数据和算法，并提供接口来调用这些功能。

在现实生活中，人的思维是抽象的，会将遇到的事物抽象化，将相同或类似的对象进一步进行抽象成为类(即同一类事物)，类的产生是抽象的结果。在面向对象编程中，则是先定义类，在类中描述这一类对象所普遍具有的属性和方法，然后由类去创建实例化对象(即具体的对象)，最后由实例化对象来执行具体的操作和管理程序。

类必须在定义后才能使用，定义一个类也就是定义这一类对象的模板，定义它的属性和方法。在 Python 语言中提供了 class 关键字来声明一个类，类名首字母大写。class 中有成员属性和方法。类的定义语法格式如下：

```
class [类名]:
    def __init__(self,args1,args2):        #定义成员属性
        ...
    def  [方法名](self):                   #定义成员方法
        ...
```

下面演示一个实例，创建一个描述人的类 Person。Person 类中定义两个属性 name1 和 hobby1，构造了两个方法 sleep()和 study()。

```
class Person:
    def __init__(self, name, hobby)                    #定义属性
        self.name1=name
        self.hobby1=hobby
    def sleep(self):                                   #定义方法
        print(self.name1, "is sleeping now")
    def study(self):                                   #定义方法
        print (self.name1,"is fond of", self.hobby1)
person1=Person('Michael', 'sports')                    #创建实例对象 person1
person1.sleep()                                        #调用 sleep()方法
person1.study()                                        #调用 study()方法
```

Person 类中方法__init__()是一个特殊方法，在使用 Person 类创建实例时，Python 都会自动调用它。在该方法开头和结尾各有两个下画线，这是一种约定。方法__init__()包含三个形参，即 self、name 和 hoppy。在这个方法的定义中，形参 self 必不可少，而且必须位于其他形参前面。当 Python 调用这个方法来创建实例时，将自动传入实参 self。每个与实例相关联的方法调用都会自动传递实参 self。它是一个指向实例本身的引用，让实例能够访问类中的属性和方法。

当创建实例对象时，使用实参'Michael'和'sports'调用方法__init__()来设置属性，并返回一个实例赋值给变量 person1。类中定义的另外两个方法 sleep()和 study()在执行时不需要额外的信息，因为它们只有一个形参 self。可使用句点表示法调用这些方法。

在创建实例时，有些属性无须提供实参，而是通过形参来定义，可在方法__init__中为其指定默认值。例如上面的 Person 类，可默认属性 eyes 的值为 two，示例代码如下：

```
class Person:
    def __init__(self,name,hobby):
        self.name1=name
        self.hobby1=hobby
```

```
        self.eyes='two'
    def sleep(self):
        print(self.name1,"is sleeping now")
    def study(self):
        print (self.name1,"is fond of",self.hobby1)
    def struct(self):
        print("This person has",self.eyes,"eyes")
person1=Person('Michael','sports')
person1.struct()
```

输出结果如下：

```
This person has two eyes
```

在使用类来模拟现实世界的许多场景时，通常需要修改实例的属性，修改方法有两种：一是通过实例进行修改，二是在类的内部定义方法进行属性修改。

通过实例修改，可在创建实例对象后，使用句点表示法直接修改属性值。也可以在类的内部定义修改属性值的方法，通过实例对象调用方法，并提供实参去修改属性值。下面演示一个实例。

```
class Person:
    def __init__(self, name, hobby):
        self.name1 = name
        self.hobby1 = hobby

    def sleep(self):
        print(self.name1, "is sleeping now")

    def study(self):
        print(self.name1, "is fond of", self.hobby1)

    def modify(self, hobby_):  #定义修改 hobby1 属性值的方法
        self.hobby1 = hobby_
        print(self.name1, "is fond of", self.hobby1)

#创建实例对象
person1 = Person('Michael', 'sports')

#通过方法输出属性值
person1.study()

#直接使用句点表示法修改属性值
person1. name1 = 'John'  #直接修改 name1 属性值
```

```
#通过方法修改属性值
person1.modify('arts')


print(person1.name1, "is now fond of", person1.hobby1)
```

输出结果如下：

```
Michael is fond of sports
John    is fond of arts
Michael is fond of arts
```

由输出结果可以看出，属性 name1 的值已经由'Michael'改为'John'，属性 hobby1 的值已经由'sports'改为'arts'。

有时候程序员不希望实例随意地获取或修改属性以及调用类中的方法，此时就需要用到私有属性和私有方法。

定义私有属性和私有方法，只需要在属性名称和方法名称前面加上下画线作为开头，Python 解释器就会认为这是私有的。

私有属性不能被类的外部访问或修改，只能在类的内部被使用和修改。如果通过实例直接去访问私有属性，则 Python 解释器会报错。

同理，私有方法只能在类的内部被调用，而不能在类的外部被实例对象所调用。下面演示一个实例。

```
class Person:
    def __init__(self,name,hobby):
        self.name1=name
        self.__hobby1=hobby
    def sleep(self):
        print(self.name1,"is sleeping now")
    def study(self):
        print (self.name1,"is fond of",self.__hobby1)
    def modify(self,hobby_):
        self.__hobby1=hobby_
        print (self.name1,"is fond of",self.__hobby1)
person1=Person('Michael','sports')
person1.study()
person1.__hobby1='arts'                    #在类的外部修改私有属性__hobby1 的值
person1.study()
```

输出结果如下：

```
Michael is fond of sports
Michael is fond of sports
```

由上面的结果可知，在类的外部修改私有属性的值无效，其值还是 sports，并没有变为 arts，但是在类的内部可以访问修改。

```
class Person:
    def __init__(self,name,hobby):
        self.name1=name
        self.__hobby1=hobby
    def sleep(self):
        print(self.name1,"is sleeping now")
    def study(self):
        print (self.name1,"is fond of",self.__hobby1)
    def modify(self,hobby_):                    #定义修改私有属性__hobby1 的方法
        self.__hobby1=hobby_
        return self.__hobby1
person1=Person('Michael','sports')
person1.study()
person11=person1.modify('arts')                #调用方法修改__hobby1
print (person1.name1,'is fond of',person11)
```

输出结果如下：

```
Michael is fond of sports
Michael is fond of arts
```

同理，私有方法无法被实例对象在类的外部所调用，只能在类的内部被调用。下面演示一个实例。

```
class Person:
    def __init__(self, name, hobby):
        self.name1 = name
        self.hobby1 = hobby

    def sleep(self):
        print(self.name1, "is sleeping now")

    def __modify(self, hobby_):   #定义私有方法__modify()
        self.hobby1 = hobby_
        return self.hobby1

    def study(self):   #在类的内部调用私有方法__modify()
        azx = 'arts'
        self.hobby1 = self.__modify(azx)
        print(self.name1, "is fond of", self.hobby1)

#创建实例对象 person1
person1 = Person('Michael', 'sports')
```

```
#调用方法 study()
person1.study()
```

输出结果如下：

```
Michael is fond of arts
```

由输出结果可知，方法 study()已经被成功调用，且 study()也成功地在类的内部调用了私有方法__modify()。但如果加上程序 print(person1.__modify('arts'))，就会报错 'Person' object has no attribute '__modify'，因为私有方法__modify()无法在类的外部被调用。

1.3.2　类的继承与多态

面向对象的编程具有三大特性，即封装性、继承性和多态性。这些特性使得面向对象程序设计具有良好的扩展性和健壮性。类与对象、函数等的创建，在一定程度上体现了 Python 语言的封装特性，它将代码封装成一个个子模块，不仅使得代码逻辑清晰，而且提高了代码的可复用性。下面将介绍类的另外两大特性：继承性与多态性。

1. 类的继承

继承是一种对类进行分层级划分的概念。继承的基本思想是在一个类的基础上制定出一个新的类，这个新的类不仅可以继承原来类的属性和方法，还可以增加新的属性和方法。原来的类被称为父类，新的类被称为子类。

在 Python 语言中，定义子类和定义普通类方法相同，只需要在子类括号里增加需要继承父类的名字，父类的定义和定义普通类一模一样。定义形式如下：

```
class BaseClass1:                          #定义父类
    def __init__(self,args1,args2):
        [语法块]
    def   function__1(self):
        [语法块]
...
class SubClass(BaseClass1):                #定义子类，在括号内表明继承的父类名称
    def __init__(self,srgs1,args2):
        super().__init__(args1,args2)      #使用 super()调用父类__init__()方法
        [语法块]                            #可以定义子类特有的属性
    def function_2(self):                  #可以定义子类特有的方法
        [语法块]
    ...
```

下面演示一个实例。

```
class Person:
    def __init__(self,name,food):
        self.name1=name
        self.food1=food
```

```
    def life(self):
        print(self.name1,"is fond of",self.food1)
class Myperson(Person):
    def __init__(self,name,food,fruit__):
        super().__init__(name,food)              #使用 super()调用父类__init__()方法
        self.fruits=fruit__                      #定义子类特有的属性
        self.diets={}
    def diet(self,diet__):                       #定义子类特有的方法
        self.diets=diet__
        print("His affections for ",self.food1+":")
        print("\t"+"fruits:",end="")
        for fruits1 in self.fruits:
            print(fruits1,end=" ")
        print('\n\t'+"others:",self.diets)
user1=Myperson('Michael','Chinese foods ',['orange','apple','mango'])   #子类实例
user1.life()                                     #子类实例调用父类方法
diets__table={'vegetables':'tomato','bean products':'tofu','meat':'pork'}
user1.diet(diets__table)                         #子类实例调用子类方法
```

输出结果如下：

```
Michael is fond of Chinese foods
His affections for Chinese foods:
    fruits:orange apple mango
    others: {'vegetables': 'tomato', 'bean products': 'tofu', 'meat': 'pork'}
```

由上面的实例可以看出，子类实例 user1 继承了父类 Person 所有的属性和方法，同时也拥有自己的属性和方法。

2. 类的多态

继承的思想可以帮助代码被重复使用，但有时候子类的行为会和父类有所不同。当子类和父类有相同的方法时，子类的方法会覆盖父类的方法，这样代码在运行时总会调用子类的方法，这就是多态。

多态会根据类的不同表现出不同的行为。下面演示一个实例。

```
#定义基类 Fruit
class Fruit:
    def kind(self):
        print("fruit")

#定义继承自 Fruit 的子类 Orange
class Orange(Fruit):
    def kind(self):
```

```
            print("orange")

#定义继承自 Orange 的子类 Apple
class Apple(Orange):
    def kind(self):
            print("apple")

#创建 Fruit 类的实例
type_1 = Fruit()
type_1.kind()   #输出 fruit，多态表现为调用 Fruit 类的 kind 方法

#创建 Orange 类的实例
type_2 = Orange()
type_2.kind()   #输出 orange，多态表现为调用 Orange 类的 kind 方法

#创建 Apple 类的实例
type_3 = Apple()
type_3.kind()   #输出 apple，多态表现为调用 Apple 类的 kind 方法
```

输出结果如下：

```
fruit
orange
apple
```

由输出结果可知，当子类方法和父类方法相同时，子类会覆盖父类的方法，并且表现出与父类不同的行为。

1.3.3 模块

模块就是一个包含 Python 定义和声明的“.py”文件，里面包含一些定义的变量和函数。Python 解释器通过模块来组织代码，通过“包”来组织模块，而“包”包含模块且至少包含一个__init__.py 的文件。

简单来说，包就是文件夹，且该文件夹下必须有__init__.py 文件，该文件的内容可以为空。__init__.py 用于标识当前文件夹是一个包。

下面的代码演示了如何从一个包文件里面加载模块以及模块中的类和函数。

```
#从包里加载模块
from packageName import moduleName

#给加载的模块取别名为 aliasName
from packageName import moduleName as  aliasName
```

```
#从模块里加载类
from moduleName import className

#给加载的类取别名为 aliasClassName
from moduleName import className as   aliasClassName

#从模块里加载函数
from moduleName import functionName

#给加载的函数取别名为 aliasFunctionName
from moduleName import functionName as aliasFunctionName

#从包里直接加载类
from packageName.moduleName import className

#从包里直接加载函数
from packageName.moduleName import functionName

#直接加载包
import packageName
```

一般调用包中的类或函数使用句点法。如果加载方式不同，那么调用其中的类和函数的方式也会不同。

如果直接加载到类或函数，则直接调用，无须带有包名或者模块名。

如果加载到模块，调用其中的类或函数，则要带有模块名。示例代码如下：

```
from   packageName   import   moduleName
moduleName.funtionName()                                    #调用模块中的函数
classfact=moduleName.className(args1,args2)                 #调用模块中的类
```

如果直接加载包，则要写成：

```
import   packName
packageName.moduleName.funtionName()                        #调用模块中的函数
classfact=packageName.moduleName.className(args1,args2)     #调用模块中的类
```

下面自建一个简单的包文件，里面含有一个__init__.py 文件和一个 food.py 文件。其中__init__.py 可以什么内容都不填写，只是单纯证明这是一个可被加载调用的包。在 food.py 文件中编写一个模块，模块中含有一个类 Fruit 和一个函数 inp()。文件夹内容如下：

```
工作文件夹 never_give_up:
                |-------包文件夹 my__Package
                        |---------__init__.py
                        |---------food.py
                |-------main_.py 文件
```

下面开始在 main_.py 文件中加载 food 模块，调用其中的类和函数。food 模块的代码如下：

```
class Fruit():                                    #定义类
    def __init__(self,name):
        self.name=name
    def decison(self,fruit11):
        self.fruitw=fruit11
        for fruits in self.fruitw:
            if fruits=='orange':
                print("You live life to the fullest!")
            else:
                pass
def inp():                                        #定义函数
    fruit2=[]
    for i in range(0,4):
        xy=input()
        fruit2.append(xy)
        return fruit2
```

main_.py 文件如下：

```
from my_Package import food as tt          #加载包中的 food 模块
fruit11=tt.inp()                           #调用模块 food 中的函数 inp()
fruit_=tt.Fruit('Michael')                 #调用模块 food 中的类 Fruit
fruit_.decison(fruit11)                    #调用类中的函数 decison()
```

依次输入如下内容：

```
apple
mango
orange
strawberry
```

输出结果如下：

```
You live life to the fullest!
```

除了自己定义的模块和包之外，Python 官方还提供了许多内置的包和模块，这些被称为标准库。标准库是随 Python 解释器一同安装的，包含了许多功能强大的模块，帮助开发者完成各种常见的编程任务。例如，常用的标准库模块包括 sys 模块(用于访问 Python 解释器的参数和功能)、os 模块(用于与操作系统进行交互)和 math 模块(提供数学计算功能)等。

sys 模块用来查看操作系统的信息，语法格式如下：

```
import sys
print(sys.platform)
```

sys 模块调用 exit()函数来中途退出程序，参数 0 表示正常退出，参数 1 表示异常退出。示例代码如下：

```
import sys
for i in range(0,4):
    print(i)
    if i==2:              #i=2 时退出程序
        exit(1)
```

sys 模块查找模块搜索路径，sys.path 返回一个列表类型，语法格式如下：

```
import sys
for path in sys.path:
    print(path)
```

os 模块获取当前文件所在目录，语法格式如下：

```
import os
print(os.path.dirname(__file__))
```

os 模块获取当前路径以及切换当前路径，语法格式如下：

```
import os
print(os.getcwd())
os.chdir("c:\\")                  #切换到 C 盘根目录
print(os.getcwd())
```

math 模块提供了两个常量以及一些复杂的数学计算函数，示例代码如下：

```
import math
print(math.pi)               #圆周率 pi
print(math.e)                #自然常数 e
```

输出结果如下：

```
3.141592653589793
2.718281828459045
```

math 模块提供的一些数学计算函数如下：

```
math.pow(a,b)              #指数运算 a 的 b 次方
math.log(a)                #默认底数为 e,以 e 为底 a 的对数
math.log(a,b)              #以 a 为底 b 的对数
math.sqrt(a)               #a 的开方
math.sin(pi/2)             #2/pi 的正弦值
math.cos(pi)               #pi 的余弦值
math.tan(2/pi)             #2/pi 的正切值
```

此外，Python 还有非常丰富的第三方库，这些库可以通过 pip 工具来管理，包括安装、卸载和更新等操作。pip 能够自动处理库的依赖关系，使得从下载到安装的过程变得非常简单。

Python 3.x 版本内置了 pip 工具，用户可以在 Windows 系统的命令行界面(即 DOS 窗口)中使用 pip 来管理第三方库。可通过如下形式的命令行进行管理：

```
pip search   关键字                #查找软件包
pip install  软件包名字            #安装软件包
pip install  软件包名字==版本号    #安装指定版本的软件包
```

```
pip list                              #查看已经安装的软件包
pip uninstall 软件包名字              #卸载软件包
```

1.4　图形用户界面设计

在各种程序应用中，用户会见到各种各样的程序应用界面。本小节将介绍如何使用 Python 相关模块来构建图形用户界面。

1.4.1　图形用户界面概述

图形用户界面(Graphical User Interface，GUI)是采用图形方式显示的用户界面。它是一种人与计算机交互的界面显示格式，允许用户使用鼠标等输入设备操纵屏幕上的图形或菜单选项，以选择命令、调用文件、启动程序或执行一些其他的日常任务。与输入字符的命令行界面相比，图形用户界面展现出显著的优越性和便捷性。图形用户界面由窗口、下拉菜单、对话框以及相应的控制部件等组成。在图形用户界面中，用户看到的和操作的都是图形对象。

在使用 Python 语言开发 GUI 程序时，有许多 GUI 库可用，如 Tkinter、wxPython、PyQT 等。wxPython、PyQT 等适合大型的 GUI 程序，而 Tkinter 比较适合轻量级的 GUI 程序。Tkinter 库是 Python 语言的内置 GUI 库，使用时直接导入即可，对于初学者非常方便。

Tkinter 模块(Tk 接口)作为 Python 语言标准 GUI 库，允许开发者创建跨平台的 GUI 应用程序。它的工作原理是通过内部嵌入的 Tcl 解释器，将 Python 调用转化为 Tcl 命令，从而实现快速创建 GUI 界面应用程序的功能。

1.4.2　窗体容器和组件

基于 Tkinter 库创建 GUI 程序包含以下 4 个核心步骤。

(1) 创建应用程序主窗口对象，代码如下：

```
from tkinter import *
root=Tk()
```

(2) 在主窗口中，添加可视化组件，如按钮(Button)、文本框(Label)等，代码如下：

```
bt01=Button(root)
bt01["text"]="Hello world"
```

(3) 通过几何布局管理器，管理组件大小和位置，代码如下：

```
bt01.pack()
```

(4) 事件处理。通过绑定事件处理程序，响应用户操作所触发的事件，代码如下：

```
def say_hello(e):
    Messagebox.showinfo("Message","Hello Users!")
    print("Hello world")
    bt01.bind("<Button-1>",say_hello)
```

图形用户界面是由一个个组件组成的，就像小朋友搭建积木一样最终组成整个界面。有的组件还能在里面放置其他组件，这种组件被称为容器。

Tkinter 库的 GUI 组件继承关系图如图 1-9 所示。由关系图可以看出，Object 是所有类的根基类。在 Object 下包含 Misc、Pack、Place、Grid 和 Wm 五种基类。Misc 提供了可视化组件的基础功能，如配置选项和方法；Wm 主要提供了一些与窗口管理器通信有关的功能函数；Place、Pack、Grid 则为布局管理器，用于管理组件的大小、位置等。

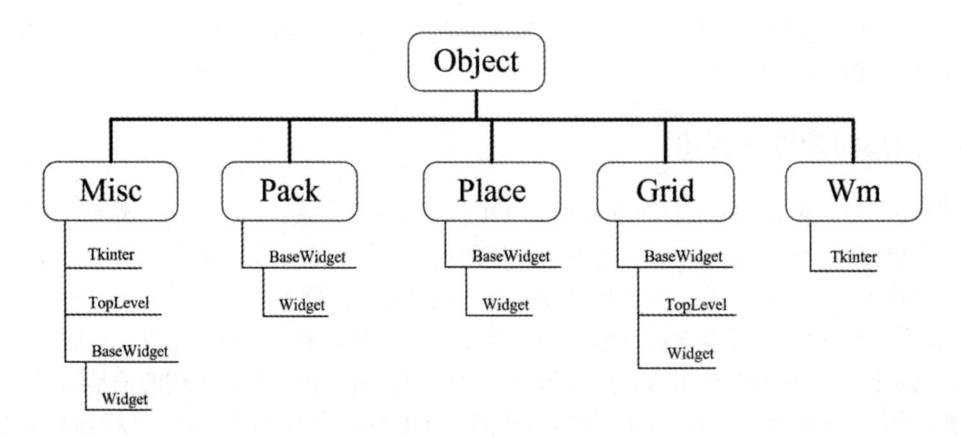

图 1-9 GUI 组件继承关系图

在 Misc 中有一个重要的类是 Widget，它包含了 Tkinter 模块所有的可视化组件。如图 1-10 所示是常见的 Widget 的可视化组件。

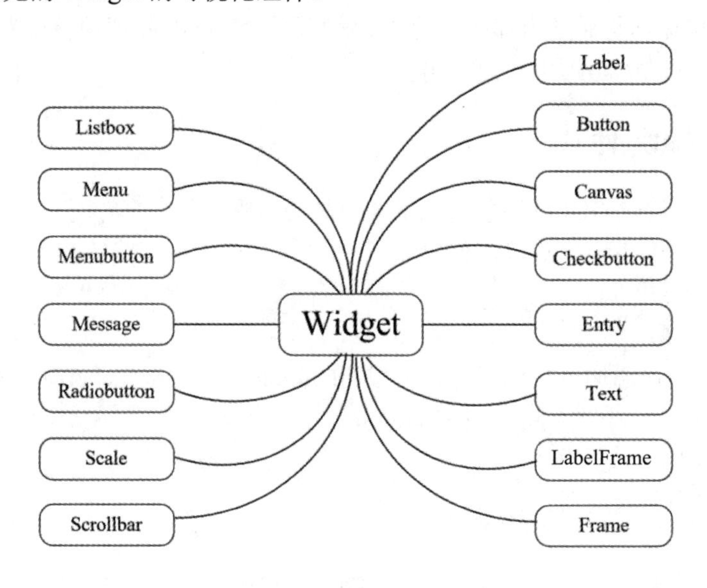

图 1-10 Widget 的可视化组件

通过 Widget 的可视化组件可以满足多种用户交互和界面设计需求，包括创建窗口、显示文本、处理用户输入、绘制图形、组织布局等。了解这些组件及其用途，有助于用户选择合适的组件来构建应用程序的界面，并实现用户所需的功能。Widget 常用的可视化组件功能描述如表 1-3 所示。

表 1-3　常用组件列表

组件名称	中文名称	功　能　描　述
Listbox	列表框	列出多个选项，供用户选择
Menu	菜单	菜单组件
Menubutton	菜单按钮	用来包含菜单的按钮
Message	消息框	类似于标签，但可以显示多行文本
Radiobutton	单选按钮	允许用户从一组选项中选择一个，其他选项会自动取消选择。该组件常用于互斥选择场景
Scale	滑块	提供一个可调整的滑块，允许用户通过拖动滑块选择一个数值，适用于选择范围内的数值
Scrollbar	滚动条	用于添加水平或垂直滚动条，允许用户在一个区域内滚动查看超出视图范围的内容
Label	标签	用于显示不可编辑的文本或图标
Button	按钮	代表按钮组件
Canvas	画布	提供绘图功能，包括直线、矩形、椭圆等
Checkbutton	复选框	可提供用户勾选的复选框
Entry	单行输入框	用户可输入内容
Text	文本框	提供一个多行文本区域，允许用户输入和编辑较长的文本
LabelFrame	容器	容器组件，类似于 Frame，支持添加标题
Frame	容器	用于装载其他 GUI 组件

在 Tkinter 中，可以使用 geometry("w × h±x±y") 方法来设置主窗口的位置和大小。这里的 w 代表窗口的宽度，h 代表窗口的高度，+x 表示窗口距离屏幕左边的距离，-x 表示距离屏幕右边的距离，+y 表示距离屏幕上边的距离，-y 表示距离屏幕下边的距离。下面为创建一个根窗口并设置其标题和尺寸的示例代码：

```
from tkinter import *
root=Tk()                              #调用 Tk 类，创建根窗口
root.title("第一个 GUI 程序")            #添加标题
root.geometry("500x300+400+150")       #定义窗口大小
root.mainloop()                        #显示
```

输出结果如图 1-11 所示。

图 1-11　GUI 界面

下面的实例演示了为窗口添加组件，并为组件绑定事件的方法。

```
from tkinter import *
from tkinter import messagebox
def say_hello(e):
    messagebox.showinfo("Message","Hello Users!")
root=Tk()                                   #调用 Tkinter 类，创建根窗口
root.title("第一个 GUI 程序")               #添加标题
root.geometry("500x300+400+150")            #定义窗口大小
btn01=Button(root)                          #创建组件按钮
btn01["text"]="click"
btn01.pack()                                #调用布局管理器
btn01.bind("<Button-1>",say_hello)          #绑定事件
root.mainloop()
```

单击“click”按钮，结果如图 1-12 所示。

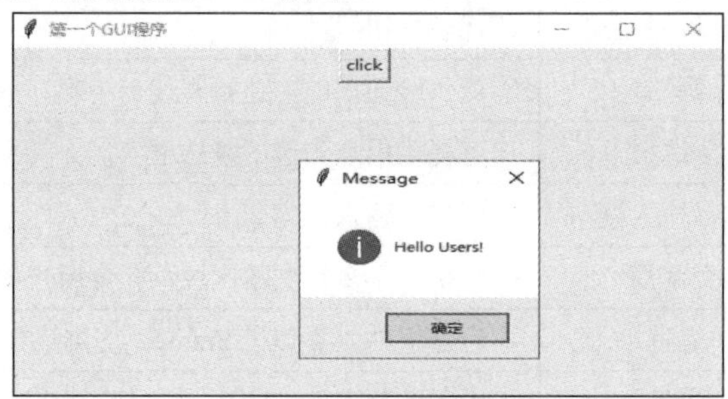

图 1-12　创建按钮组件

下面使用面向对象的编程方式编写一个简单的 GUI 程序。

```
from tkinter import *
from tkinter import messagebox
class Application(Frame):
    def __init__(self,master):
        super().__init__(master)
        self.master=master
        self.creatwidgets1()
        self.pack()
    def creatwidgets1(self):
        global photo
        photo=PhotoImage(file='sea_1.gif')
        self.label01=Label(self,image=photo)
        self.label01.pack()
        self.label02=Label(self, text="beautiful seascape\n 美丽的海景"
                                  fg="blue", bg="yellow", width=20, height=2,
                                  font=("微软雅黑", 18), justify=CENTER)
```

```
        self.label02.pack()
        self.btn=Button(self,text="click",fg="white",bg="green",
                        font=("微软雅黑",14),width=8,height=2, command=self.write__)
        self.btn.pack()
    def write__(self):
        messagebox.showinfo("write","Hello Sea!")
root=Tk()
root.geometry("500x350+400+150")
root.title("Hello Sea")
root.resizable(width=False,height=False)
app=Application(root)
root.mainloop()
```

输出结果如图 1-13 所示。单击“click”按钮，输出结果如图 1-14 所示。

图 1-13　面向对象方式创建的按钮

图 1-14　单击“click”按钮的输出结果

关于一些组件的属性，如大小、字体、颜色等的设置可查看相关的资料和 Tkinter 手册。

1.4.3　界面布局管理

一个 GUI 应用程序必然有大量的组件，这时候就需要使用布局管理器来组织、管理父组件中的子组件的布局方式。Tkinter 提供了 3 种布局管理器：Pack、Grid 和 Place。

Grid 是表格布局管理器，采用表格结构组织组件，子组件的位置由行和列的单元格来确定，并且可以跨行和跨列，从而实现复杂的布局。下面演示一个实例。

```
from tkinter import *
class Applicaition(Frame):
    def __init__(self,master):
        super().__init__(master)
        self.master=master;self.pack()
        self.creatwidget()
```

```
    def creatwidget(self):
        self.label1=Label(self,text="用户名")
        self.label1.grid(row=1,column=0)
        self.entry1=Entry(self)
        self.entry1.grid(row=1,column=1)
        Label(self,text="Wechat 登录  or QQ 登录").grid(row=1,column=2)
        Label(self,text="密码").grid(row=2,column=0)
        Entry(self,show="*").grid(row=2,column=1)
        btn01=Button(self,text="登录")
        btn01.grid(row=3,column=1,sticky=EW)
        Button(self,text="取消").grid(row=3,column=2)
        global photo;photo=PhotoImage(file='sea_1.gif')
        self.label2=Label(self,image=photo)
        self.label2.grid(row=0,column=0,columnspan=3,sticky=EW)


root=Tk()
root.geometry("600x400+320+160")
root.title("登录界面")
app=Applicaition(root)
root.mainloop()
```

输出结果如图 1-15 所示。

图 1-15　Grid 布局创建 GUI 界面

Pack 布局管理器已在前面的实例中使用过，它是按照组件的创建顺序将子组件添加到父组件中，按照垂直或者水平的方向自然排列。如果不指定任何选项，默认在父组件中自顶向下垂直添加组件。Pack 是代码最少、最简单的一种布局方式，可以快速生成界面。下面演示一个简单的实例。

```
from tkinter import *
root=Tk()
root.geometry("500x300")
Button(root,text="A",bg="green",fg="white").pack(expand="no",side="top",fill="x",padx=20,pady=30)
Button(root,text="B",bg="red",fg="white").pack(side="bottom",fill="x",padx=20,pady=30)
Button(root,text="C",bg="purple",fg="white").pack(side="left",fill="y",padx=10,pady=10)
Button(root,text="D",bg="cyan",fg="black").pack(side="right",fill="y",padx=10,pady=10)
Button(root,text="E",bg="blue",fg="white").pack(expand="yes",fill="both")
root.mainloop()
```

输出结果如图 1-16 所示。

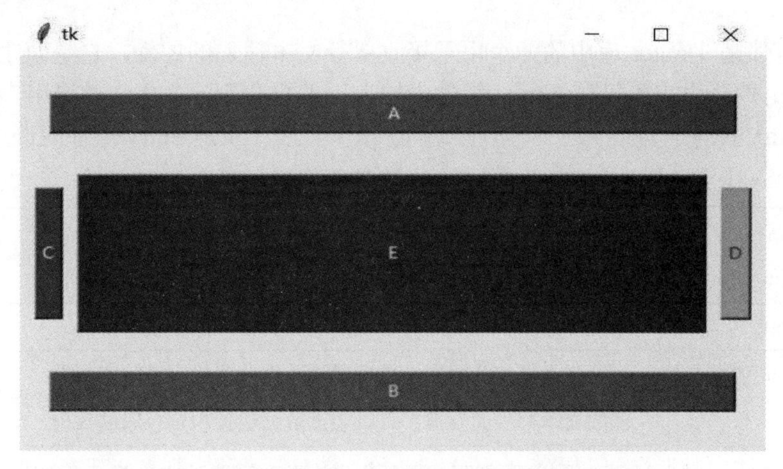

图 1-16　Pack 布局创建 GUI 界面

place 布局管理器可以通过坐标精确控制组件的位置，适用于一些布局更加灵活的场景。下面演示一个简单的实例。

```
from tkinter import *
root = Tk()
root.geometry("500x300")
f1 = Frame(root, width=200, height=200, bg="orange")
f1.place(x=30, y=30)
f2 = Frame(root, width=200, height=200, bg="blue")
f2.place(x=230, y=100)
Button(f1, text="B", bg="red", fg="white").place(relx=0.5, rely=0.3, relwidth=0.5, relheight=0.5)
Button(f1, text="C", bg="cyan", fg="white").place(relx=0, rely=0, relwidth=0.5, relheight=0.5)
Button(f2, text="A", bg="purple", fg="white").place(relx=0.1, rely=0.1, relwidth=0.2, relheight=0.5)
root.mainloop()
```

输出结果如图 1-17 所示。

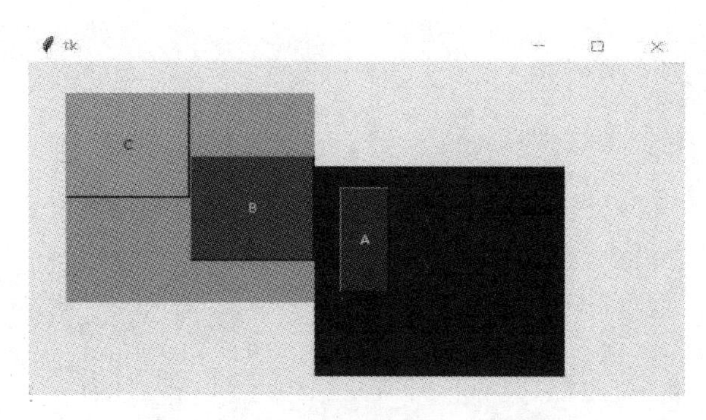

图 1-17 Place 布局创建 GUI 界面

1.4.4 文本框及其他组件

Entry 组件是 Tkinter 库中的一个用于接收单行文本输入的控件，它是创建简单文本输入框的基础组件。用户可以在 Entry 组件中输入、编辑和删除文本。如果用户输入的文字长度大于 Entry 控件的宽度，则文字会自动向后滚动。表 1-4 是 Entry 组件的选项配置列表。

表 1-4 Entry 组件的选项配置

组件名称	功 能 描 述
width	设置文本框的宽度，宽度值每增加 1 则增加一个字节的长度
insert	在文本框中插入数据，可以指定数据插入的位置
delete	删除文本框中的数据，可以通过数据位置指定删除的数据
get	获取文本框中的数据，可以通过数据位置指定获取的数据
relief	文本框样式，设置控件显示效果，可选的文本框显示效果有 FLAT、SUNKEN、RAISED、GROOVE、RIDGE
bd	设置文本框的边框大小，值越大边框越宽
bg	设置文本框默认背景色
fg	设置文本框默认前景色，即字体颜色
font	设置文本的字体、文字、字形
state	文本框状态选项，状态有 DISABLED 和 NORMAL。DISABLED 状态文本框无法输入，NORMAL 状态可以正常输入
highlightcolor	设置文本框单击后的边框颜色
highlightthickness	设置文本框单击后的边框大小
selectbackground	选中文字的背景颜色
selectboderwidth	选中文字的背景边框宽度
selectforeground	选中文字的颜色
show	指定文本框内容显示的字符

下面演示一个实例。

```
from tkinter import *
class Entrybox:
    def __init__(self):
        self.root = Tk()
        self.root.title("文本框")
        self.root.geometry("600x170+360+150")
            #文本框插入数据
        self.height_width_label = Label(self.root, text='文本框宽度:')
        self.height_width_Entry = Entry(self.root, width=10)
        self.height_width_Entry.insert('0','10')
            #文本框删除数据
        self.del_label = Label(self.root, text='文本框删除字符：')
        self.del_Entry = Entry(self.root, width=10)
        self.button_del = Button(self.root, text='删除', command=self.delete_Entry)
            #文本框获取数据
        self.get_label = Label(self.root, text='文本框获取字符')
        self.get_Entry = Entry(self.root, width=10)
        self.button_get=Button(self.root,text='获取字符',command=self.Entry_get)
            #文本框状态，禁用状态无法输入，正常状态可以输入
        self.state_Label = Label(self.root, text='文本框状态：')
        self.state_Entry_1 = Entry(self.root, width=20)
        self.state_Entry_1.insert('0', '禁用状态')
        self.state_Entry_1.config(state=DISABLED)
        self.state_Entry_2 = Entry(self.root, width=20)
        self.state_Entry_2.config(state=NORMAL)
            #指定文本框内容显示为字符，如密码可以将值设为 show="*"
        self.show_label = Label(self.root, text='隐藏输入字符：')
        self.show_Entry = Entry(self.root, width=10, show='*')
            #调用 Grid 布局
        self.height_width_label.grid(row=0, column=0, sticky)
        self.height_width_Entry.grid(row=0, column=1, sticky)
        self.del_label.grid(row=1, column=0, sticky=E)
        self.del_Entry.grid(row=1, column=1, sticky=W)
        self.button_del.grid(row=1, column=2, sticky=W)
        self.get_label.grid(row=2, column=0, sticky=E)
        self.get_Entry.grid(row=2, column=1, sticky=W)
        self.button_get.grid(row=2, column=2, sticky=W)
        self.state_Label.grid(row=3, column=0, sticky=E)
        self.state_Entry_1.grid(row=3, column=1, columnspan=2, sticky=W)
        self.state_Entry_2.grid(row=3, column=3, columnspan=2, sticky=W)
```

```
        self.show_label.grid(row=4, column=0, sticky=E)
        self.show_Entry.grid(row=4, column=1, sticky=W)
        self.root.mainloop()
    def delete_Entry(self):
        self.del_Entry.delete(0, END)                    #删除文本框内容
    def Entry_get(self):
        print(self.get_Entry.get())                      #在终端显示输入的内容
Entrybox()
```

输出结果如图 1-18 所示。

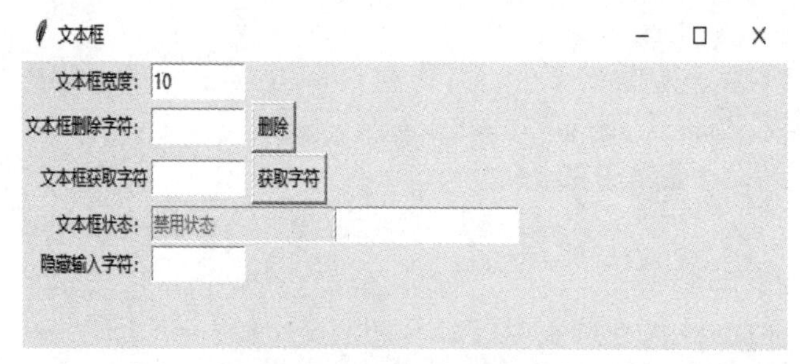

图 1-18 创建文本框组件

在上述界面的文本框内输入相应的文本，单击后面的按钮，就会执行相应的操作：单击“删除”按钮，文本框内容会被删除；单击“获取字符”按钮，就会在终端显示输入的字符串内容；在隐藏标签对应的文本框中输入的内容会被显示为“*”。

Text 为多行文本框，主要用于显示多行文本，还可以显示网页链接、图片、HTML 页面和添加组件等。Text 也常常用作简单的文本处理器、文本编辑器或者网页浏览器。Text 组件的一些基本设置选项与 Entry 组件基本类似。Text 组件的常用方法如表 1-5 所示。

表 1-5 Text 组件的常用方法

组件名称	功能描述
insert()	插入文本
delete()	删除文本
tag_add()	添加标记
tag_configure()	为标记字符序列添加配置
tag_prevrange()	用于搜索前一个匹配的范围
tag_nextrange()	用于搜索下一个匹配的范围
tag_bind()	为标记字符串序列绑定事件
tag_unbind()	为标记字符串序列解除绑定事件
tag_delete()	删除标记
tag_remove()	删除标记
tag_cget()	获取选项设置值
tag_names()	获取标记名
image_creat()	插入图片对象
window_creat()	插入部件对象，如按钮、标签等

下面演示一个实例。

```
from tkinter import *
import webbrowser
class APP1(Frame):
    def __init__(self,master):
        super().__init__(master)
        self.master=master
        self.pack()
        self.creat()
    def creat(self):
        self.w1=Text(self,bg="LemonChiffon",width=50,height=15,font=("华文行楷",23))
        self.w1.pack(side="bottom")
        str_="赤壁赋(选段)\n\n"
        str1="驾一叶之扁舟，举匏樽以相属\n"
        str2="寄蜉蝣于天地，渺沧海之一粟\n"
        str3="哀吾生之须臾，羡长江之无穷\n"
        str4="挟飞仙以遨游，抱明月而长终"
        self.w1.insert(INSERT,"\n"*4+"\t"*2+str_+"\t"+str1+"\t"+str2+"\t"+str3+"\t"+str4)
        self.index_search("一")
        Button(self,text="Input Text",command=self.insertText).pack(side="left")
        Button(self,text="Return Text",command=self.returnText).pack(side="left")
        Button(self,text="Append Picture",command=self.addImage).pack(side="left")
        Button(self,text="Append Widgets",command=self.addWidget).pack(side="left")
        Button(self,text="Control Text via Tag",command=self.test_Tag).pack(side="left")
    def insertText(self):
        self.w1.insert(INSERT,'(绝妙)')
        self.w1.insert(END,'(好诗)')
    def returnText(self):
        print(self.w1.get(1.0,1.5))
        print("所有文本内容:\n"+self.w1.get(1.0,END))
    def addImage(self):
        self.photo=PhotoImage(file="sea_1.gif")
        self.w1.image_create(END,image=self.photo)
    def addWidget(self):
        y1=Button(self.w1,text="Hello",fg="cyan",bg="grey")
        self.w1.window_create(INSERT,window=y1)
    def test_Tag(self):
        self.w1["font"]=("Mv Boli",16)
        self.w1.delete(1.0,END)
```

```
        say1="Hello,Python Users!\nWelcome to Python World\n"
        say2="If you are perplexed,\nplease open baidu browser\n"
        self.w1.insert(INSERT,say1+say2)
        y2=Button(self.w1,text="Delete_index",fg="green",
                                    bg="orange",command=self.Delete_index)
        self.w1.window_create(INSERT,window=y2)
        y3=Button(self.w1,text="Remove_bind",fg="green",
                                    bg="orange",command=self.Remove_bind)
        self.w1.window_create(INSERT,window=y3)
        y4=Button(self.w1,text="Delete_all",fg="green",bg="orange",
                                    command=self.Delete_all)
        self.w1.window_create(INSERT,window=y4)
        self.w1.tag_add("Python",2.11,2.17)
        self.w1.tag_configure("Python",background="red",foreground="blue")
        self.w1.tag_add("Python",1.6,1.12)
        self.w1.tag_configure("Python",background="red",foreground="blue")
        print(self.w1.tag_prevrange("Python",2.0))
        print(self.w1.tag_nextrange("Python",2.0))
        self.w1.tag_add("baidu", 4.12, 4.17)
        self.w1.tag_configure("baidu",underline=True,foreground="purple")
        self.w1.tag_bind("baidu","<Button-1>",self.webshow)
        print(self.w1.tag_cget("baidu","font"))
        print(self.w1.tag_names())
    def webshow(self,event):
        webbrowser.open("https://www.baidu.com/")
    def Delete_all(self):
        self.w1.tag_delete("Python","baidu")
    def Delete_index(self):
        self.w1.tag_remove("Python",1.6,1.12)
    def index_search(self,str_search):
        start = 1.0
        while True:
            pos = self.w1.search(str_search, start, stopindex=END)
            if not pos:
                break
            print("位置是： ",tuple(map(int, str.split(self.w1.index(pos), "."))))
            start = pos + "+1c"
    def Remove_bind(self):
        self.w1.tag_unbind("baidu","<Button-1>")
```

```
root=Tk();root.geometry("800x600+300+60")
root["bg"]="SeaShell";root.title("Graphical User Interface")
app1=APP1(root)
root.mainloop()
```

输出结果如图 1-19 所示。

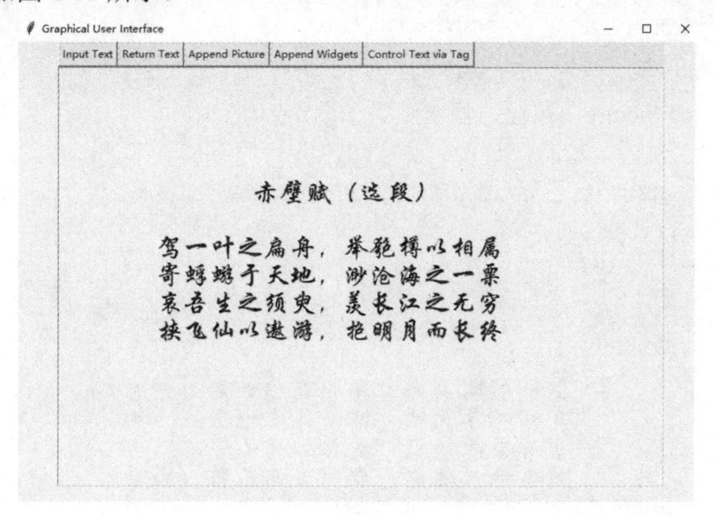

图 1-19 创建多行文本框

命令行显示的结果如下：

```
位置是： (7, 2)  位置是： (8, 12)
```

单击“Input Text”按钮，输出结果如图 1-20 所示。

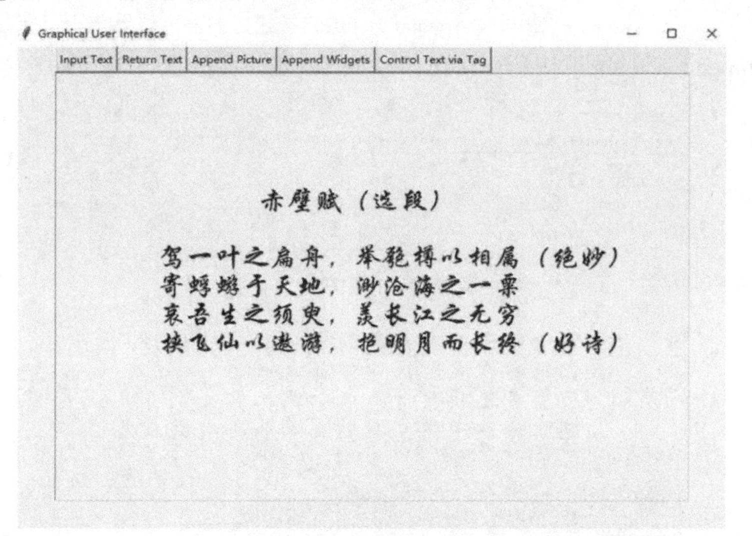

图 1-20 单击“Input Text”按钮后的输出结果

单击“Return Text”按钮，命令行显示如下：

```
位置是： (7, 2)
位置是： (8, 12)
```

```
叶之扁舟
所有文本内容:
                赤壁赋(选段)


    驾一叶之扁舟，举匏樽以相属(绝妙)
    寄蜉蝣于天地，渺沧海之一粟
    哀吾生之须臾，羡长江之无穷
    挟飞仙以遨游，抱明月而长终(好诗)
```

单击“Append Picture”按钮，输出结果如图 1-21 所示。

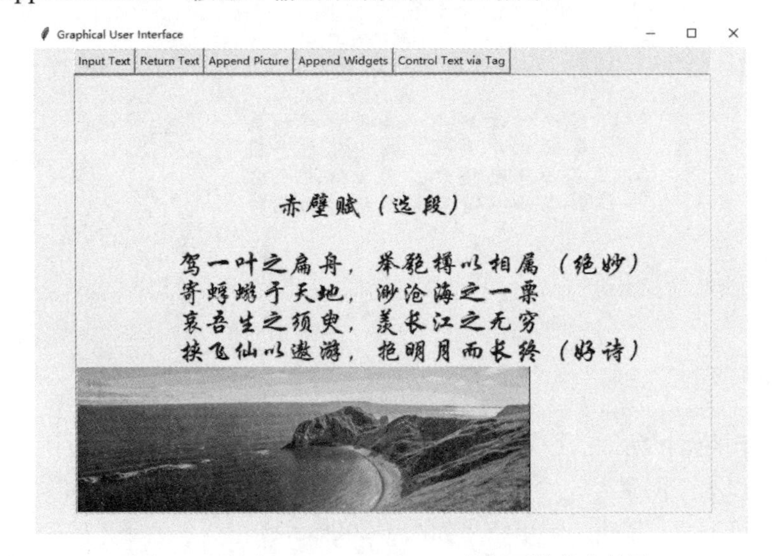

图 1-21 单击“Append Picture”按钮后的输出结果

单击“Append Widgets”按钮，输出结果如图 1-22 所示。

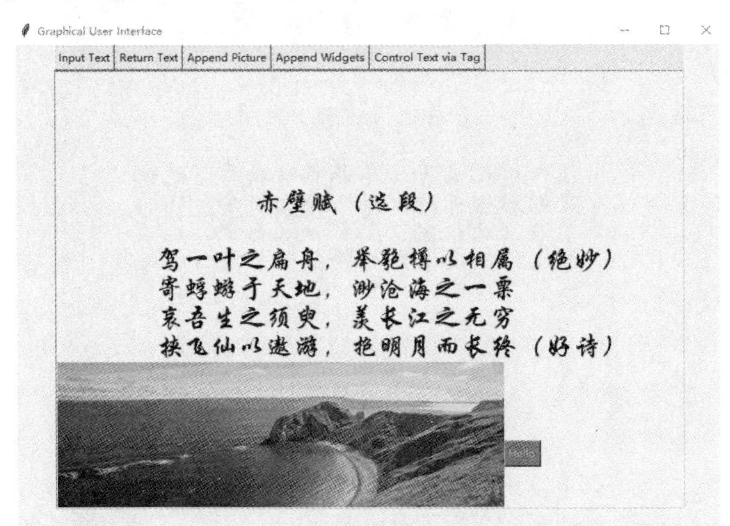

图 1-22 单击“Append Widgets”按钮后的输出结果

单击“Control Text visa Tag”按钮，输出结果如图 1-23 所示。

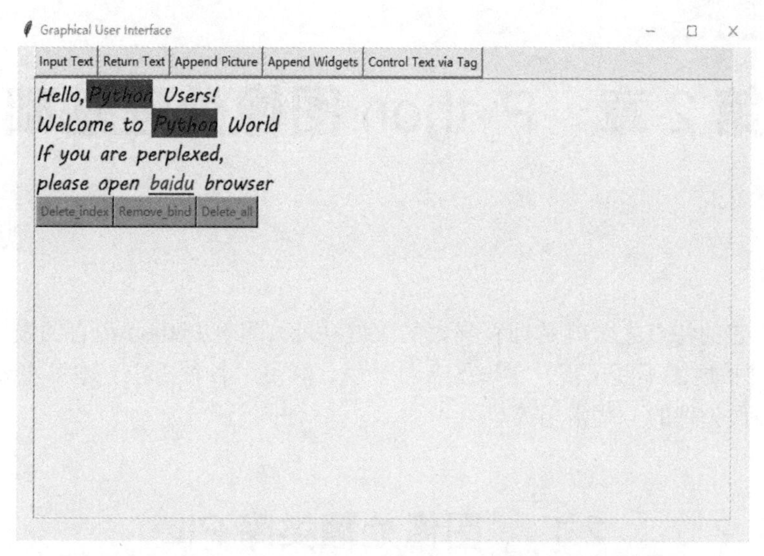

图 1-23 单击“Control Text visa Tag”按钮后的输出结果

命令行显示结果如下：

```
('1.6', '1.12')
('2.11', '2.17')
purple
('sel', 'Python', 'baidu')
```

单击上述窗口中的“baidu”链接，会打开默认浏览器进入百度网页。单击“Remove_bind”按钮会取消对“baidu”字符序列的绑定。单击“Delete_index”按钮，会取消指定的一个“Python”标记。单击“Delete_all”按钮会取消所有的标记。

除了前面介绍的一些 Tkinter 组件外，还有 Listbox 组件、Menu 组件、Canvas 组件等，这些组件可以用来构成更加丰富的 GUI 界面，具体学习可以参考相关 Tkinter 书籍文献和学习手册等。

本 章 小 结

本章首先介绍了 Python 语言的一些开发环境和安装设置。在此基础之上，介绍了 Python 语言的一些基本语法。最后介绍了 Python 语言中的 GUI 界面设计，并引入了 Tkinter 库，介绍了 Tkinter 库中的一些组件和管理方法。

第2章　Python 图像处理基础

Python 语言的特点之一就是拥有强大的扩展功能，随着 Python 语言的发展，各种各样基于 Python 的扩展库不断出现，实现了各种功能，满足了各种需求。本章主要介绍 Python 语言中关于图像处理的一些常用库。

2.1　图像处理类库 PIL

在 Python 2 中，PIL(Python Imaging Library)是一个非常好用的图像处理库，但 PIL 不支持 Python 3。因此，开发者在 Python 3 中提供了 Pillow 库，它是 PIL 库 1.1.7 版本的一个分支，兼容了 PIL 的相关用法。值得注意的是，安装完 Pillow 库后，在使用时需要导入 PIL，而不是导入 Pillow。

2.1.1　图像打开与模式转换

在 Pillow 库中包含了丰富的模块和插件，其中最常用也最为基础的是 Image 模块中 Image 类，许多其他模块都建立在 Image 模块的基础之上，对图像进行更深层次的处理。表 2-1 列出了 Image 类的一些常用属性。

表 2-1　Image 类常用属性

常用属性	描　述
mode	图像模式，如 RGB 表示真彩图像，L 表示灰度图像等
width	图像的像素宽度
height	图像的像素高度
format	图像的格式，如 JPG、PNG、BMP、GIF 等
size	图像的大小，由宽度和高度组成的一个元组
readonly	表示图像是否为只读
info	表示图像信息，是一个包含图像信息的字典
_category	表示图像的类别

1. 使用 open()方法打开图像

使用 open()方法可以打开图像，并且获取图像的一些属性。

下面演示一个实例。

```
from PIL import Image
img = Image.open("pictures\\cvb.png");img.show()
print(img.width,img.height,img.size)
print(img.mode,img.format,img.readonly,img._category);print(img.info)
```

输出结果如下：

```
1920 1080 (1920, 1080)
RGB PNG 0 0
{'dpi': (96.012, 96.012)}
```

上述代码引入了 Image 类，并使用该类的 open()方法打开了图像 cvb.png，构建了名为 img 的实例。如果图像打开失败，则会抛出 IOError 异常。如图 2-1 所示是使用 open()方法打开的图像(可扫码查看彩图，后同)。

图 2-1　使用 open()方法打开的图像

2. 图像模式转换

图像模式是在数字图像处理和计算机图形领域中广泛使用的一个重要概念。图像模式定义了图像如何编码和表示，决定了图像中可用的颜色和信息量。每种图像模式都有其特定的应用领域和优势，因此根据需要选择合适的模式可以有效地处理和呈现图像。表 2-2 给出了图像模式 mode 的常用类别描述。

表 2-2　图像模式 mode 的类别

图像模式类别	图像模式描述
1	1 位像素，黑白
L	8 位像素，黑白
P	8 位像素，使用调色板的索引图像
RGB	24 位像素，真彩色
RGBA	32 位像素，带透明蒙版的真彩色
CMYK	32 位像素，青品黄黑色彩空间模式
YCbCr	24 位像素，彩色视频格式
LAB	24 位像素，L*a*b 颜色空间
HSV	24 位像素，包含色相、饱和度和亮度
I	32 位有符号整数像素
F	32 位浮点像素

下面演示一个实例。

```
from PIL import Image
img=Image.open("pictures//cvb.png")          #原图为 RGB 模式
img.show()
img1=img.convert("1")                        #改为 1 模式
img1.save("cvb_1.png");img1.show()
img2=img.convert("L")                        #改为 L 模式
img2.save("cvb_L.png");img2.show()
img3=img.convert("P")                        #改为 P 模式
img3.save("cvb_P.png");img3.show()
```

输出结果如图 2-2 所示。

RGB 模式

1 模式

L 模式

P 模式

图 2-2 convert()方法转换图像格式

在 convert()方法中有 5 个参数，有时根据需要会设置一些参数的值。

```
convert(self,mode=None,matrix=None, dither=None, palette=WEB, colors=256):
```

(1) mode：图片的模式，调用时传入需要转换的模式。部分模式之间不支持转换，代码会报错。

(2) matrix：用于图像颜色转换的参数。matrix 参数需要传入一个长度为 4 或 12 的浮点数元组。长度为 4 的元组用于将 RGB 模式转换为 L 模式。此时 matrix 元组的格式为(r, g, b, offset)，其中 r, g, b 是用于计算灰度值的权重系数，offset 是一个加法偏移量。长度为 12 的元组用于将 RGB 图像转换为另一个 RGB 图像。matrix 元组的格式为(r1, g1, b1, 0, r2, g2, b2, 0, r3, g3, b3, 0)，其中，r1、g1、b1 表示对红色通道的变换系数，r2、g2、b2 表示对绿色通道的变换系数，r3、g3、b3 表示对蓝色通道的变换系数。

(3) dither：控制颜色抖动的参数，当从一种颜色模式转换为另一种颜色模式时，它可以帮助保持图像的视觉质量。它有两种可用的参数：NONE 和 FLOYDSTEINBERG。NONE

表示不使用抖动。当把灰度或真彩图像转换为二值图像时，如果 dither 参数设置为 NONE，则图像中的所有像素值大于 128 的部分将被设置为 255(白)，而所有其他值将被设置为 0(黑)。这意味着图像会变成纯黑白图像，没有任何灰度过渡。FLOYDSTEINBERG 表示使用 Floyd-Steinberg 抖动算法，该算法通过在图像中引入噪声来平滑颜色过渡，从而减少颜色带来的视觉失真。这种方法在进行颜色模式转换时可以更好地保留图像的细节。有一种特殊情况：当提供了 matrix 参数时，dither 功能将不会被使用。

(4) palette：用于控制调色板的生成，当图像从 RGB 模式转换为 P 模式时使用。它有两种可用的方法：WEB 和 ADAPTIVE。WEB(默认)表示使用预定义的 Web 安全颜色调色板，这种调色板包含 216 种颜色，这些颜色在所有显示设备上都能可靠地显示，是一种标准的调色板。ADAPTIVE 表示使用自适应的调色板。

(5) colors：设置调色板使用的颜色数。当 palette 参数为 ADAPTIVE 时，用于控制调色板的颜色数目。默认是最大值，即 256 种颜色。

下面演示一个实例，说明参数 matrix 对图像转换的影响。

```
from PIL import Image
image=Image.open("pictures//cvb.png");image.show()
image1=image.convert('L');image1.show()
matrix1=(0.5, 0.5, 0.5, 0.5, 0.5, 0.5, 0.5, 0.5, 0.5, 0.5, 0.5, 0.5)
image2=image.convert('L', matrix=matrix1)
image2.show()
matrix2=(0.1, 0.1, 0.1, 0.1, 0.1, 0.1, 0.1, 0.1, 0.1, 0.1, 0., 0.1)
image3=image.convert('L', matrix=matrix2)
image3.show()
```

输出结果如图 2-3 所示，不同的 matrix 对图像色彩有不同的影响。

原始 RGB 图像

L 图像

L 图像带参数 matrix1

L 图像带参数 matrix2

图 2-3　matrix 参数对图像色彩的影响

在做图像转换时，常常需要先将图像从 RGB 模式转换为其他模式再进行进一步的处理，最后再转换为 RGB 模式。下面说明这些模式之间的像素值关系。

RGB 模式为 24 位彩色图像，它的每个像素用 24 bit 表示，分别表示红色、绿色和蓝色 3 个通道。该模式可以转换为其他模式，如 1 模式、L 模式、P 模式和 RGBA 模式，这几种模式也可以转换为 RGB 模式。

将图像从 RGB 模式转换为 1 模式以后，像素点变成黑白两种，要么是 0，要么是 255。而从 1 模式转换为 RGB 模式时，RGB 的 3 个通道都是模式 1 的像素值的复制。下面演示一个实例。

```
from PIL import Image
img =Image.open("pictures//fj1.jpg")
img_1 =img.convert("1")
img_rgb =img_1.convert("RGB")
print(img.getpixel((0,0)))
print(img_1.getpixel((0,0)))
print(img_rgb.getpixel((0,0)))
```

以上代码输出结果如下：

```
(134, 55, 24)
0
(0, 0, 0)
```

RGB 模式转换为 L 模式以后，像素点的值变为[0,255]范围内的某个数值。而从模式 L 转换为 RGB 模式时，RGB 模式的 3 个通道都是 L 模式的像素值的复制。下面演示一个实例。

```
from PIL import Image
img =Image.open("pictures//fj1.jpg")
img_L =img.convert("L")
img_rgb =img_L.convert("RGB")
print(img.getpixel((0,0)))
print(img_L.getpixel((0,0)))
print(img_rgb.getpixel((0,0)))
```

以上代码输出结果如下：

```
(134,55,24)
75
(75,75,75)
```

RGB 模式转换为 P 模式以后，像素点的值变为[0,255]范围内的某个数值，但它为调色板的索引值，其最终还是彩色图像。从 P 模式转换为 RGB 模式时，RGB 模式的 3 个通道会变成 P 模式的像素值索引对应的彩色值。下面演示一个实例。

```
from PIL import Image
img =Image.open("pictures//fj1.jpg")
img_P =img.convert("P")
```

```
img_rgb =img_P.convert("RGB")
print(img.getpixel((0,0)))
print(img_P.getpixel((0,0)))
print(img_rgb.getpixel((0,0)))
```

以上代码输出结果如下：

```
(134,55,24)
19
(153,51,0)
```

转换后的图像经常需要存储，在使用 save()方法存储图像时，需要改变图像的 format 属性，也就是图像的格式，如 JPG、PNG、BMP 等。这时只需要改变文件名称后面的扩展名即可。

在 Pillow 库中的 Image 类还提供了创建新图像、复制图像和粘贴图像的方法。下面是如何使用这些方法的具体说明。

(1) 创建新图像。可以使用 Image.new()函数创建新图像。这个函数是 Image 模块中的一个函数，而不是 Image 类的实例方法。它的调用格式如下：

```
#创建一个新的 RGB 图像，宽度为 100 像素，高度为 100 像素，背景色为白色
new_image = Image.new('RGB', (100, 100), color='white')
```

(2) 复制图像。可以使用 copy()方法复制一个图像。这个方法是 Image 类的实例方法。其用法如下：

```
#打开一个图像
original_image = Image.open('example.jpg')
#复制图像
copied_image = original_image.copy()
```

(3) 粘贴图像。可以使用 paste()方法将一个图像粘贴到另一个图像上。其用法如下：

```
#打开两个图像
base_image = Image.open('base_image.jpg')
overlay_image = Image.open('overlay_image.png')
#定义粘贴位置(左上角坐标)
position = (50, 50)
#将 overlay_image 粘贴到 base_image 上
base_image.paste(overlay_image, box=position)
```

paste()方法有 3 个参数。第一个参数 im 是要粘贴的图像对象。第二个参数 box 是一个元组，表示粘贴的位置(左上角坐标)。如果 box 为 None，则粘贴位置为 base_image 的左上角。最后一个参数 mask 是一个可选参数的蒙版图像。如果提供了蒙版图像，则它会决定粘贴区域的透明度。

下面演示一个完整的实例。

```
from PIL import Image
image =Image.open("pictures//fj1.jpg")
Image.show()
image_copy1= image.copy();image_copy2= image.copy()        #复制图像
```

```
image_copy1.show()
image_copy1.save('fj1.png')                                  #保存图像为 png 格式
image_copy_png=Image.open('fj1.png')
image_new = Image.new('RGB', (160, 90),(255,0,0))            #创建被粘贴图像
image_new2 = Image.new('L', (160, 90),100)                   #创建蒙版
image_new.show()
image_new2.show()
#不加蒙版粘贴图像
image.paste(image_new, (100, 100, 260, 190))
image.show()
#加蒙版粘贴图像
image_copy2.paste(image_new, (100, 100, 260, 190),mask=image_new2)
image_copy2.show()
```

输出结果如图 2-4 所示。

(a) 原始 JPG 图像

(b) PNG 图像

(c) 被粘贴图像

(d) 蒙版

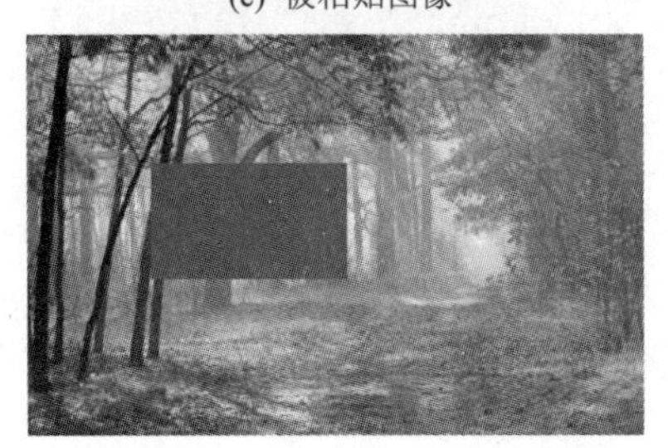

(e) 不加蒙板粘贴图像

(f) 加蒙板粘贴图像

图 2-4 paste 函数粘贴图像

2.1.2 调整图像尺寸与旋转

可以使用相应方法调整图像的尺寸和旋转图像。

1. 调整图像尺寸

在 Image 类中，实现图像缩放可以使用 resize()方法。其调用格式如下：

```
resize (size,resample,box,reducing_gap):
```

参数说明如下：

(1) size：图像缩放后的尺寸。调用时传入一个长度为 2 的元组(width, height)。

(2) resample：用于指定图像缩放时使用的重采样过滤器。重采样是图像缩放过程中对像素进行插值的过程，影响图像的最终质量和处理速度。可用的重采样过滤器有 Image.NEAREST(最近邻插值)、Image.BILINEAR(双线性插值)、Image.BOX(盒状滤波器)等。默认情况下，resize()方法使用 Image.BICUBIC 作为重采样过滤器。

(3) box：用于指定缩放图像的区域。它是一个长度为 4 的元组(x0, y0, x1, y1)，指定了图像中的一个矩形区域，其中(x0, y0)是矩形的左上角坐标，(x1, y1)是右下角坐标。这个矩形区域必须完全位于原图的边界内，如果指定的区域超出原图的边界，则会引发错误。

(4) reducing_gap：用于提高在图像缩小时的性能和质量。传入一个浮点数，用于优化图像缩放效果，默认为 1.0。这个值表示在图像缩小时应用较强的抗锯齿处理。如果将其设置为较小的值(接近 0)，则抗锯齿效果较弱，从而可能导致缩小后的图像质量下降。

如果只是整个图像本身的放大和缩小，则不需要提供 box 参数；如果选择图像的某一部分进行放大和缩小，就需要指定 box 参数说明要操作的区域。下面演示一个实例。

```
from PIL import Image
image = Image.open("pictures//cat.jpg")                    #原始图像为 800 × 500
image.show()
image_1=image.resize((400,250),resample=Image.LANCZOS,reducing_gap=5.0)
image_1.show()
image_2 = image.resize((960, 600),resample=Image.LANCZOS,reducing_gap=5.0)
image_2.show()
```

输出结果如图 2-5 所示。

(a) 原始图像

(b) 缩小后的图像

(c) 放大后的图像

图 2-5　resize 函数缩放图像

下面演示一个实例，将裁剪区域放大和缩小。

```
from PIL import Image
image = Image.open("pictures//cat.jpg")
image_crop = image.crop(box=(200, 100, 600, 350))
image_crop.show()
image_1 = image.resize((240, 150),resample=Image.LANCZOS,
                      box=(200,100,450,250), reducing_gap=5.0)
image_1.show()
image_2 = image.resize((800, 500),resample=Image.LANCZOS,
                      box=(200, 100, 450, 250), reducing_gap=5.0)
image_2.show()
```

输出结果如图 2-6 所示。

(a) 原始图像

(b) 裁剪区域

(c) 放大后的裁剪区域

(d) 缩小后的裁剪区域

图 2-6　resize 函数缩放裁剪区域

以上所有实例都维持了图像的宽高比不变，可根据需要灵活调整图像的尺寸。

有时候需要获取彩色图像的单通道图像，如 R 通道、G 通道等，这时需要使用 Image 类中的 split()方法和 getchannel()方法。在单通道图像复合时，需使用 merge()函数，它是模块中的函数，并不是类中的方法。

其中，split()方法用于从彩色图像中提取单独的颜色通道。该方法将图像分解成多个不同通道的图像，并返回一个包含这些通道图像的元组。例如，对于 RGB 图像，split()方法将图像分解为红色、绿色和蓝色通道，并返回一个包含这 3 个通道图像的元组。对于 CMYK 图像，则返回 4 个通道图像(青色、品红色、黄色和黑色)。

merge(mode, bands)是 Image 模块中的一个函数，用于将多个单通道图像合并成一个多通道图像。它包含两个参数：第一个参数为 mode，用于指定目标图像的颜色模式；第二个参数为 bands，包含多个单通道图像的列表或元组，其长度必须与 mode 中的通道数量匹配。例如，合并 RGB 图像时，bands 应包含红色、绿色和蓝色通道图像。合并后的图像将按照指定的模式创建，允许添加透明度通道。所有单通道图像必须具有相同的尺寸，否则函数会报错。

下面演示一个实例。

```
from PIL import Image
image = Image.open("pictures//xiongmao2.jpg")
print(image.mode,image.size);
r, g, b = image.split()
print(r.mode,r.size);r.show();print(g.mode,g.size);g.show();print(b.mode,b.size);b.show()
image_merge = Image.merge('RGB', (r, g, b))
print(image_merge.mode, image_merge.size);image_merge.show()
```

以上代码输出结果如下：

```
RGB(640,454)
L(640,454)
L(640,454)
L(640,454)
RGB(640,454)
```

图 2-7 是 RGB 模式的图像通过通道分离与合并操作后的结果图像。

(a) R 通道图像

(b) G 通道图像

(c) B 通道图像

(d) 复合图像

图 2-7　RGB 图像通道分离与合并

2. 旋转图像

在 Image 类中，可以使用 rotate()方法旋转图像。其调用格式如下：

```
rotate(angle,resample=NEAREST,expand=0,center=None,translate=None,fillcolor=None)
```

rotate()方法的参数说明如表 2-3 所示。

表 2-3 rotate()方法的参数

参数名称	参 数 说 明
angle	旋转的角度。必传参数，它表示图像将被旋转的角度，按逆时针方向旋转。例如，设置角度为 90°，则图像将逆时针旋转 90°
resample	可选的重采样过滤器，用于指定旋转时的重采样方法。可以选择使用 Image.NEAREST、Image.BILINEAR 或 Image.BICUBIC
expand	可扩展性。这是一个布尔值参数，可传入 0 或 1。如果设置为 0，则旋转后的图像将保持与原始图像相同的尺寸，可能会裁剪部分内容。如果设置为 1，则图像将根据旋转角度自动调整尺寸，以确保完整图像仍可见。默认为 0
center	旋转的中心。传入长度为 2 的元组(x，y)，表示旋转中心的像素点。默认为原图的几何中心
translate	平移的坐标。传入长度为 2 的元组(x，y)，将原图按(x，y)进行平移，默认为(0，0)
fillcolor	填充颜色。传入一个颜色值，颜色值可以采用元组表示法、颜色的十六进制表示法或颜色英文，如(0，0，255)可以换成'#0000FF'或'blue'。当图像旋转后，原图变倾斜，但返回的图像还是矩形的，所以空出的部分需要进行填充，默认为黑色

下面演示一个使用 rotate()方法旋转图像的实例。

```
from PIL import Image
img = Image.open('pictures//xiongmao.jpg')
print(img.size);img.show()
img1 = img.rotate(15,expand=0,fillcolor=(255, 255, 0))
print(img1.size);img1.show()
img2 = img.rotate(15,expand=0,center=(0,0),fillcolor=(255, 255, 0))
print(img2.size);img2.show()
img3 = img.rotate(15,expand=0,translate=(50,50),fillcolor=(255, 255, 0))
print(img3.size);img3.show()
img4 = img.rotate(15,expand=1,center=(0,0),fillcolor=(255, 255, 0))
print(img4.size);img4.show()
img5 = img.rotate(15,expand=1,translate=(50,50),fillcolor=(255, 255, 0))
print(img5.size);img5.show()
img6 = img.rotate(15,expand=1,fillcolor=(255, 255, 0))
print(img6.size);img6.show()
img7 = img.rotate(180,expand=1,fillcolor=(255, 255, 0))
print(img7.size);img7.show()
```

以上代码输出结果如下：

```
(920, 575)
(920, 575)
(920, 575)
(920, 575)
(1038, 794)
(1039, 795)
(1038, 795)
(920, 575)
```

图 2-8 是使用 rotate 方法旋转后得到的图像。旋转后的图像 fillcolor 参数统一设为黄色填充，在图中不作说明。

(a) 原图

(b) 不扩展

(c) 不扩展，改变旋转中心

(d) 不扩展，加偏移

(e) 扩展，改变旋转中心

(f) 扩展，加偏移

(g) 扩展，不加偏移，不改变旋转中心

(h) 扩展，旋转 180°

图 2-8　使用 rotate 方法旋转图像

在 Image 类中，要转置和翻转图像，也可以使用 transpose()方法。transpose()方法返回转置后的图像副本。下面演示一个实例。

```
from PIL import Image
image = Image.open("pictures//xiong.jpg")
image.show()
image1 = image.transpose(Image.FLIP_LEFT_RIGHT)
image1.show()
```

```
image2 = image.transpose(Image.FLIP_TOP_BOTTOM)
image2.show()
image3 = image.transpose(Image.ROTATE_90)
image3.show()
image4 = image.transpose(Image.TRANSVERSE)
image4.show()
image5 = image.transpose(Image.TRANSPOSE)
image5.show()
```

输出结果如图 2-9 所示。

(a) 原图

(b) FLIP_LEFT_RIGHT

(c) FLIP_TOP_BOTTOM

(d) ROTATE_90

(e) TRANSVERSE

(f) TRANSPOSE

图 2-9 使用 transpose 方法旋转图像

2.1.3 创建缩略图

缩略图(Thumbnail Image)即为原图像经过压缩之后的预览图像，如 Windows 系统中，一个含有图像的文件夹打开后，呈现给用户的就是一幅幅缩略图像。用户不用单击打开图像，就可以了解一幅图像的大概信息，这会给用户带来很大的方便。

在创建缩略图的时候一般使用 resize()和 thumbnail()方法。resize()方法会按照指定尺寸缩小或放大图像。thumbnail()方法能缩小图像，且它不会改变图像的宽高比，也不会严格按照指定尺寸大小缩小图像。

假如原图像大小为(x_1，x_2)，指定大小为(m_1，m_2)，$a = x_1/m_1$，$b = x_2/m_2$。如果 $a > b$，则按照 a 为缩小比例来缩小图像，因为要维持图像的宽高比，所以缩小后的图像高度不会是 m_2。如果 $a < b$，同理。下面演示一个实例。

```
from PIL import Image
im = Image.open("fj1.jpg")
im0 = im.copy();im1=im.copy();im_=im.copy()
print(im.size)
size0 = (300, 300);size1 = (700,300)
im0.thumbnail(size0)
im1.thumbnail(size1)
print(im0.size);print(im1.size)
im_.paste(im0, (0, 0))
#将缩小后图像粘贴到原图像上
im.paste(im1,(0,0))
im_.show()
im.show()
```

以上代码输出结果如下：

```
(960, 540)
(300, 169)
(533, 300)
```

图 2-10 是使用 thumbnail 函数缩放后的图像。

转换后大小为 300 × 169 的图像　　转换后大小为 533 × 300 的图像

图 2-10　使用 thumbnail 函数缩放图像

创建缩略图要对很多图像进行缩小。下面演示一个实例，对图像文件夹中的图像创建缩略图进行批量处理。

```
import os
#调用 glob 模块，查找符合特定规则的目录和文件
import glob
from PIL import Image
size4=(400,200)
#在工作路径下创建文件夹，用于存放缩略图
os.makedirs("pic3")
for infile in glob.glob("pic1/*.jpg"):
```

```
        #调用 split 函数分割文件路径
        f,ext=os.path.split(infile)
        print(infile+ "\t" + f + "\t" + ext)
        img=Image.open(infile)
        #调用 thumbnail 函数，创建缩略图
        img.thumbnail(size4,Image.ANTIALIAS)
        img.save("pic3\\" + ext)
```

输出结果如图 2-11 所示。

图 2-11 创建缩略图

上述实例会对存放在 pic1 文件夹中的 20 张图像创建缩略图，然后在创建的 pic3 文件夹中存放这些缩略图。由该实例可知，thumbnail()方法不会改变图像的宽高比，因此创建的缩略图大小不一致。如果需要，可以在创建缩略图之前将图像大小调整为统一的宽高比，这样在创建缩略图之后就会得到大小一致的图像。

2.2 绘图类库 Matplotlib

绘图类库 Matplotlib 是 Python 软件的一个绘图工具库，与 NumPy、Pandas 共享数据科学三剑客的美誉，也是很多高级可视化库的基础。Matplotlib 并不是 Python 软件的内置库，因此调用前需要手动安装，有时候需要和 NumPy 库结合使用。

2.2.1 绘制点和线图像

调用 Matplotlib 库绘图一般需要使用 pyplot 模块，该模块集成了绝大部分常用的方法和接口。pyplot 模块的内部调用了 Matplotlib 路径下的大部分子模块，这些子模块共同完成各种丰富的绘图功能。使用 Matplotlib 库绘图首先是理解 figure(画布)、axes(坐标系)和 axis(坐标轴)三者之间的关系。

下面演示一个简单的绘制直线图的实例。

```
import matplotlib.pyplot as plt              #导入 pyplot 模块
x=[0,1,2,3,4];y=x
plt.xlabel("x");plt.ylabel("y")              #给 x、y 轴取标题
plt.title("y=x")                             #给图取标题
plt.axis([0,5,0,5])
plt.plot(x,y)
plt.show()
```

输出结果如图 2-12 所示。

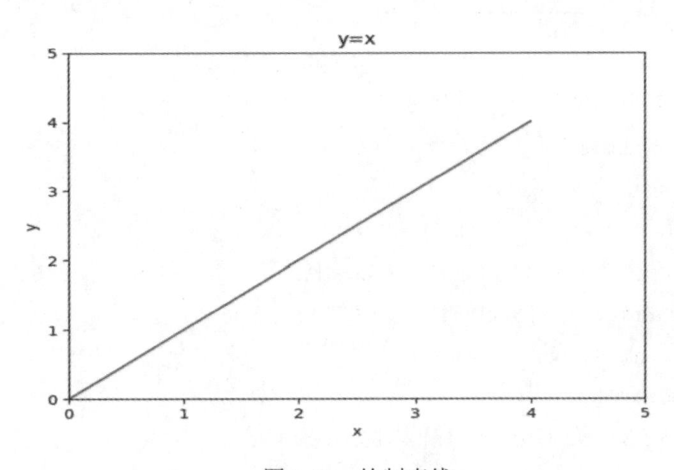

图 2-12　绘制直线

下面演示一个使用 scatter()方法绘制散点图的实例。

```
import matplotlib.pyplot as plt
import numpy as np
data = {'a': np.arange(50),'c': np.random.randint(0, 50, 50),'d': np.random.randn(50)}
data['b'] = data['a'] + 10 * np.random.randn(50)
data['d'] = np.abs(data['d']) * 100
x1 = np.random.rand(10)
y1 = np.random.rand(10)
x2 = np.arange(10)
y2= np.random.randn(10)
figure=plt.figure()
axes1=figure.add_subplot(221)
axes2=figure.add_subplot(222)
axes3=figure.add_subplot(223)
axes1.scatter('a', 'b', c='c', s='d', data=data)
axes2.scatter(x1,y1)
axes3.scatter(x2,y2,color='red',marker='+')
plt.show()
```

输出结果如图 2-13 所示。

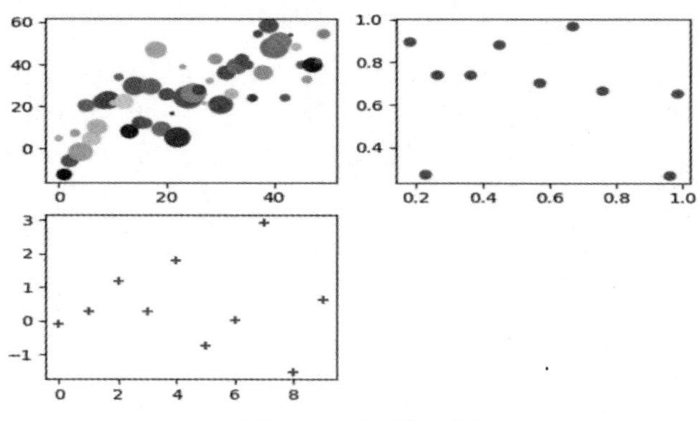

图 2-13 绘制散点图

有时候需要将多个函数绘制在一张图像上，下面演示一个实例。

```
import matplotlib.pyplot as plt
import numpy as np
fig = plt.figure()
#这两行代码的功能是在 pyplot 画出的图形中显示中文信息
plt.rcParams['font.sans-serif'] = ['SimHei']
plt.rcParams['axes.unicode_minus'] = False
ax1= fig.add_subplot(111)
ax1.set(xlim=[-5,5],ylim=[-2,4],title='坐标轴示例')
x1=np.arange(-4,4,0.01)
y1=np.sin(x1)/x1
x2=np.arange(-4,4,0.01)
y2=x2**2
x3=np.arange(-1,1,0.01)
y3=x3**3
ax1.plot(x1,y1,'r:',x2,y2,'b-.',x3,y3,'g')
plt.show()
```

输出结果如图 2-14 所示。

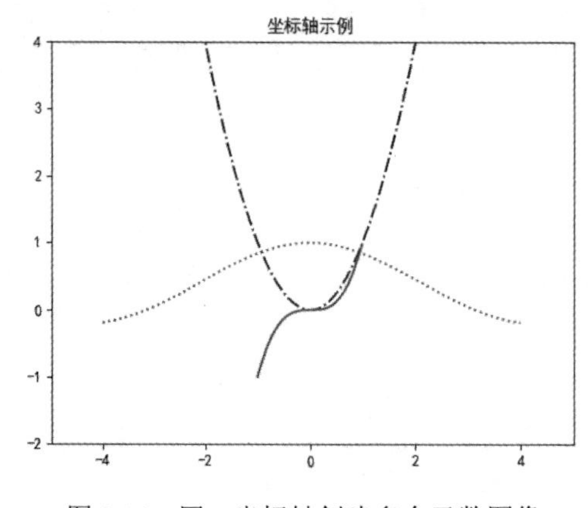

图 2-14 同一坐标轴创建多个函数图像

在 Matplotlib 中，绘制多个图像需要创建一个 Figure 对象作为容器，通过 plt.figure()创建一个 Figure 对象，然后使用 fig.add_subplot()方法添加子图，如 fig.add_subplot(121)在一个 1 行 2 列的布局中创建第一个子图。还可以使用 fig.subplots() 一次性创建多个子图，这会返回一个包含所有 Axes 对象的数组。每个 Axes 对象允许设置坐标轴属性并绘制数据。

```
import matplotlib.pyplot as plt
import numpy as np
plt.rcParams["font.sans-serif"]=["SimHei"]   #设置字体
plt.rcParams["axes.unicode_minus"]=False   #正常显示负号
fig = plt.figure()
ax1= fig.add_subplot(121)
ax1.set(xlim=[-5,5],ylim=[-2,2],title='第一个坐标轴',ylabel='Y 轴', xlabel='X 轴')
x=np.arange(-4,4,0.01)
y=np.sin(np.pi*x)
ax1.plot(x,y)
ax2= fig.add_subplot(122)
ax2.set(xlim=[-5,5],ylim=[-2,2],title='第二个坐标轴',ylabel='Y 轴', xlabel='X 轴')
x=np.arange(-4,4,0.01)
y=np.cos(np.pi*x)
ax2.plot(x,y,color='r')
plt.show()
```

输出结果如图 2-15 所示。

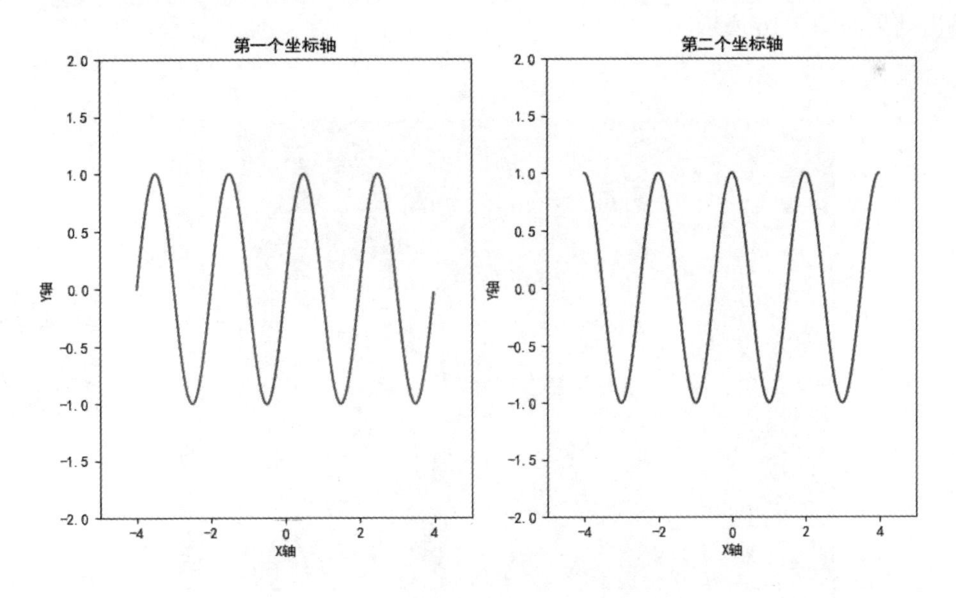

图 2-15　同一窗口创建多个函数图像

2.2.2 绘制图像轮廓和直方图

可以使用 pyplot 模块中的一些函数来绘制一些轮廓图。例如，contour()可以用来绘制等高线，contourf()可以用来进行颜色填充，colorbar()可以用来添加颜条，clabel()用来添加等高线标签。下面演示两个实例。

```
import numpy as np
import matplotlib.pyplot as plt
plt.rcParams['font.sans-serif'] = ['SimHei']          #以下两行代码用于输出中文
plt.rcParams['axes.unicode_minus'] = False
step = 1
x = np.arange(-4,4,step)
y = np.arange(-3,3,step)
X,Y = np.meshgrid(x,y)                                #将原始数据变成网格数据形式
Z = X**2+Y**2
plt.figure(figsize=(15,10))
cset=plt.contourf(X,Y,Z,alpha=0.8)
contour = plt.contour(X,Y,Z,colors=('red','orange'))
plt.clabel(contour,fontsize=10,colors='k')
plt.colorbar(cset)
plt.grid()
plt.title("函数 Z=X^2+Y^2 等高线图")
plt.show()
```

输出结果如图 2-16 所示。

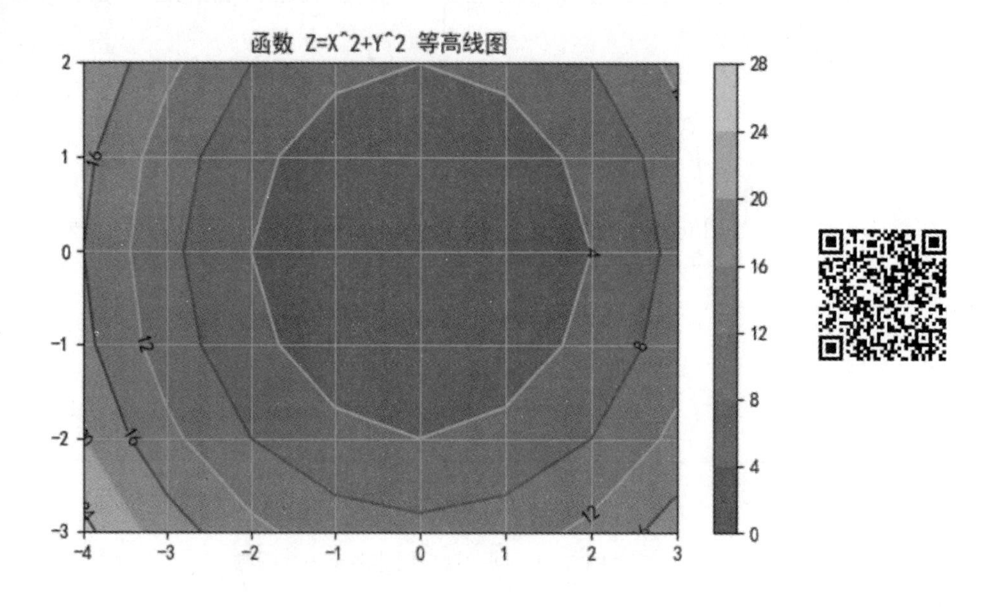

图 2-16　网络数据绘制函数等高线

```
import numpy as np
import matplotlib.pyplot as plt
def f(x,y):
    z=(1-x/2+x**5+y**3)*np.exp(-x**2-y**2)
    return z
n = 256
x = np.linspace(-3,3,n)
print(x.shape)
y = np.linspace(-3,3,n)
X,Y = np.meshgrid(x,y)
set=plt.contourf(X, Y, f(X,Y), alpha=0.95, cmap='jet')     #颜色填充设置
contour=plt.contour(X, Y, f(X,Y), 8,colors='black')         #绘制等高线
plt.clabel(contour,fontsize=10,colors='k')                  #添加等高线标签
plt.colorbar(set)                                           #添加颜色条以显示颜色与数据映射关系
plt.show()
```

输出结果如图 2-17 所示。

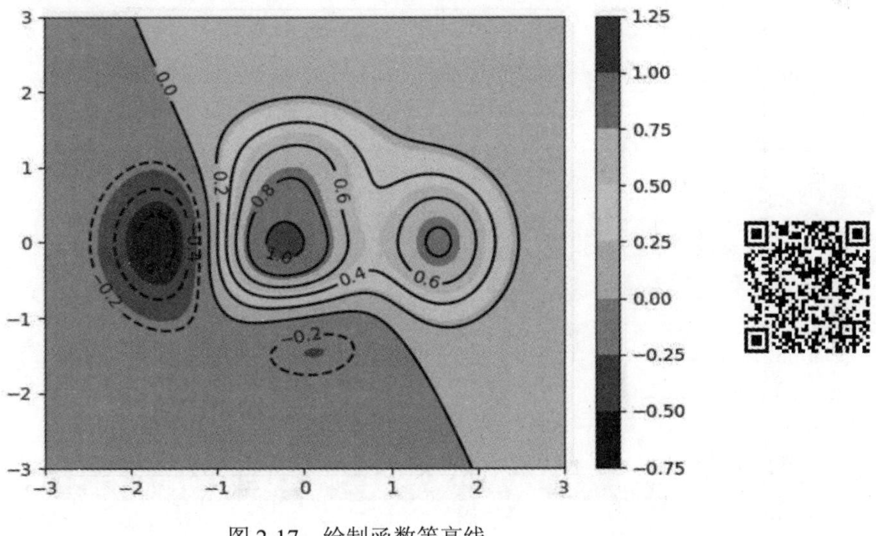

图 2-17　绘制函数等高线

绘制直方图可以使用 pyplot 模块中的 hist()函数，该函数比较重要的参数是 density 选项。当参数 density 为真(True)时，纵轴 y 表示概率密度，即频数÷(样本总数 × 组距)；当它为假(False)时，纵轴 y 表示频数，即在样本中出现的次数。下面演示两实例。

```
import numpy as np
import matplotlib.pyplot as plt
plt.rcParams["font.sans-serif"]=["SimHei"]          #设置字体
plt.rcParams["axes.unicode_minus"]=False            #正常显示负号
np.random.seed(10000)
```

```
#随机生成 1000 个数，满足标准正态分布，即均值为 0，标准差为 1
b=np.random.randn(1000)
mu, sigma = 100, 15
#数组 x 均值为 100，标准差为 15
x = mu + sigma * b
plt.figure(figsize=(15,6))
#直方图分为 40 个块，density 参数为真，显示概率密度，即所有直方图面积和为 1
n, bins, patches = plt.hist(x, 40, density=True,facecolor='blue', alpha=0.8)
plt.xlabel('智商');plt.ylabel('概率密度')
plt.title('智商的直方图')
plt.text(94, .033, r'$\mu=100,\ \sigma=15$',color='g')
plt.xlim(40, 160);plt.ylim(0, 0.04)
plt.grid();plt.savefig("11.jpg",dpi=72);plt.show()
```

输出结果如图 2-18 所示。

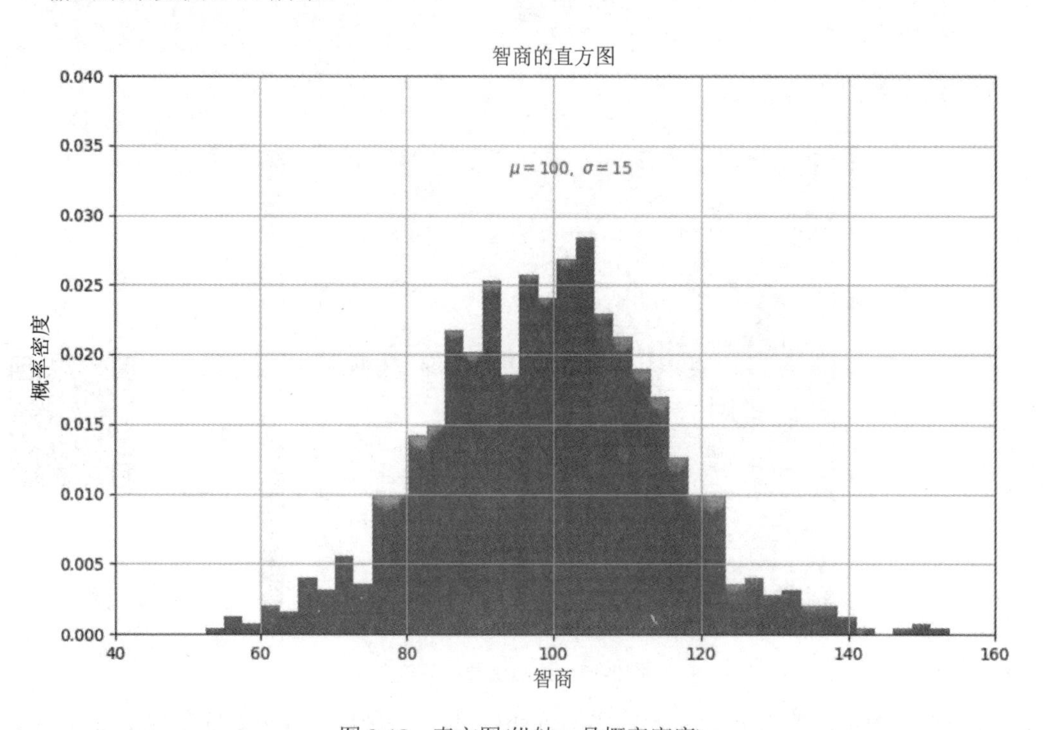

图 2-18　直方图(纵轴 y 是概率密度)

```
import numpy as np
import matplotlib.pyplot as plt
plt.rcParams["font.sans-serif"]=["SimHei"]          #设置字体
plt.rcParams["axes.unicode_minus"]=False            #正常显示负号
x=[1,2,3,4,5,6,7,8,9,19,11,11,13,
14,15,16,17,28,23,24,34,36,37,
40,38,38,46,47,48,44,43,43,2,4,
```

```
3,4,5,6,7,8,9,58,12,19,1,3,45,6,
6,6,6,6,55,50,50,53,53,30,31,32,
   32,32,34,34,30,30,4,7,0,0,0,7,23,
23,24,25,25,26,26,26,5,56,56,58,
58,33,33,33,33,11,1,1,20,21,22,2,
2,24,4,4,4,10,10,10,43,43,43,43,
45,48,40,40,41,42,18,19,17,26,27,
29,29,39,39,39,49,49,35,35,51,51,
51,54,54,54,52,52,52,57,57,57,57,
57,57,59,35,36,36,37,38,2]
n, bins, patches = plt.hist(x, 60,(0,60) ,density=False,facecolor='orange',alpha=0.9)
plt.xlabel('样本值')
plt.ylabel('频数')
plt.title('直方图')
plt.xticks(np.arange(0,61))
plt.yticks(np.linspace(0,10,11))
plt.grid()
plt.show()
```

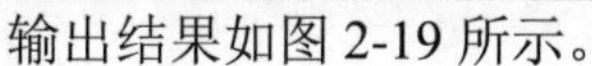

输出结果如图 2-19 所示。

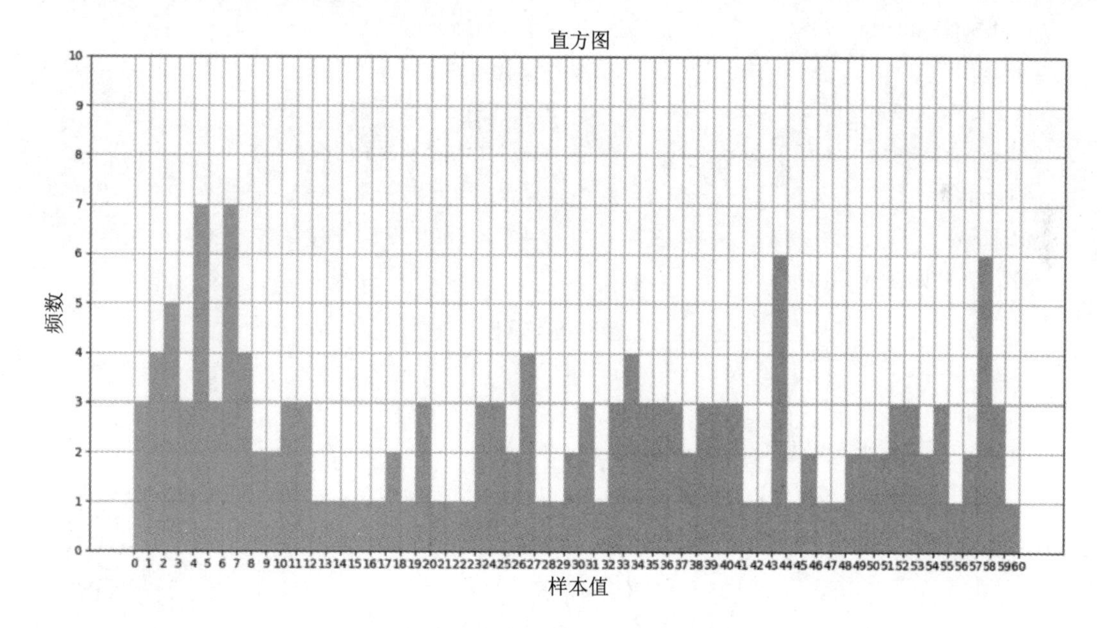

图 2-19　直方图(纵轴 y 是频数)

2.2.3　图像交互式标注

在使用 Matplolib 库画图像时，常常会添加一些标注使得图像的说明性更好。最基本的标注是设置属性，如设置坐标轴刻度、添加图像标题、添加曲线标签等。下面演示一个实例。

```
import numpy as np
import matplotlib.pylab as plt
#这两行代码使得 pyplot 画出的图形中可以显示中文
plt.rcParams['font.sans-serif'] = ['SimHei']
plt.rcParams['axes.unicode_minus'] = False
#创建一个 8 × 8 点(point)的图
plt.figure(figsize=(10,10), dpi=80)
X = np.linspace(-np.pi*2, np.pi*2, 256, endpoint=True)
C, S = np.cos(X), np.sin(X)
#绘制余弦曲线，使用红色的、连续的、宽度为 1 的线条
plt.plot(X, C, color='red', linewidth=3.0, linestyle='-',label='y=cos(x)')
#绘制正弦曲线，使用绿色的、连续的、宽度为 1 的线条
plt.plot(X, S, color='green', linewidth=3.0, linestyle='-',label='y=sin(x)')
#设置横轴、纵轴刻度
plt.xticks(np.linspace(-np.pi*2, np.pi*2, 9, endpoint=True), fontproperties='Times New Roman', size=20)
plt.yticks(np.linspace(-1, 1, 5, endpoint=True),fontproperties='Times New Roman', size=20)
#设置横纵坐标的标签以及对应字体格式
font = {'family' : 'Times New Roman','weight' : 'normal','size'     : 20}
plt.xlabel('X',font)                                    #设置横轴标签
plt.ylabel('Y',font)                                    #设置纵轴标签
plt.title('Python 画三角函数',size=20)                  #设置图像标题
plt.legend(loc ='lower left', prop = {'size':20})       #设置曲线标签显示的位置和大小
#plt.grid()                                             #设置图像网格
plt.show()
```

输出结果如图 2-20 所示。

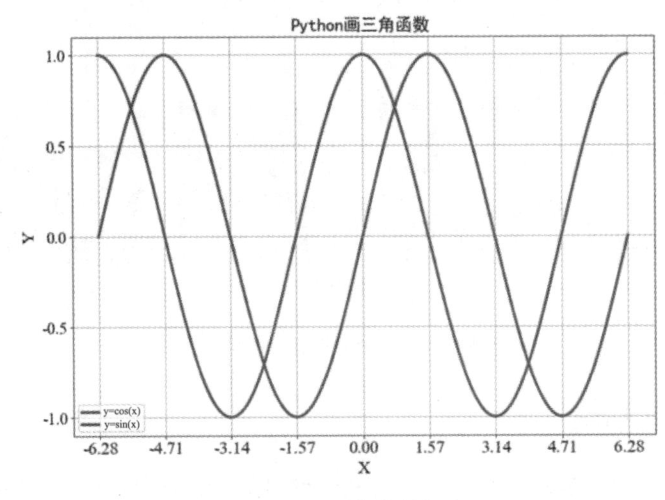

图 2-20　图像简单标注

有时需要给绘制的函数图像添加一些文本注释，此时就需要使用 annotata 函数。下面演示一个实例。

```
import numpy as np
import matplotlib.pyplot as plt
plt.rcParams['font.sans-serif'] = ['SimHei']
plt.rcParams['axes.unicode_minus'] = False
#绘制函数曲线
x = np.linspace(-np.pi, np.pi, 256, endpoint=True)
c, s = np.cos(x), np.sin(x)
plt.plot(x, c,label="y=cos(x)")
plt.plot(x, s,label="y=sin(x)")
#获取坐标轴，改变坐标轴位置
'''
使用 ax.spines[]选定边框，使用 set_color()将选定的边框的颜色设为 none。移动坐标轴，将 bottom 即 x 坐标轴移动到 y=0 的位置。ax.xaixs 为 x 轴，set_ticks_position()用于从上下左右(top/bottom/left/right)四条脊柱中选择一个作为 x 轴。使用 set_position()设置边框位置，即 y=0 的位置。位置的所有属性包括 outward、axes、data
'''
ax = plt.gca()
ax.spines['right'].set_color('none')
ax.spines['top'].set_color('none')
ax.xaxis.set_ticks_position('bottom')
ax.spines['bottom'].set_position(('data', 0))
ax.yaxis.set_ticks_position('left')
ax.spines['left'].set_position(('data', 0))
#添加文本标注
t = 2 * np.pi / 3;r=np.pi/4
plt.plot([t, t], [0, np.cos(t)], color='blue', linewidth=1,linestyle='--')
plt.plot([0, t], [np.cos(t), np.cos(t)], color='blue', linewidth=1,linestyle='--')
plt.scatter([t, ], [np.cos(t), ], 50, color='blue')
'''
annotate(s,xy,xycoords,xytext,textcoords,arrowprops);
s: 所标注文本；xy: 标注点坐标；xycoords:标注点坐标系属性；
xytext：文本坐标；textcoords:文本坐标系属性；arrowprops:箭头格式
'''
plt.annotate(r'$\cos(\frac{2\pi}{3})=-\frac{1}{2}$',color='green',
        xy=(t, np.cos(t)), xycoords='data',
```

```
            xytext=(-90, -50), textcoords='offset points', fontsize=16,
            arrowprops=dict(arrowstyle="->", connectionstyle="arc3,rad=.2"))
plt.plot([t,t],[0,np.sin(t)], color ='red', linewidth=1, linestyle="--")
plt.plot([0,t],[np.sin(t),np.sin(t)], color ='red', linewidth=1, linestyle="--")
plt.scatter([t,],[np.sin(t),], 50, color ='red')
plt.annotate(r'$\sin(\frac{2\pi}{3})=\frac{\sqrt{3}}{2}$',color='red',
            xy=(t, np.sin(t)), xycoords='data',
            xytext=(+40, 0), textcoords='offset points', fontsize=16,
            arrowprops=dict(arrowstyle="->", connectionstyle="arc3,rad=.2"))
plt.plot([r,r],[0,np.sin(r)], color ='black', linewidth=1, linestyle="--")
plt.plot([0,r],[np.sin(r),np.sin(r)], color ='black', linewidth=1, linestyle="--")
plt.scatter([r,],[np.sin(r),], 50, color ='black')
plt.annotate(r'$\sin(\frac{\pi}{4})=\cos(\frac{\pi}{4})=\frac{\sqrt{2}}{2}$',color='black',
            xy=(r, np.sin(r)), xycoords='data',
            xytext=(-30, +70), textcoords='offset points', fontsize=16,
            arrowprops=dict(arrowstyle="->", connectionstyle="arc3,rad=.2"))
plt.title("三角函数图像",fontsize=16)
plt.legend(loc=2,fontsize=16)
plt.grid()
plt.show()
```

输出结果如图 2-21 所示。

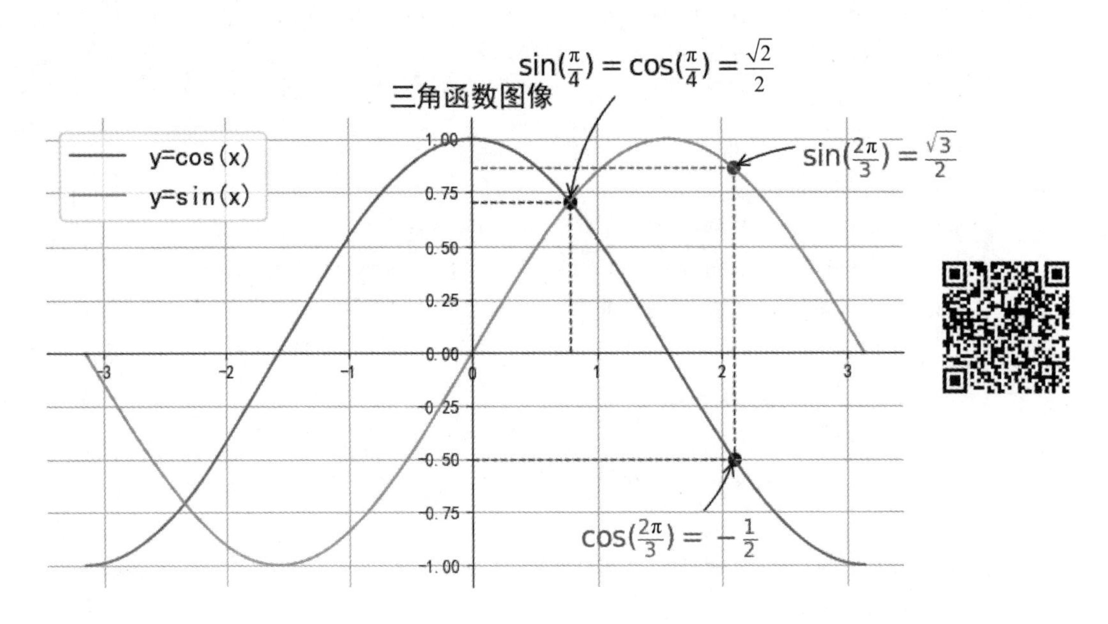

图 2-21 图像复杂标注

2.3　科学计算类库 NumPy

NumPy 是 Python 语言的一个科学计算类库，拥有一个类似于列表的、强大的 n 维数组对象 Ndarray，具有矢量运算和多维数组操作。NumPy 中提供了许多向量和矩阵操作，能轻松完成线性代数、积分、常微分方程求解以及其他科学与工程中常用的计算，不仅方便易用而且效率更高。

2.3.1　图像数组表示

根据图像处理的知识可知，一张 RGB 彩色图像的数据通常是三维的，而灰度图像和二值图像的数据通常是二维的。下面结合 PIL 库中 Image 模块演示一个实例。

```
import numpy as np
from PIL import Image
img=Image.open('cat.png')
img.show()
img=np.array(img)
print(img.shape,img.dtype)
print(img[:2,:4,:])
#转换为灰度图像
img2=Image.open('cat.png').convert('L')
img2.show()
img2=np.array(img2)
print(img2.shape,img2.dtype)
print(img2[:2,:4])
```

代码输出结果如下：

```
(400, 600, 3) uint8
[[[48 69 74]
  [42 63 68]
  [38 57 64]
  [35 54 61]]

 [[49 70 75]
  [43 64 70]
  [36 56 63]
```

```
  [33 53 60]]]

(400, 600) uint8
[[63 57 52 49]
 [64 58 51 48]]
```

输出结果如图 2-22 所示。

(a) RGB 原图

(b) 灰度图

图 2-22　图像转换

以上代码将图像转化为 NumPy 中的 Ndarray 数组。可以看出，对于 RGB 彩色图像来说，数据是一个三维数组，因为图像有 R、G、B 三个通道；而对于灰度图像来说，数据是一个二维数组。二者的数据类型皆为 uint8(无符号整型)。该实例只输出了第一个维度的前 2 行和第二个维度的前 4 行。

2.3.2　图像灰度转换

要将彩色 RGB 图像转换为灰度图像，首先要了解两者在数据维度上的区别：RGB 图像是一个三维数组，而灰度图像是一个二维数组。可以直接调用 PIL 库中 Image 类中的 convert()方法进行转换，也可根据公式，通过 NumPy 库中的函数计算灰度像素值进行转换。下面演示一个实例。

```
from PIL import Image
import numpy as np
img=Image.open('cat.png')

#转换数据格式为 Ndarray 类型
img=np.array(img)
'''
计算公式：L=0.299 × R+0.587 × G+0.114 × B
'''
img_l=np.dot(img[...,:3],[0.299,0.587,0.114])
```

```
#转换数据类型为 uint8
img_l=img_l.astype(np.uint8)
img=Image.fromarray(img_l)
img.show()

#直接调用 convert()方法生成
img2=Image.open('cat.png').convert('L')
img2.show()
```

输出结果如图 2-23 所示。

(a) 调用 convert()方法生成

(b) 公式计算生成

图 2-23　图像灰度转换

2.3.3　直方图均衡化

直方图均衡化是一种简单有效的图像增强技术，即通过改变图像的直方图来改变图像中各像素的灰度。该技术主要用于增强动态范围偏小的图像的对比度。

原始图像由于其灰度分布可能集中在较窄的区间，造成图像不够清晰。例如，过曝光图像的灰度级集中在高亮度范围内，而曝光不足将使图像灰度级集中在低亮度范围内。采用直方图均衡化，可以把原始图像的直方图变换为均匀分布(均衡)的形式，这样就增加了像素之间灰度值差别的动态范围，从而达到增强图像整体对比度的效果。

换言之，直方图均衡化的基本原理是：对在图像中像素个数多的灰度值(即对画面起主要作用的灰度值)进行展宽，而对像素个数少的灰度值(即对画面不起主要作用的灰度值)进行归并，从而增大对比度，使图像清晰，达到图像增强的目的。

对一幅灰度图像，其直方图反映了该图像中不同灰度级出现的统计情况。图 2-24 给出了一个直方图的示例，左图是一幅图像，其灰度直方图可表示为右图，其中横轴表示图像的各灰度级，纵轴表示图像中各灰度级像素的个数。灰度直方图表示在图像中各个单独灰度级的分布，而图像对比度则取决于相邻近像素之间灰度级的关系。

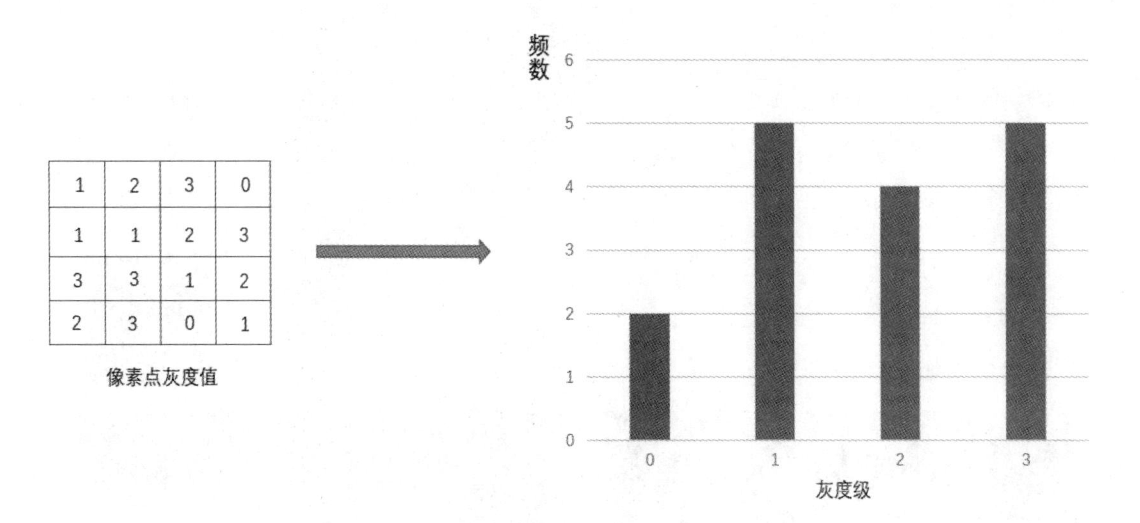

图 2-24　统计图像灰度级

直方图均衡化操作可用下式来计算：

$$Z' = \frac{Z_{\max}}{S} \sum_{i=0}^{Z} h(i) \tag{2-1}$$

式中，S 是总的像素数，$Z_{\max}$ 是像素的最大取值(8 位灰度图像为 255)，$h(i)$为图像像素取值为 i 及小于 i 的像素的总数，Z'为均衡化后的灰度值，Z 为原灰度值。

下面分别演示一个灰度图像的直方图均衡化实例和一个彩色 RGB 图像的直方图均衡化实例。

```
import cv2
import numpy as np
import matplotlib.pyplot as plt
#用于显示中文标题
plt.rcParams['font.sans-serif'] = ['SimHei']
plt.rcParams['axes.unicode_minus'] = False
#直方图均衡化
def equalization(img, z_max=255):
    H, W = img.shape
    S = H * W   * 1.
    out = img.copy()
    sum_h = 0.
    for i in range(1, 255):
        ind = np.where(img == i)
        sum_h += len(img[ind])
```

```
            z_prime = z_max / S * sum_h
            out[ind] = z_prime
    out = out.astype(np.uint8)
    return out

img = cv2.imread("cat2.png",0)
plt.subplot(2,1,1)
plt.hist(img.ravel(), bins=255, rwidth=0.8, range=(0, 255), label='原图', color='red')
plt.legend(loc=2)
plt.title("灰度直方图对比")
img=img.astype(np.float64)
out = equalization(img)
plt.subplot(2,1,2)
plt.hist(out.ravel(), bins=255, rwidth=0.8, range=(0, 255), label = '均衡化后', color='blue')
plt.legend(loc=2)
plt.savefig("hist.png")
plt.show()
cv2.imshow("result", out)
cv2.imwrite("out.png", out)
cv2.waitKey(0)
cv2.destroyAllWindows()
```

输出结果如图 2-25 和图 2-26 所示。

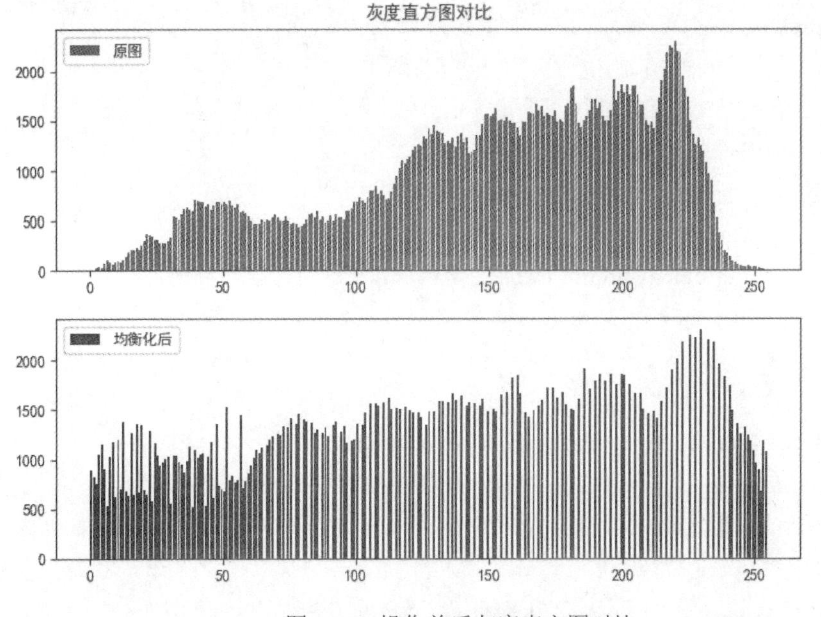

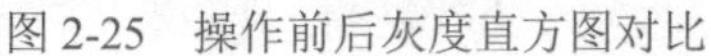
图 2-25　操作前后灰度直方图对比

(a) 原始图像

(b) 直方图均衡化

图 2-26 均衡化前后图像对比

对于彩色图像而言，可以分别对 R、G、B 三个分量做直方图均衡化，但有些时候这样做很有可能导致结果图像色彩失真。因此，常常将 RGB 空间转换为 HSV(Hue，Saturation，Value)空间之后，对 V 分量进行直方均衡化，以保证图像色彩不失真。HSV 是根据颜色的直观特性由 Alvy Ray Smith 在 1978 年创建的一种颜色空间，也称为六角锥体模型(Hcxcone Model)。这个模型中颜色的参数分别是色调(H)、饱和度(S)和明度(V)。下面结合 Python 语言中的 cv2 模块演示一个实例。

```
import cv2
import matplotlib.pyplot as plt
#下面两行用于显示中文标题
plt.rcParams['font.sans-serif'] = ['SimHei']
plt.rcParams['axes.unicode_minus'] = False
im = cv2.imread("cat.png")
cv2.imshow('original color',im)
# BGR 空间转化为 YUV 空间，YUV 即亮度、色彩和饱和度，其中 Y 为亮度通道
yuv = cv2.cvtColor(im,cv2.COLOR_BGR2YUV)
#取出亮度通道，均衡化并赋回原图像
yuv[...,0] = cv2.equalizeHist(yuv[...,0])
equalize_color = cv2.cvtColor(yuv,cv2.COLOR_YUV2BGR)
cv2.imshow("equalized color",equalize_color)
#原始图像直方图
plt.subplot(2, 1, 1)
plt.hist(im.ravel(), 256, [0, 256], label="原图",color='orange')
plt.legend(loc='upper center')
#均衡化处理后的图像直方图
plt.subplot(2, 1, 2)
plt.hist(equalize_color.ravel(), 256, [0, 256], label="均衡化后")
```

```
plt.legend(loc='upper center')
plt.show()
cv2.waitKey()
cv2.destroyAllWindows()
```

输出结果如图 2-27 与图 2-28 所示。

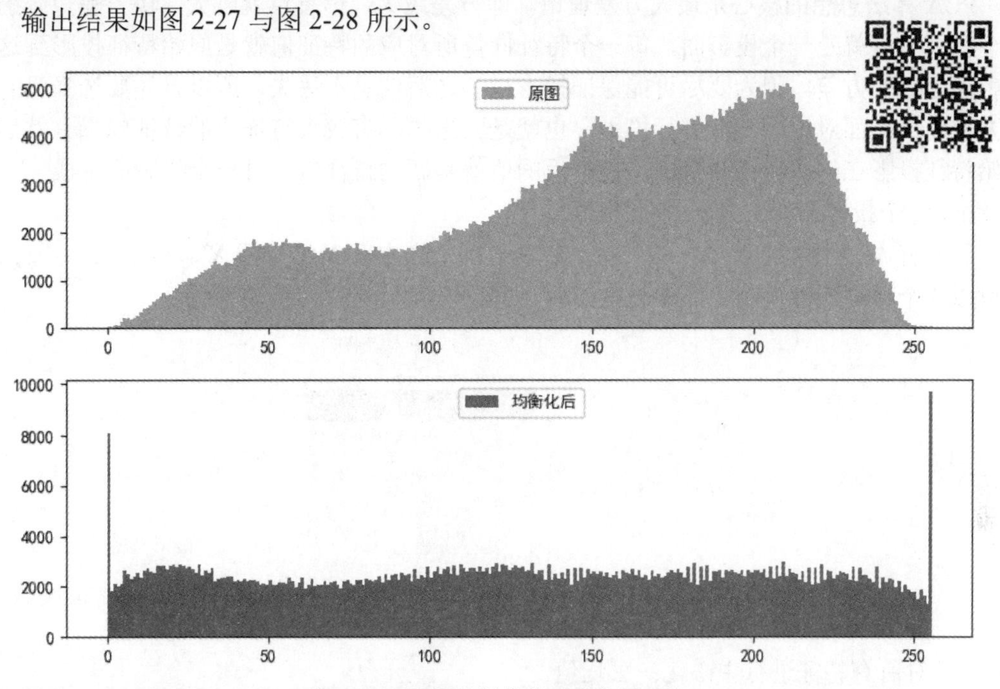

图 2-27　均衡化操作前后直方图对比

(a) 原始图像

(b) 均衡化后的图像

图 2-28　彩色图像均衡化操作前后对比

由以上两个实例的代码输出结果可以看出，采用直方图均衡化后，图像的灰度级分布变得相对均衡，图像的对比度增强，图像更加清晰。

2.3.4　图像主成分分析 PCA

主成分分析(Principal Component Analysis，PCA)是最常用的线性降维方法，它的目标是通过某种线性投影，将高维的数据映射到低维的空间中，并期望在所投影的维度上数据的信息量最大(方差最大)，以使用较少的数据维度，保留住较多原数据点的特性。PCA 降维的目的是在尽量保证“信息量不丢失”的情况下对原始特征进行降维，即尽可能将原始特征往具有最大投影信息量的维度上进行投影。将原始特征投影到这些维度上，使降维后信息量损失最小。

PCA 算法思想的核心是最大方差理论，即方差越大，信息量就越大。协方差矩阵的每一个特征向量就是一个投影面，每一个特征向量所对应的特征值就是原始特征投影到这个投影面之后的方差。因为要尽可能保证投影过去之后信息不丢失，所以首先要选择具有较大方差的投影面对原始特征进行投影，也就是要选择具有较大特征值的特征向量。然后将原始特征投影在这些特征向量上，投影后的值就是新的特征值。每一个投影面生成一个新的特征，k 个投影面就生成 k 个新特征。

假设有 M 个样本 $\{\boldsymbol{X}^1, \boldsymbol{X}^2, \boldsymbol{X}^3, \cdots, \boldsymbol{X}^M\}$，每个样本有 N 维特征 $\boldsymbol{X}^i=(x_1^i, x_2^i, \cdots, x_N^i)^{\mathrm{T}}$。这里以 3 个特征属性为例，样本表格如图 2-29 所示。

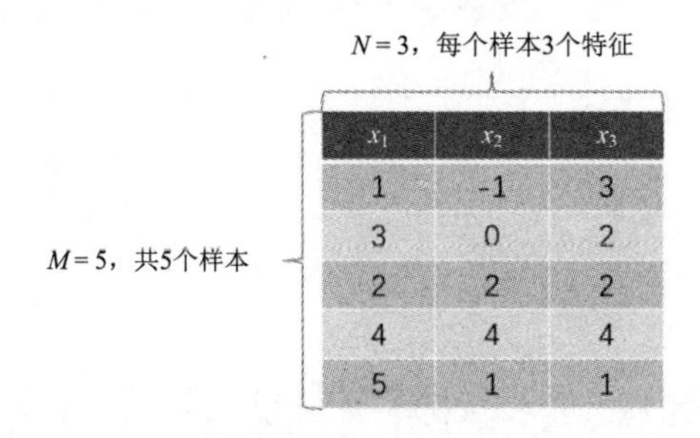

x_1	x_2	x_3
1	-1	3
3	0	2
2	2	2
4	4	4
5	1	1

图 2-29　样本表格

(1) 对所有特征进行中心化：去均值。

x_1 特征的平均值：

$$\overline{x_1}=\frac{1+3+2+4+5}{5}=3$$

x_2 特征的平均值：

$$\overline{x_2}=\frac{-1+0+2+4+1}{5}=1.2$$

x_3 特征的平均值：

$$\overline{x_3}=\frac{3+2+2+4+1}{5}=2.4$$

将上述 5 个样本的每个特征值减去各自样本特征的平均值，结果如图 2-30 所示。

x_1	x_2	x_3
-2	-2.2	0.6
0	-1.2	-0.4
-1	0.8	-0.4
1	2.8	1.6
2	-0.2	-1.4

图 2-30　特征值均值化

中心化后的数据 $\boldsymbol{X}$ 如下：

$$\boldsymbol{X}=\begin{bmatrix} -2 & 0 & -1 & 1 & 2 \\ -2.2 & -1.2 & 0.8 & 2.8 & -0.2 \\ 0.6 & -0.4 & -0.4 & 1.6 & -1.4 \end{bmatrix}$$

(2) 求方差矩阵 $\boldsymbol{C}$。

协方差矩阵对角线上的元素为特征值 x_1、x_2 和 x_3 的方差，非对角线上的元素为协方差。协方差大于 0 表示两个特征值之间存在正相关关系，即当一个增大时，另一个倾向于增大；协方差小于 0 表示两个特征值之间存在负相关关系，即当一个增大时，另一个倾向于减小；协方差等于 0 表示二者相互独立。协方差绝对值越大，表示二者对彼此的影响越大，反之越小。三阶协方差矩阵如下：

$$\boldsymbol{C}=\begin{bmatrix} \text{conv}(x_1,x_1) & \text{conv}(x_1,x_2) & \text{conv}(x_1,x_3) \\ \text{conv}(x_2,x_1) & \text{conv}(x_2,x_2) & \text{conv}(x_2,x_3) \\ \text{conv}(x_3,x_1) & \text{conv}(x_2,x_3) & \text{conv}(x_3,x_3) \end{bmatrix} \tag{2-2}$$

其中，$\text{conv}(x_1,x_1)$计算如公式(2-3)所示，其他同理。

$$\text{conv}(x_1,x_2)=\frac{\sum_{i=1}^{M}(x_1^i-\bar{x}_1)(x_2^i-\bar{x}_2)}{M-1} \tag{2-3}$$

由上述公式可以推出原数据的协方差矩阵为

$$\boldsymbol{C}=\begin{bmatrix} 2.5 & 1.5 & -0.5 \\ 1.5 & 3.7 & 0.9 \\ -0.5 & 0.9 & 1.3 \end{bmatrix}$$

(3) 求协方差矩阵 $\boldsymbol{C}$ 的特征值和相对应的特征向量。

利用矩阵知识 $\boldsymbol{Cu}=\lambda\boldsymbol{u}$，求解协方差矩阵 $\boldsymbol{C}$ 的特征值 λ 和相对应的特征向量 $\boldsymbol{u}$。

计算得出的 3 个特征值如下：

[4.78254524　2.27660014　0.44085462]

对应的特征向量如下：

[[−0.52159279　−0.69155775　0.49968874]
[−0.84120886　0.31901482　−0.43657439]
[−0.14250829　0.64805665　0.74814034]]

(4) 计算 PCA 降维后的矩阵。

$$\text{percentage}\leqslant\frac{\sum_{i=1}^{K}\lambda_i}{\sum_{i=1}^{N}\lambda_i} \tag{2-4}$$

特征值有 N 个，每个特征值对应一个特征向量。将 N 个 λ 值从大到小排列，根据信息保留百分比 percentage 使用公式(2-4)，将 N 个 λ 值从大到小排列，确定 K 值，并将对应的特征向量取出得到 $P=(u_1,u_2,\cdots,u_k)$，利用公式(2-5)计算矩阵 $\boldsymbol{P}$ 转置和矩阵 $\boldsymbol{X}$ 的乘积得到映射后的新矩阵 $\boldsymbol{X}'$，大小为 M 行 K 列。

$$\boldsymbol{X}'=\begin{bmatrix} u_{11} & u_{12} & \cdots & u_{1k} \\ u_{21} & u_{22} & \cdots & u_{2k} \\ \vdots & \vdots & & \vdots \\ u_{N1} & u_{N2} & \cdots & u_{Nk} \end{bmatrix}^{\mathrm{T}} \begin{bmatrix} x_1^1 & x_2^1 & \cdots & x_N^1 \\ x_1^2 & x_2^2 & \cdots & x_N^2 \\ \vdots & \vdots & & \vdots \\ x_1^M & x_2^M & \cdots & x_N^M \end{bmatrix} \tag{2-5}$$

在进行 PCA 降维时，首先选择特征值最大的前两个特征值 $\lambda_1=4.7825$ 和 $\lambda_2=2.2766$ 所对的特征向量 $\boldsymbol{u}_1$ 和 $\boldsymbol{u}_2$，然后用这两个特征向量构成新的特征向量矩阵 $\boldsymbol{P}$:

$$\boldsymbol{p}=\begin{bmatrix} -0.5216 & -0.6916 \\ -0.8412 & 0.3190 \\ -0.1425 & 0.6481 \end{bmatrix}$$

接着，将原始数据投影到这两个新基向量上，即计算特征向量矩阵 $\boldsymbol{P}$ 转置和中心化均值化后的矩阵 $\boldsymbol{X}$ 乘积得到降维后的矩阵 $\boldsymbol{X}'$，计算过程如下：

$$\boldsymbol{X}'=\begin{bmatrix} -0.5216 & -0.6916 \\ -0.8412 & 0.3190 \\ -0.1425 & 0.6481 \end{bmatrix}^{\mathrm{T}} \begin{bmatrix} -2 & 0 & -1 & 1 & 2 \\ -2.2 & -1.2 & 0.8 & 2.8 & -0.2 \\ 0.6 & -0.4 & -0.4 & 1.6 & -1.4 \end{bmatrix}$$

得出降维后的新矩阵 X' 如下：

$$\boldsymbol{X}'=\begin{bmatrix} 2.8083 & 1.0665 & -0.0944 & -3.1050 & -0.6754 \\ 1.0701 & -0.6420 & 0.6875 & 1.2386 & -2.3542 \end{bmatrix}$$

以上实例的代码如下：

```
import numpy as np
def zeroMean(dataMat):
    #按列求均值，即求各个特征的均值
    meanVal=np.mean(dataMat,axis=0)
    newData=dataMat-meanVal
    return newData,meanVal
def pca(dataMat,n):
    newData,meanVal=zeroMean(dataMat)
    #计算协方差矩阵
    covMat=np.cov(newData,rowvar=0)
    print(covMat)
    #求特征值和特征向量，特征向量是按列放的，即一列代表一个特征向量
    eigVals,eigVects=np.linalg.eig(np.mat(covMat))
```

```
    print('特征值:',eigVals)
    print('特征向量:',eigVects)
    eigValIndice=np.argsort(eigVals)
    n_eigValIndice=eigValIndice[-1:-(n+1):-1]
    #取出所用的特征向量
    n_eigVect=eigVects[:,n_eigValIndice]
    print(n_eigVect)
    #构建低维特征空间的数据
    lowDDataMat=newData*n_eigVect
    return lowDDataMat
x=np.array([1,-1,3,3,0,2,2,2,2,4,4,4,5,1,1]).reshape(5,3)
#原始数据特征属性为 3，降为二维
e=pca(x,2)
print(e)
```

在图像处理任务中，一幅 RGB 彩色图像的数据过大会导致后续计算操作很烦琐，通常会将图像灰度化再使用 PCA 技术降维，这样数据既保留了原始特性，又将数据量减小以便于后续操作。下面演示一个图像 PCA 降维的实例。

```
import numpy as np
import cv2 as cv
#数据中心化，按列求均值，即求各个特征的均值
def Z_centered(data):
    rows,cols=data.shape
    meanVal = np.mean(data, axis=0)
    meanVal = np.tile(meanVal,(rows,1))
    newdata = data-meanVal
    return newdata, meanVal
#计算协方差矩阵
def Cov(data):
    rows,cols=data.shape
    meanVal=np.mean(data,axis=0)
    meanVal = np.tile(meanVal, (rows,1))            #返回 rows 行的均值矩阵
    Z = data - meanVal
    Zcov = (1/(rows-1))*Z.T * Z
    return Zcov
#确定降维后的维数
def Percentage2n(eigVals, percentage):
    sortArray = np.sort(eigVals)                    #升序
    sortArray = sortArray[-1::-1]                   #逆转，即降序
    arraySum = sum(sortArray)
```

```
    tmpSum = 0
    num = 0
    for i in sortArray:
        tmpSum += i
        num += 1
        if tmpSum >= arraySum * percentage:
        return num
#得到最大的 k 个特征值和特征向量
def EigDV(covMat, p):
    D, V = np.linalg.eig(covMat)            #得到特征值和特征向量
    k = Percentage2n(D, p)                  #确定 k 值
    print("保留 99%信息，降维后的特征个数:"+str(k)+"\n")
    print('----------------------------------------')
    eigenvalue = np.argsort(D)
    K_eigenValue = eigenvalue[-1:-(k+1):-1]
    K_eigenVector = V[:,K_eigenValue]
    return K_eigenValue, K_eigenVector
#得到降维后的数据
def getlowDataMat(DataMat, K_eigenVector):
    return DataMat * K_eigenVector
#重构数据
def Reconstruction(lowDataMat, K_eigenVector, meanVal):
    reconDataMat = lowDataMat * K_eigenVector.T + meanVal
    return reconDataMat
# PCA 算法
def PCA(data, p):
    dataMat = np.float32(np.mat(data))
    dataMat, meanVal = Z_centered(dataMat)
    covMat = np.cov(dataMat, rowvar=0)
    D, V = EigDV(covMat, p)
    lowDataMat = getlowDataMat(dataMat, V)
    reconDataMat = Reconstruction(lowDataMat, V, meanVal)
    return reconDataMat,lowDataMat
#主函数
def main():
    imagePath = 'cat.png'
    image = cv.imread(imagePath)
    cv.imshow('cons1',image)
    image2=cv.cvtColor(image,cv.COLOR_BGR2GRAY)
```

```
    cv.imshow('cons2',image2)
    rows,cols=image2.shape
    print("降维前的数据大小:",image2.shape)
    print("降维前的特征个数:"+str(cols)+"\n")
    print('----------------------------------------')
    reconImage,lowImage= PCA(image2, 0.99)
    lowImage = lowImage.astype(np.uint8)
    reconImage = reconImage.astype(np.uint8)
    print("降维后的数据大小:",lowImage.shape)
    print("降维后的特征个数:"+str(lowImage.shape[1])+"\n")
    print('----------------------------------------')
    print("重构后的数据大小:",reconImage.shape)
    print("重构后的特征个数:"+str(reconImage.shape[1])+"\n")
    cv.imshow('cons3',reconImage)
    cv.waitKey(0)
    cv.destroyAllWindows()
main()
```

输出结果如下：

```
降维前的数据大小:(400，600)
降维前的特征个数:600
----------------------------------------
保留 99%信息，降维后的特征个数:57
----------------------------------------
降维后的数据大小:(400，57)
降维后的特征个数:57
----------------------------------------
重构后的数据大小:(400，600)
重构后的特征个数:600
```

以上实例的输出结果如图 2-31 所示。

(a) 原始图像

(b) 灰度化

(c) PCA 降维重构

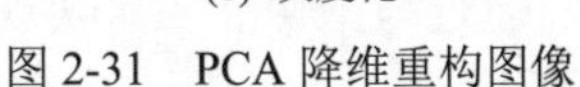

图 2-31　PCA 降维重构图像

2.4 数值运算类库 SciPy

SciPy 是一个用于高级科学计算的 Python 库，它构建在 NumPy 基础之上，提供了各种功能强大的模块和函数，用于解决科学、工程和数据分析领域的各种数学、统计和工程问题。SciPy 库的优化、积分、线性代数、傅里叶变换、信号处理、图像处理、统计分析等模块，使得使用 Python 语言进行复杂的科学计算和数据分析变得更加容易。

SciPy 库包含许多子模块，不同的子模块可以实现不同的功能。其中常用的子模块如表 2-4 所示。

表 2-4 SciPy 库子模块

子 模 块	功 能
SciPy.cluster	向量计算和聚类分析
SciPy.fftpack	傅里叶变换
SciPy.integrate	积分和微分
SciPy.linalg	线性代数
SciPy.optimize	优化和求根
SciPy.signal	信号处理
SciPy.interpolate	插值
SciPy.sparse	稀疏矩阵
SciPy.stats	统计
SciPy.ndimage	n 维图像包

2.4.1 图像平滑

图像模糊是图像处理中简单且常用的操作之一，其主要目的之一是在图像预处理的时候降低图像噪声。比如，在大目标提取之前去除图像中的一些琐碎细节。图像模糊通常依靠图像的卷积操作来实现。图像模糊又被称为平滑滤波。

图像模糊操作常用的滤波模板有归一化均值滤波器、高斯滤波器、中值滤波器和双边滤波器等。这里以高斯滤波器为例进行介绍。

二维高斯分布函数在计算机视觉领域用途广泛。在模糊图像操作时常常使用均值为 0 的二维高斯函数生成高斯卷积核，通过与图像卷积来实现图像模糊。公式(2-6)为二维高斯函数表达式，函数图像如图 2-32 所示。

$$G(x,y)=\frac{1}{2\pi\delta^2}\mathrm{e}^{\frac{-(x^2+y^2)}{2\delta^2}} \tag{2-6}$$

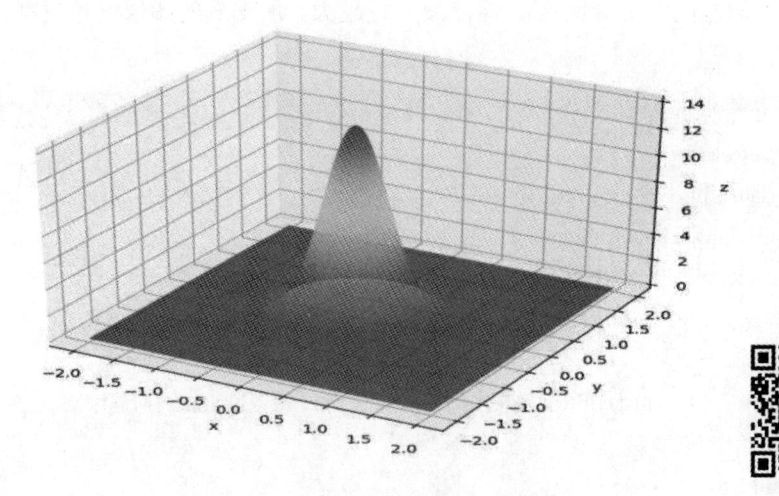

图 2-32　二维高斯分布概率密度函数

使用高斯核进行图像模糊的实质是一种数据平滑技术，即对图像中的每个像素点取周围像素点的加权均值，降低像素点灰度值的尖锐变化，使得图像变得模糊。

如图 2-33 所示，假设一幅二维灰度图像的中心点在原点，以计算该中心点高斯平滑后的像素值为例说明平滑方法。首先将像素点的坐标代入公式(2-6)计算每个像素点的权重。这里取中心点四周的 1 个像素(共 9 个像素点)来计算，并取 $\delta = 1.5$。

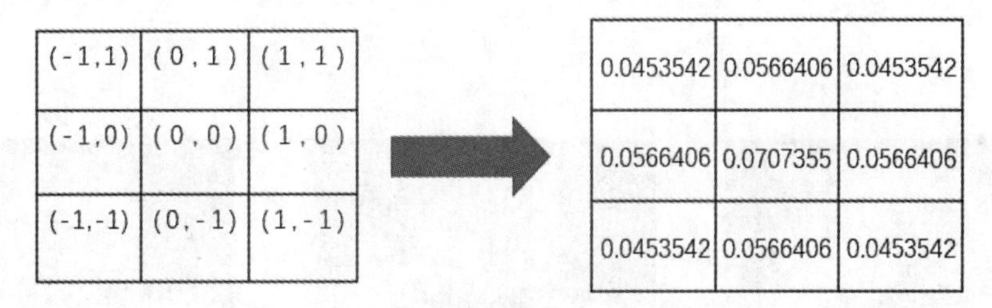

图 2-33　根据坐标计算权重值

其次，将图 2-23 计算中心高斯核权值进行归一化处理，然后与图像对应位置点的像素值相乘，得到最后的输出。如图 2-34 所示，将输出的 9 个点的像素值相加取整后就是高斯模糊滤波后中心点的新值，从原来的 1 变为 21，与周围像素值相近。

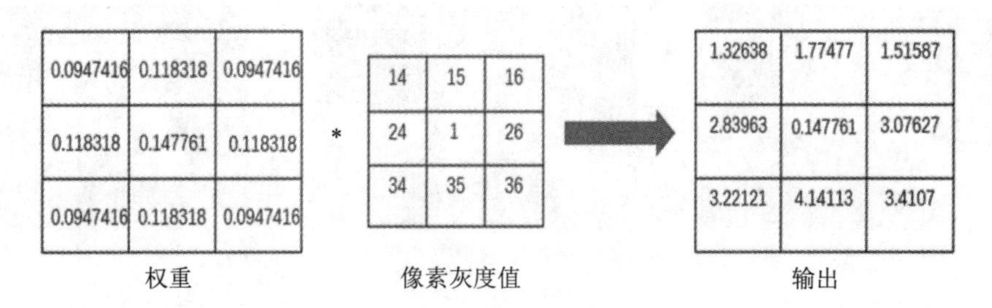

图 2-34　计算新的像素值

将一幅灰度图像中的所有点进行上面的操作，就会得到模糊后的图像。对于 RGB 彩色图像进行模糊操作时，可先将彩色图像分离为 R、G、B 三个通道，再进行上面的操作，最后再将三个通道合并。在计算每个当前中心点的滤波值时，滤波所选择的范围越大(上面选择的是中心点周围的 1 个像素点)，即滤波半径越大，所得到的图像就越模糊。下面演示一个实例。

```
from PIL import Image
import numpy as np
import pylab as plb
from scipy.ndimage import filters
import matplotlib.pyplot as plt
im = np.array(Image.open('cat.png').convert('L'))
plb.gray()
#调用 SciPy 包中 ndimage.filters 模块中的 gaussian_filter 函数来进行高斯滤波
#随着第二个参数的增大模糊程度也逐渐增大
for i in range(6):
    im2 = filters.gaussian_filter(im,i*2)
    plt.subplot(2,3,i+1)
    plt.title(i*2)
    plb.imshow(im2)
plb.show()
```

输出结果如图 2-35 所示。

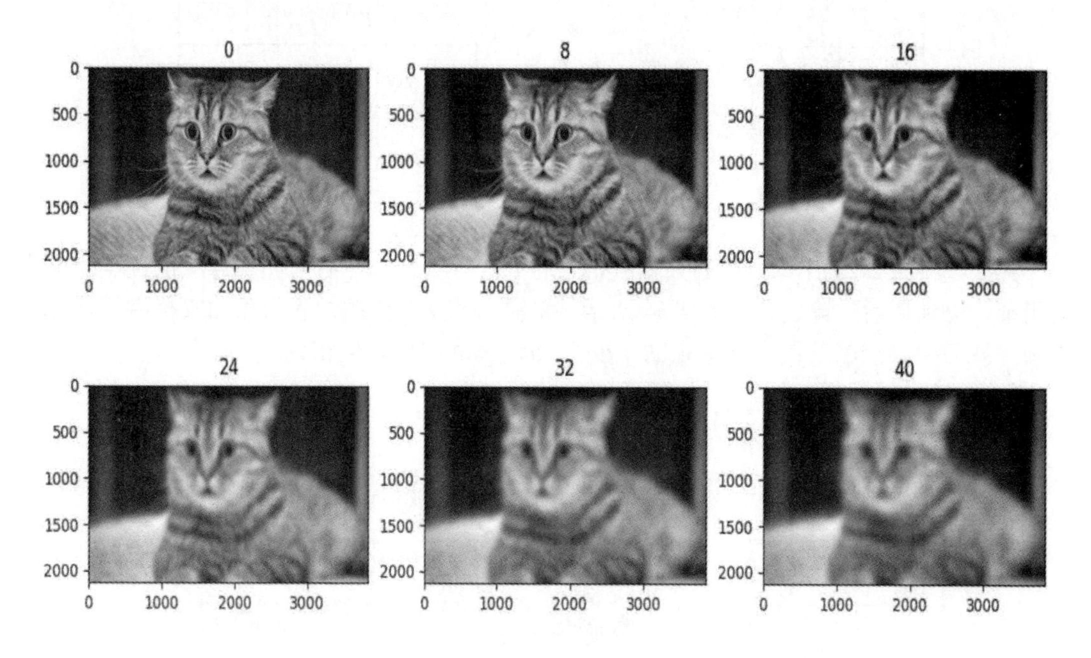

图 2-35　图像模糊

2.4.2　图像形态学

数学形态学(Mathematical Morphology)是一门建立在格论和拓扑学基础之上的图像分析学科，是数学形态学图像处理的基本理论。图像处理中的形态学操作主要用于图像的预处理操作(去噪、形状简化)、图像增强(骨架提取、细化、凸包及物体标记)、物体背景分割及物体形态量化等场景中。其基本的运算包括腐蚀和膨胀、开运算和闭运算、骨架抽取、极限腐蚀、击中击不中变换、形态学梯度、Top-hat 变换、颗粒分析、流域变换等。

腐蚀(Dilation)和膨胀(Erosion)是图像形态学中的最基本操作。该操作通常是针对灰度图像或者二值化图像进行的。本节以二值化图像的腐蚀和膨胀为例进行说明，在运算过程中需要利用一定形状的结构元素(Structing Element)来作为模板。而开运算和闭运算又是腐蚀和膨胀结合所形成的。

腐蚀可以使目标区域范围“变小”，造成图像的边界收缩，可以用来消除小且无意义的目标物。具体的腐蚀结果与图像本身和结构元素的形状有关。

腐蚀操作的表达式如式(2-7)，它表示模板 B 在图像 A 区域不断移动，当模板 B 区域的所有值是当前所在位置中的 A 区域像素值的子集时，模板 B 所在中心点的像素值变为前景值 1，否则为后景值 0。腐蚀操作流程如图 2-36 所示。

$$A - B = \{x,\ y \mid (B)_{xy} \subseteq A\} \tag{2-7}$$

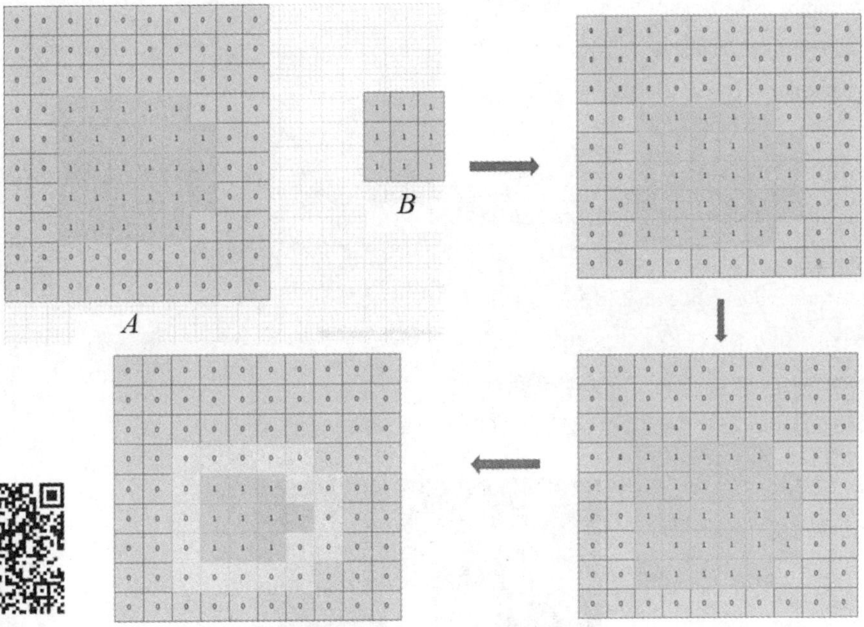

图 2-36　腐蚀操作流程

膨胀会使目标区域范围“变大”，将与目标区域接触的背景点合并到该目标物中，使目标边界向外部扩张。其作用就是可以用来填补目标区域中某些空洞以及消除包含在目标区域中的小颗粒噪声。

膨胀操作的表达式如下：

$$A \oplus B = \{x, y \mid (\hat{B})_{xy} \cap A \neq \varnothing\} \tag{2-8}$$

它表示当模板 B 在移动的过程中只要与 A 有交集，当前中心点的像素值将变为前景值 1，否则为 0。膨胀操作流程如图 2-37 所示。

0	0	0	0	0	0	0	0	0	0
1	1	1	0	0	0	0	0	0	0
1	1	1	0	0	0	0	0	0	0
1	1	1	1	1	1	1	0	0	0
0	0	1	1	1	1	1	1	0	0
0	0	1	1	1	1	1	1	0	0
0	0	1	1	1	1	1	1	0	0
0	0	1	1	1	1	1	0	0	0
0	0	0	0	0	0	0	0	0	0

0	0	0	0	0	0	0	0	0	0
0	0	0	0	0	0	0	0	0	0
0	1	1	1	1	1	1	1	0	0
0	1	1	1	1	1	1	1	1	0
1	1	1	1	1	1	1	1	1	0
0	1	1	1	1	1	1	1	1	0
0	1	1	1	1	1	1	1	1	0
0	1	1	1	1	1	1	1	1	0
0	1	1	1	1	1	1	1	0	0

图 2-37　膨胀操作流程

开操作就是对图像先腐蚀，再膨胀。其中腐蚀与膨胀使用的模板大小是一样的，其作用是放大裂缝和低密度区域来消除小物体，在平滑较大物体的边界时消除物体表面的突起。

闭操作就是对图像先膨胀，再腐蚀。其作用是排除小型黑洞，突出了比原图轮廓区域更暗的区域，将两个区域连接起来形成连通域。

下面演示一个使用 SciPy 库中 ndimage 模块来实现图像形态学的基本操作的实例。

```
import numpy as np
from scipy import ndimage
import matplotlib.pyplot as plt
square=np.zeros((32,32))
square[10:20,10:20]=1
x,y=(32*np.random.random((2,15))).astype(int)
square[x,y]=1
x,y=(32*np.random.random((2,15))).astype(int)
square[x,y]=0
plt.imshow(square);plt.title('原图');plt.show()
```

输出结果如图 2-38 所示。(浅色像素值为 1，深色像素值为 0)

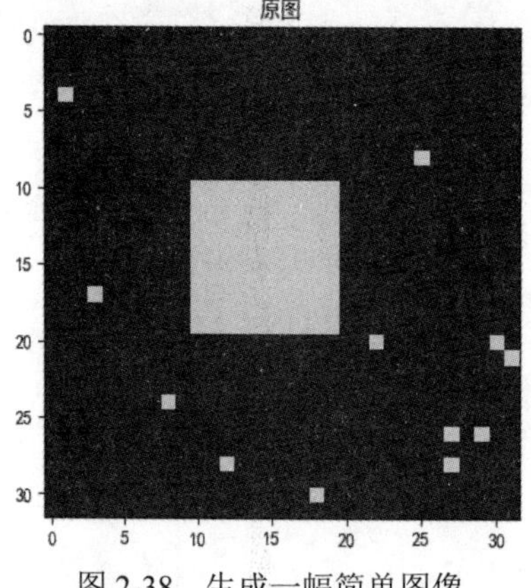

图 2-38　生成一幅简单图像

```
#腐蚀运算
erosion=ndimage.binary_erosion(square)
plt.subplot(2,2,1)
plt.imshow(erosion)
plt.title('腐蚀运算')
#膨胀运算
dilation=ndimage.binary_dilation(square)
plt.subplot(2,2,2)
plt.imshow(dilation)
plt.title('膨胀运算')
#开运算
opens=ndimage.binary_opening(square)
plt.subplot(2,2,3)
plt.imshow(opens)
plt.title(开运算')
#闭运算
closes=ndimage.binary_closing(square)
plt.subplot(2,2,4)
plt.imshow(closes)
plt.title('闭运算')
plt.show()
```

输出结果如图 2-39 所示。

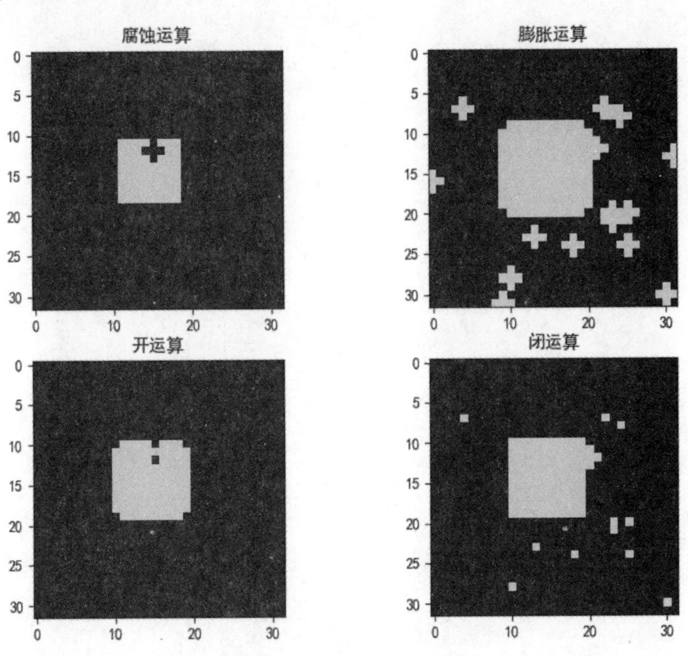

图 2-39　图像基本形态学操作

本 章 小 结

本章介绍了一些基本的图像处理原理，学习了如何使用 Python 语言调用相关模块来实现图像处理的一些基本操作。

第 3 章　深度学习基础

深度学习是一种机器学习的方法，和传统的机器学习方法一样，可以根据输入的数据进行分类或者回归。但对图像处理中的一些复杂问题，传统的机器学习方法表现得不尽如人意，而以神经网络为基础，利用更深的网络层次来挖掘信息的方法——深度学习表现出了优异的性能。本章将介绍神经网络的基本原理、深度学习框架 PyTorch 和 Keras 中的一些基础模块以及如何利用这些模块来搭建简单的神经网络。

3.1　深度学习简介

相比于传统的机器学习方法，深度学习方法是端到端的学习，在进行学习之前不需要人为地进行特征提取操作，可以通过深层的网络结构自动从原始数据中提取有用的特征，不需要人工干预，从而增强了模型预测结果。

随着深度学习技术的发展，各种学习框架也在不断出现，很多科技公司如 Google、Facebook 和 Microsoft 等都开源了自己的深度学习框架。表 3-1 列出了几种比较流行的深度学习框架。

表 3-1　深度学习框架

框架名称	开 发 者	时 间
Theano	蒙特利尔大学	2007 年
Caffe	贾扬清	2013 年
MXNet	亚马逊	2014 年
Keras	弗朗索瓦·肖莱	2015 年
TensorFlow	Google	2015 年
CNTK	Microsoft	2016 年
PyTorch	Facebook	2017 年

目前，深度学习框架有很多，TensorFlow 和 PyTorch 是最受欢迎的两个框架。在 TensorFlow 2 发布之前，TensorFlow 和 PyTorch 的主要区别在于它们的计算图模式：TensorFlow 使用静态计算图，而 PyTorch 使用动态图。TensorFlow 的静态计算图在运行前需要编译和优化，适合大规模生产环境；而 PyTorch 的动态图则在运行时动态生成，更加灵活和直观。TensorFlow 2 发布后，TensorFlow 也引入了动态图模式，从而支持静态图和动态图两种计算方式，使其在灵活性和性能之间实现了平衡。

1. TensorFlow

TensorFlow 是由 Google 发布的深度学习框架，其前身是 Google 公司内部使用的工具 DistBelief。Google Brain 团队在 2015 年对其进行了改进，并将其开源以供大众使用。TensorFlow 的核心思想是使用有向图来表示计算任务。在这种计算图中，节点代表符号变量或操作，边则表示数据流向。所有的操作都在一个会话(Session)中执行，从而实现高效的计算。在 TensorFlow 2 发布后，框架引入了动态图(Eager Execution)计算方式，使得 TensorFlow 同时支持静态图和动态图两种计算模式。这种改进使得模型开发变得更加灵活和直观，同时保留了静态图带来的性能优势。TensorFlow 在广泛使用的同时，也有一些用户反馈的不足之处，主要包括以下几点：

(1) 接口频繁变动：TensorFlow 的接口更新速度快，导致版本间的兼容性问题，使用者需要不断适应新的接口变化。

(2) 文档管理混乱：不同版本的文档不够统一和清晰，学习路径和参考资料的管理混乱，使新用户在学习时感到困惑。

(3) 接口设计复杂：TensorFlow 的设计涉及多个抽象概念(如图、会话、命名空间等)，这些复杂性增加了学习的难度，尤其对初学者不够友好。

2. PyTorch

PyTorch 是由 Facebook 发布的深度学习框架。其前身是 Torch，底层与 Torch 框架一样，但是用 Python 重写了很多内容，不仅更加灵活，支持动态图，而且提供了 Python 接口，是一个 Python 优先的深度学习框架。Pytorch 既可以看是加入了 GPU 支持的 NumPy，又可以看成一个拥有自动求导功能的强大的深度神经网络。PyTorch 学习框架的优势总结起来有以下几点：

(1) 简单易用：PyTorch 提供了简单、直观的接口，使得模型的构建、训练和部署过程变得更加顺畅。其设计注重用户体验，降低了学习门槛。

(2) 灵活性强：PyTorch 的动态计算图允许开发者在训练过程中实时修改网络结构。这种灵活性不仅有助于快速实验和调试，还可以方便地进行网络结构的优化。

(3) 性能高：PyTorch 拥有高效的数值计算库，支持在各种硬件平台(如 CPU 和 GPU)上进行高性能计算。其性能优化确保了在大规模数据和复杂模型上的高效运行。

3. Keras

Keras 是一个对新手友好的深度学习框架，支持新手快速实现想法并支持高效的设计实验以验证想法，免去了大量重复性的工作。Keras 深度学习框架的优势总结起来有以下几点：

(1) 作为一个高层深度学习框架，Keras 能够在多种不同的底层张量库上作为前端运行，而上述张量库则作为后端负责实际的运算处理。当前 Keras 支持 3 种主流的张量库作为后端，即 TensorFlow、CNTK 及 Theano，这一特性使得 Keras 具有广阔的应用场景。

(2) Keras 具有良好的扩展性。由于 Keras 具有模块化设计良好、用户接口友好等特点，使用 Keras 设计的网络层能够节约用户大量时间。相比于 TensorFlow 这样的底层张量库，由于许多基本运算需要通过代码重复实现，无疑增加了完成深度学习所需的时间。Keras 则将大量重复的工作抽象出来并预留接口，用户只需完成接口部分即可，从而大量节约了搭建深度学习模型的时间。

3.2 神经网络基础

人工神经网络(Artificial Neural Network，ANN)简称神经网络，可以对一组输入信号和一组输出信号之间的关系进行建模，是机器学习和认知科学领域中一种模仿生物神经网络的结构和功能的数学模型。神经网络是由大量的人工神经元连接进行计算的，大多数情况下人工神经网络能在外界信息的作用下改变内部结构，是一种自适应系统。

全连接神经网络是最基础的神经网络，通常由多个神经元组成。在卷积神经网络和循环神经网络以及由此而衍生出的更为深层的神经网络中都能看到全连接神经网络的身影。

3.2.1 全连接神经网络结构

具有 n 个输入和一个输出的单一神经元模型的结构如图 3-1 所示。在这个模型中，神经元接收到来自 n 个其他神经元传递过来的输入信号，这些输入信号通过带权重的连接进行传递，神经元收到的输入值在经过激活函数 f 处理后产生神经元的输出。此神经元模型用数学表达式如下：

$$y = f\left(\sum_{i=1}^{n} x_i w_i\right) \tag{3-1}$$

式中，x_i 表示输入，w_i 为对应输入权重，$f()$表示激活函数，y 为神经元输出。

将一些神经元模型搭建组合起来就形成了简单的神经网络。如图 3-2 所示，最左边的一列称为输入层，最右边的一列称为输出层，中间的一列称为中间层，有时也称为隐藏层。在图 3-2 中，只有中间层和输出层这两层有权重，因此这样的网络也被称为 2 层网络。对于复杂的神经网络模型来说，可能会通过添加更多的中间层来构建 3 层网络、4 层网络等。

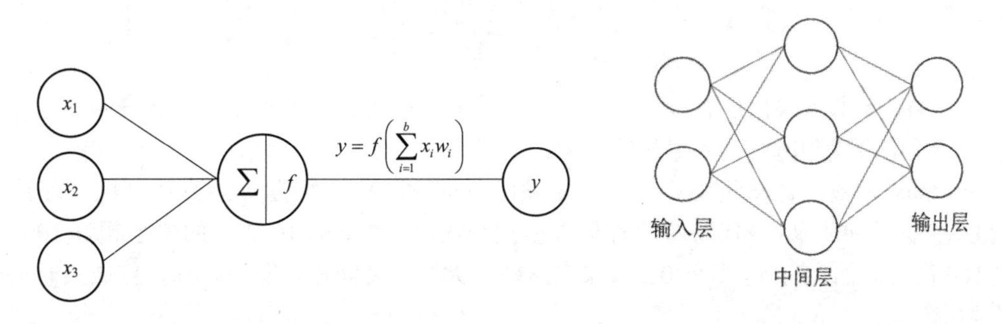

图 3-1　神经元模型　　　　图 3-2　神经网络模型

在神经网络模型中，一般来说，每个神经元都需要使用激活函数输出信号。激活函数的作用在于决定如何来激活输入信号的总和。下面介绍神经网络使用的一些激活函数。

神经网络中经常使用的一个激活函数就是 sigmoid 函数，表达式为

$$h(x)=\frac{1}{1+\mathrm{e}^{-x}} \tag{3-2}$$

其中，e 是常数，约为 2.7182。函数输出值总是大于 0 且小于 1。当 x 趋近于负无穷大时，输出趋近于 0；当 x 趋近于正无穷大时，输出趋近于 1。使用 Python 语言实现的代码如下，其函数图像如图 3-3 所示。

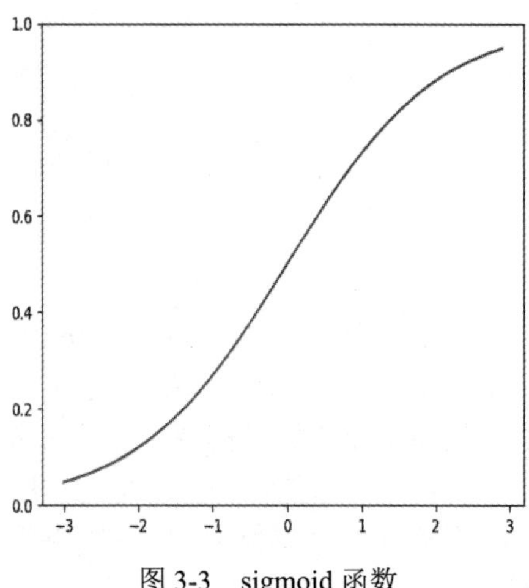

图 3-3　sigmoid 函数

```
import numpy as np
def sigmoid(x):
    return 1/(1+np.exp(-x))
```

还有一种比较常用的激活函数是 ReLU 函数，其函数表达式为式(3-3)，用 Python 语言实现的代码如下，其函数图像如图 3-4 所示。

```
def  ReLU(x):
    return np.maximum(0,x)
```

$$h(x)=\begin{cases}0, & x\leqslant 0\\ x, & x>0\end{cases} \tag{3-3}$$

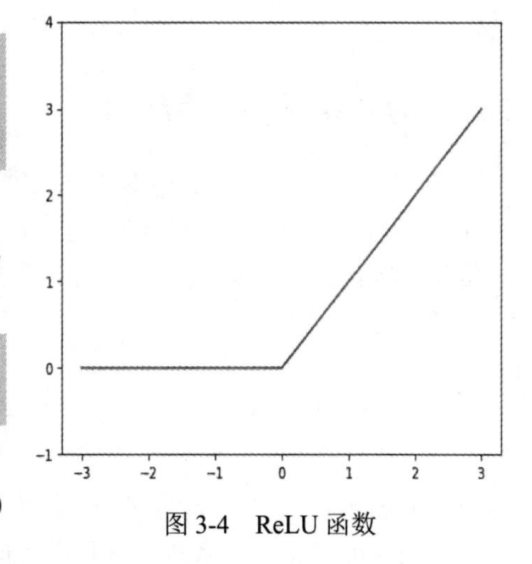

图 3-4　ReLU 函数

对于多元分类问题，在输出层的激活函数常常使用 Softmax 函数，其数学表达式为

$$y_k=\frac{\mathrm{e}^{a_k}}{\sum_{i=1}^{n}\mathrm{e}^{a_i}} \tag{3-4}$$

式(3-4)表示假设输出层有 n 个神经元，计算第 k 个神经元的输出，该式表明输出层的每个神经元都会受到所有输入信号的影响。

Softmax 函数在计算机上运算有一定缺陷，即存在溢出问题，因为计算机处理数据时，数值必须在 4B 或者 8B 以内的有限数据宽带内。比如，e 的 10 次方的值会超过 20000，e 的 100 次方后面会有 40 多个 0。如果在这些超大数值之间进行除法计算，则结果会出现“不确定”。

现将输入数据中的每个元素都减去此数据中的最大值，以此来消除缺陷，利用 Python 语言实现的代码如下：

```
def Softmax(x):
    max=np.max(x)
    exp=np.exp(x-max)
    y=exp/np.sum(exp)
return y
```

对于激活函数的使用，无论对于回归问题还是分类问题，在中间层的激活函数都可使用 sigmoid 函数或者 ReLU 函数。但是对于输出层来说，在回归问题中激活函数通常使用恒等函数，即输入等于输出。在分类问题中，输出层的激活函数常常使用 Softmax 函数。

除了前面介绍的几种激活函数之外，神经网络中还有一些其他的激活函数，可根据实际需要查阅相关文档进行使用。

3.2.2　前向传播与反向传播

下面具体介绍神经网络的传播过程。神经网络由输入数据得到预测的输出数据的过程称为前向传播。

一个 3 层神经网络的前向传播过程如图 3-5 所示。其中第 0 层为输入层，含有两个神经元；第 1 层为一个隐藏层，含有 3 个神经元；第 2 层为另一个隐藏层，含有 2 个神经元；第 3 层为输出层，含有 2 个神经元。

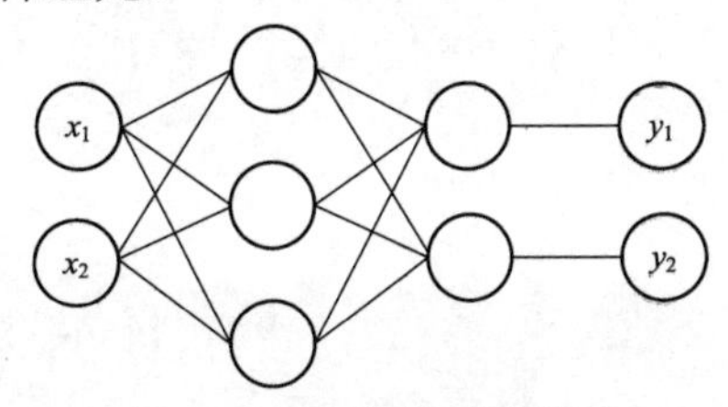

图 3-5　3 层神经网络模型

图 3-6 所示为一个 3 层神经网络，在前向传播时通常会包含一个额外的“1”，这是为了引入网络的偏置项。图中神经元的输入用 a 表示，输出用 z 表示，输入 a 和输出 z 之间都会使用激活函数 h。激活函数 h 在第一层和第二层中使用 sigmoid 函数，在第三层使用恒等函数，可以等效为不加激活函数。下面是用 Python 实现的代码，这里的输入以及每一层网络的权重和偏置均设置为任意值。

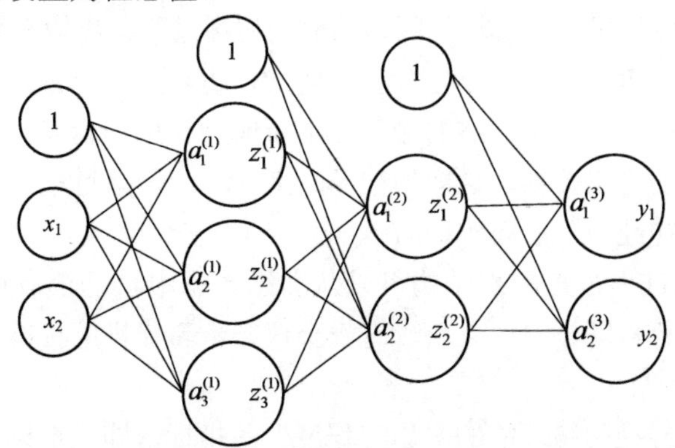

图 3-6　神经网络前向传播

```
#第一层网络
X = np.array([1.2,3.4])
W1=np.array(np.random.rand(2,3))
B1=np.array(np.random.rand(3))
A1=np.dot(X,W1)+B1
Y1 = sigmoid(A1)
print(Y1)
#第二层网络
W2=np.array(np.random.rand(3,2))
B2=np.array(np.random.rand(2))
A2=np.dot(Y1,W2)+B2
Y2=sigmoid(A2)
print(Y2)
#第三层网络
W3=np.array(np.random.rand(2,2))
B3=np.array(np.random.rand(2))
A3=np.dot(Y2,W3)+B3
Y3=A3
print(Y3)
```

输出结果为：

```
[0.57656706    0.95522152    0.99991757]
[0.65116991    0.86709829]
[0.96874201    0.33790117]
```

其中：输入 $\boldsymbol{X}$ 为一个长度为 2 的一维数组；第一层的权重 $\boldsymbol{W}_1$ 是一个 2×3 的数组，偏置 $\boldsymbol{B}_1$ 是一个长度为 3 的一维数组；第二层的权重 $\boldsymbol{W}_2$ 是一个 3×2 的数组，偏置 $\boldsymbol{B}_2$ 是一个长度为 2 的一维数组；第三层的权重 $\boldsymbol{W}_3$ 是一个 2×2 的数组，偏置 $\boldsymbol{B}_3$ 是一个长度为 2 的一维数组。网络最后输出结果 $\boldsymbol{Y}_3$ 是一个长度为 2 的一维数组。

用矩阵的思想可以更好地理解神经网络的前向传播过程：将输入数据作为矩阵 $\boldsymbol{X}$ 乘以第一层网络的权重矩阵 $\boldsymbol{W}$，然后再加上偏置矩阵 $\boldsymbol{B}$，再经过一个激活函数得到第一层的输出；然后将输出矩阵作为下一层网络的输入，不断地进行矩阵运算，直到穷尽所有的网络层；最终得到所预测的输出数据。这即为神经网络的前向传播过程，该过程是利用随机假设的网络参数来实现神经网络前向传播的。

神经网络的学习过程是指网络结构可以从训练数据中自动获取最优权重参数值的过程。为了使网络能进行自动学习，且可以有一个评判学习优良的标准，需要引入损失函数这一指标。

损失函数是表示神经网络性能的“恶劣程度”的指标，即当前网络对监督数据在多大程度上不拟合。神经网络以损失函数为指标在学习的过程中寻找最优权重参数值。这个损失函数可以使用任意函数，但一般使用均方误差和交叉熵误差等函数。

均方误差(Mean Square Error，MSE)表示预测数据与真实数据的差值的平方之和。其数学表达式为式(3-5)，其中：E 表示网络的预测输出；y_k 表示神经网络的输出；t_k 表示监督数据，即真实数据；k 表示数据的维数，式中系数 $\frac{1}{2}$ 主要为了简化后续的数字推导，计算梯度时，平方项求导后的 2 会与这个 $\frac{1}{2}$ 抵消，该系数不影响误差的优化方向。

$$E=\frac{1}{2}\sum_{k}(y_k-t_k)^2 \tag{3-5}$$

利用 Python 语言实现的代码如下：

```
def mean_square_error(y,t):
    return 0.5*np.sum((y-t)**2)
```

假设 y_1 是神经网络的预测输出，其正确标签为 2；y_2 也是神经网络的预测输出，其正确标签为 7；而 t 为真实数据的 one-hot 表示形式，其标签为 2。下面是利用均方误差作为损失函数的代码及得到的输出结果。

```
y1=np.array([0.1,0.05,0.6,0.0,0.05,0.1,0.0,0.1,0.0,0.0])
t=np.array([0,0,1,0,0,0,0,0,0,0])
y2=np.array([0.1,0.05,0.1,0.0,0.05,0.1,0.0,0.6,0.0,0.0])
loss1=mean_square_error(y1,t)
loss2=mean_square_error(y2,t)
print("{:.4f}\n{:.4f}".format(loss1,loss2))
```

输出结果如下：

```
0.0975
0.5975
```

由输出结果可知：y_1 与正确标签一致，所以其损失函数 loss1 的值很小，为 0.0975；y_2 与正确标签不一致，所以其损失函数 loss2 的值较大，为 0.5975。均方误差表明，当预测值与实际值较接近时，损失函数输出越小。因此，可以通过不断优化权重参数值，使得损失函数达到最小值来优化模型。

交叉熵误差(Cross Entropy Error)也经常被用作损失函数，交叉熵误差的数学表达式如下：

$$E=-\sum_{k}t_k\log y_k \tag{3-6}$$

其中，y_k 是神经网络的输出，t_k 是真实数据。为了使 y_k 和 t_k 的数据长度一致，t_k 用 one-hot 表示，只有正确解对应的位置为 1，其他位置为 0。因此，交叉熵误差是由正确解对应位置的输出结果决定的。

交叉熵损失函数用 Python 语言实现的代码如下。这里在 log 函数内加了一个极小的 value，因为当网络输出 y 为 0 时，np.log(y)会变为负无穷大，导致后续计算无法进行。

```
def cross_entropy_error(y,t):
```

```
    value=1e-5
    return -np.sum(t*np.log(y+value))
```

下面演示一个实例。

```
y1=np.array([0.1,0.05,0.6,0.0,0.05,0.1,0.0,0.1,0.0,0.0])
t=np.array([0,0,1,0,0,0,0,0,0,0])
y2=np.array([0.1,0.05,0.1,0.0,0.05,0.1,0.0,0.6,0.0,0.0])
loss1=cross_entropy_error(y1,t)
loss2=cross_entropy_error(y2,t)
print("{:.4f}\n{:.4f}".format(loss1,loss2))
```

输出结果如下：

```
0.5108
2.3025
```

由上面的输出结果可以看出：t 所表示的是正确标签为 2；y_1 中索引为 2 的元素的值为 0.6，损失函数输出较小，为 0.5108；y_2 中索引为 2 的元素的值为 0.1，损失函数输出较大，为 2.3025；y_2 对应的正确标签为 7，因为索引为 7 的位置上数值最大。当网络预测值 y 与真实值 t 越接近时，交叉熵损失函数越小。

MNIST 数据训练集包括 60 000 张图像，数据量比较大，如果以全部的数据作为对象求取损失函数的和，则计算过程要花费很长的时间。神经网络的学习往往是从训练集中抽取一批数据，这种学习方式被称为 mini-batch 学习。

从数据集抽取部分数据，可以使用 numpy.random 中的 choice 函数。mini-batch 下的神经网络学习的交叉熵损失函数可以用下面的代码实现。

```
def   cross_entropy_error(y, t):
    if y.ndim == 1:
        t = t.reshape(1, t.size)
        y = y.reshape(1, y.size)
    if t.size == y.size:
        t = t.argmax(axis=1)
    batch_size = y.shape[0]
return -np.sum(np.log(y[np.arange(batch_size), t] + 1e-7)) / batch_size
```

引入了损失函数后机器学习的主要任务就是寻找最优权重参数值，这里的最优权重参数就是指损失函数取得最小值的参数。而巧妙地使用梯度来寻找函数最小值的方法就是梯度法。梯度法是深度学习中常用的优化策略，特别在神经网络的学习中经常用到。

首先介绍多元函数的梯度。如式(3-7)，这是一个二元函数。

$$f = x_0^2 + x_1^2 \tag{3-7}$$

利用 Python 语言实现的代码如下：

```
def function(x):
```

```
    return np.sum(x**2)
```

对多元函数求导，即偏导数，式(3-7)的偏导数如下：

$$\frac{\partial f}{\partial x_0}=2x_0，\frac{\partial f}{\partial x_1}=2x_1 \tag{3-8}$$

此外，像$\left(\frac{\partial f}{\partial x_0},\frac{\partial f}{\partial x_1}\right)$这样的由全部变量的偏导数组成的向量被称为梯度。求解梯度可以用下面的代码实现。

```
def numerical_gradient(f, x):
    h = 1e-4
    grad = np.zeros_like(x)
    it = np.nditer(x, flags=['multi_index'], op_flags=['readwrite'])
    while not it.finished:
        idx = it.multi_index
        tmp = x[idx]
        x[idx] = float(tmp) + h
        f1 = f(x)
        x[idx] = tmp - h
        f2 = f(x)
        grad[idx] = (f1 - f2) / (2*h)
        x[idx] = tmp
        it.iternext()
return grad
```

下面的代码可计算出在(0, 3)、(2, 1)和(4, 4)处的梯度。

```
s1=numerical_gradient(function,np.array([0.0, 3.0]))
s2=numerical_gradient(function,np.array([2.0, 1.0]))
s3=numerical_gradient(function,np.array([4.0, 4.0]))
print(s1, s2, s3)
```

输出结果如下：

```
[0. 6.]   [4. 2.]    [8. 8.]
```

在梯度法中，函数的取值首先从当前位置沿着梯度的方向前进一段距离，然后在新的地方重新求梯度，再沿着新的梯度方向前进；如此反复，不断地沿着梯度方向前进。像这种不断地沿着梯度方向前进而逐渐减小函数值的过程就是梯度法。

在函数只有两个自变量 x_0 和 x_1 时，梯度法的数学表达式如下：

$$x_0=x_0-\eta\frac{\partial f}{\partial x_0} \tag{3-9}$$

$$x_1 = x_1 - \eta \frac{\partial f}{\partial x_1} \tag{3-10}$$

式(3-9)和式(3-10)中的 η 表示更新量，在神经网络的学习中被称为学习率。梯度下降法就是神经网络在学习的过程中不断地更新上面两个式子，来减小损失函数的值。上面演示了两个变量的学习更新方法，神经网络的多个参数变量情况也可以使用此种梯度更新方法不断地优化参数。

注意：梯度表示的是各点处的函数值减小最多的方向，无法保证梯度所指的方向就是函数最小值或者真正应该前进的方向。因此梯度的作用在于能够最大限度地减小函数的值。

下面用 Python 语言来实现梯度下降法，这里使用了已定义的 numerical_gradient 函数来求解梯度，并使用梯度法来求得使式(3-7)函数值最小的变量 x_0、x_1。

```
#实现梯度下降法
def gradient_descent(f,x,lr,step):
    for i in range(step):
        grad=numerical_gradient(f,x)
        x-=lr*grad
return x

#使式(3-7)函数值最小的变量是 x0、x1
a=np.array([5.0,4.0])
cons=gradient_descent(function,a,lr=0.1,step=100)
print(cons)
```

输出结果如下：

```
[1.01851799e-09   8.14814391e-10]
```

由输出结果可知，最终结果(x_0、x_1)为($1.01851799 \times 10^{-9}$，$8.14814391 \times 10^{-10}$)，结果非常接近于 0，使梯度下降法的程序基本得到了正确的结果。

下面介绍神经网络的梯度，这里所说的梯度是指损失函数关于权重参数的梯度。假设有一个权重为 $\boldsymbol{W}$、大小为 2×3 的神经网络，损失函数用 E 表示，梯度用 $\frac{\partial E}{\partial \boldsymbol{W}}$ 来表示，梯度的数学表达式如下：

$$\boldsymbol{W} = \begin{pmatrix} w_{11} & w_{12} & w_{13} \\ w_{21} & w_{22} & w_{23} \end{pmatrix} \tag{3-11}$$

$$\frac{\partial E}{\partial \boldsymbol{W}} = \begin{pmatrix} \frac{\partial E}{\partial w_{11}} & \frac{\partial E}{\partial w_{12}} & \frac{\partial E}{\partial w_{13}} \\ \frac{\partial E}{\partial w_{21}} & \frac{\partial E}{\partial w_{22}} & \frac{\partial E}{\partial w_{23}} \end{pmatrix} \tag{3-12}$$

$\frac{\partial E}{\partial \boldsymbol{W}}$ 的元素由各个元素关于 $\boldsymbol{W}$ 的偏导数构成，$\frac{\partial E}{\partial w_{11}}$ 表示当 w_{11} 变化时，损失函数 E 会发生多大的变化，其他元素同理。

下面以一个简单的神经网络为例，用 Python 语言代码实现梯度下降的优化策略。先实现用一个 my_net 类来定义一个网络，代码如下：

```
np.random.seed(1000)
class my_net:
    def __init__(self):
        self.W = np.random.randn(2,3)
    def predict(self, x):
        return np.dot(x, self.W)
    def loss(self, x, t):
        z = self.predict(x)
        y = Softmax(z)
        loss = cross_entropy_error(y, t)
        return loss
```

其中初始化函数初始化了权重参数 $\boldsymbol{W}$，predict 函数用于计算网络的预测输出，loss 函数采用交叉熵作为损失函数计算损失值。

下面代码用来实现求解神经网络梯度，这里用到了已定义的 numerical_gradient 函数。其中参数 f 是函数，x 是传给函数 f 的参数。这里 x 的取值为 net.W，f 为 loss 函数。

```
x = np.array([0.6, 0.9])
t = np.array([0, 0, 1])
net = my_net()
f = lambda w: net.loss(x, t)
dW = numerical_gradient(f, net.W)
print(dW)
```

输出结果如下：

```
[[ 0.1930577    0.16200295   -0.35506065]
 [ 0.28958655   0.24300443    -0.53259098]]
```

观察 d$\boldsymbol{W}$ 的输出内容，会发现 $\frac{\partial E}{\partial \boldsymbol{W}}$ 中的 $\frac{\partial E}{\partial w_{11}}$、$\frac{\partial E}{\partial w_{23}}$ 分别约等于 0.193、−0.532。它表明如果 w_{11} 增加一个很小的值 h，那么损失函数会增加 $0.193h$；如果 w_{23} 增加一个很小的值 h，那么损失函数会减少 $0.532h$。所以 w_{11} 应该向负方向更新，w_{23} 应该向正方向更新。

下面使用梯度下降法来更新网络参数，这里用到了已定义的 gradient_descent 函数。其中参数 f 是函数，x 是传给函数 f 的参数。这里 x 的取值为 net.W，f 为 loss 函数。

```
x = np.array([0.6, 0.9])
t = np.array([0, 0, 1])
#初始化网络
```

```
net = mynet
initial_w=net.W.copy()
#计算梯度下降之前的网络预测值和损失值
predict_t1=net.predict(x)
loss1=net.loss(x,t)
print(predict_t1)
print(loss1)
#使用梯度下降法，通过求得损失函数最优解，来更新网络权重 W
f = lambda w: net.loss(x, t)
W = gradient_descent(f, net.W,lr=0.01,step=20000)
net.W=W
#计算梯度下降之后的网络预测值和损失值
predict_t2=net.predict(x)
loss1=net.loss(x,t)
print(predict_t2)
print(loss1)
print('*'*30)
#输出初始化的网络权重参数 W 和梯度下降之后的 W
print(initial_w)
print(W)
```

输出结果如下：

```
[ 0.09721646   -0.07815808   0.33523737]
0.8959191506344059
[-2.05030099   -2.07241976   4.4770165 ]
0.002889567538919518
******************************
[[-0.8044583     0.32093155 -0.02548288]
[ 0.64432383 -0.30079667   0.38947455]]
[[-1.9057493   -0.70176675   2.09850642]
[-1.00761267 -1.83484412   3.5754585 ]]
```

上述代码中，使用梯度下降策略时，将学习率设置为 0.01，迭代更新网络权重 20 000 次。由输出可见，在梯度下降优化网络之前，网络的损失值约为 0.8959，在使用梯度下降法优化网络参数后，损失值变为了 0.0028。可见通过梯度下降优化策略，大大降低了网络的损失值，使得预测值更加接近真实值。

通过 numerical_gradient 函数来求解神经网络的梯度，是利用数值微分的原理来求解的，比较容易实现，但缺点是对于具有很多参数的神经网络来说，需要大量的计算时间。为了解决这一问题，通常会采用更高效的梯度计算方法，如反向传播(Backpropagation)，该方法利用链式法则和自动微分技术来精确计算梯度，从而大大减少了计算时间。

这里先介绍链式法则。复合函数是一种由多个函数构成的函数，复合函数的导数可以用构成复合函数的各个函数的导数的乘积表示。

例如，函数 $z=(x+y)^2$ 可由函数 $z=t^2$ 和函数 $t=x+y$ 复合而成，那么 z 对 x 求偏导就可写成式(3-13)，z 对 y 求偏导就可写成式(3-14)。

$$\frac{\partial z}{\partial x}=\frac{\partial z}{\partial t}\frac{\partial t}{\partial x} \tag{3-13}$$

$$\frac{\partial z}{\partial y}=\frac{\partial z}{\partial t}\frac{\partial t}{\partial y} \tag{3-14}$$

由函数表达式知道，$\frac{\partial z}{\partial t}=2t$，$\frac{\partial z}{\partial x}=1$，则由公式(3-13)可得 $\frac{\partial z}{\partial x}=2t=2(x+y)$。

图 3-7 是一个反向传播的计算图，计算图从右向左传播信号。反向传播的计算顺序是：首先将节点的输入信号乘以节点的局部导数，然后再传递给下一节点。比如“$()^2$”节点的输入是 1，写成 $\frac{\partial z}{\partial z}$，将其乘以局部导数 $\frac{\partial z}{\partial t}$，然后传给下一节点。对于 x 的分支节点，再将上游传过来的信号 $\frac{\partial z}{\partial z}\frac{\partial z}{\partial t}$ 乘以局部导数。这里局部导数是 t 是关于 x 的导数，即 x 分支节点最后的输出为 $\frac{\partial z}{\partial z}\frac{\partial z}{\partial t}\frac{\partial t}{\partial x}$。

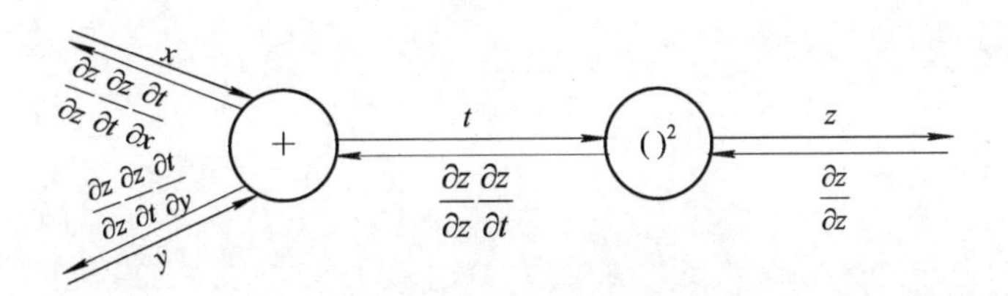

图 3-7　反向传播计算图

下面介绍加法节点和乘法节点的反向传播。这里以函数 $z=x+y$ 为例介绍加法节点的反向传播。如图 3-8 所示，假设从上游传来的导数是 $\frac{\partial L}{\partial z}$，对于 x 分支来说，从上游传来的 $\frac{\partial L}{\partial z}$ 再乘以局部导数 $\frac{\partial z}{\partial x}=1$，就是 $\frac{\partial L}{\partial z}$。所以对于加法节点来说，上游传来的值会原封不动地流入下一节点。

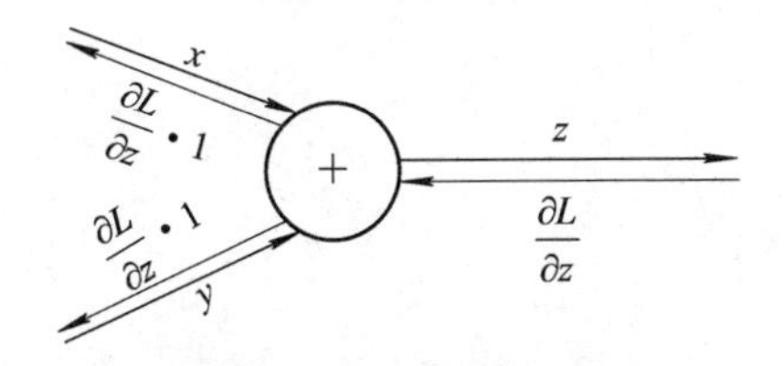

图 3-8　加法节点反向传播

这里再以函数 $z=xy$ 为例介绍乘法节点的反向传播。如图 3-9 所示，假设从上游节点

传来的信号为 $\frac{\partial L}{\partial z}$，对于 x 分支来说，输出为 $\frac{\partial L}{\partial z}$ 再乘以局部导数 $\frac{\partial z}{\partial x}=y$，即为 $\frac{\partial L}{\partial z}y$。同理，$y$ 分支节点的输出为 $\frac{\partial L}{\partial z}x$。所以对于乘法节点来说，反向传播的输出就是上游节点的输入信号乘以正向传播时的输入信号的“翻转值”。对于函数 $z=xy$ 来说，x 的翻转值就是 y，y 的翻转值就是 x。

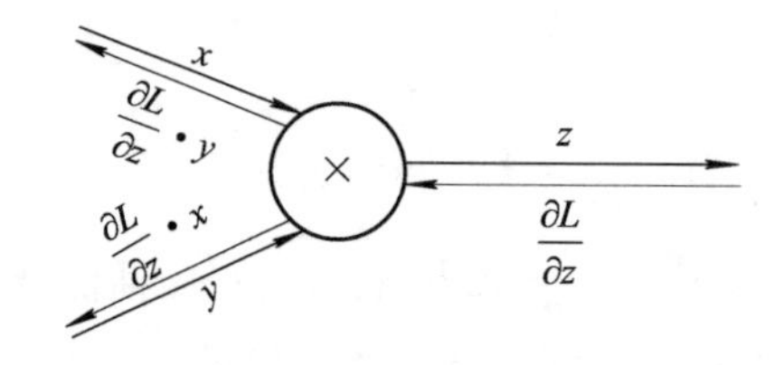

图 3-9 乘法节点反向传播

一般把乘法节点的反向传播称为乘法层，加法节点的反向传播称为加法层。这里的“层”指的是神经网络中功能的单位。下面用 Python 语言来实现加法层和乘法层，把它们分别写成两个类，即类 Add 和类 Mul。

```
#加法层
class Add:
    def __init__(self):
        pass
    def forward(self,x,y):
        out=x+y
        return out
    def backword(self,dout):
        dx=dout*1
        dy=dout*1
        return dx,dy
#乘法层
class Mul:
    def __int__(self):
        self.x=None
        self.y=None
    def forward(self,x,y):
        self.x=x
        self.y=y
        out=x*y
    def backward(self, dout):
        dx=dout*self.x
```

```
        dy=dout*self.y
        return dx,dy
```

将计算图的思想应用到神经网络中，可将神经网络结构划分为多个层，分层来实现神经网络。

1) 实现激活函数层

首先实现激活函数层。激活函数层主要有 ReLU 层、sigmoid 层等。ReLU 激活函数的数学表达式如下：

$$h(x)=\begin{cases}x, & x>0\\0, & x\leqslant 0\end{cases} \tag{3-15}$$

可以求出 h 关于 x 的导数，如式(3-16)。

$$\frac{\partial h}{\partial x}=\begin{cases}1, & x>0\\0, & x\leqslant 0\end{cases} \tag{3-16}$$

ReLU 层反向传播计算图如图 3-10 所示，当 ReLU 层正向传播的输入大于 0 时，反向传播会将上层的梯度原封不动地传给下层，这是因为 y 对 x 偏导为 1，而传出来的数又是输入乘以偏导，那么输出就是上层的梯度。当正向传播的输入小于等于 0 时，反向传播中传给下层的信号将停在此处。因为此时偏导是 0，所以输入乘偏导就等于 0，输出就是 0。

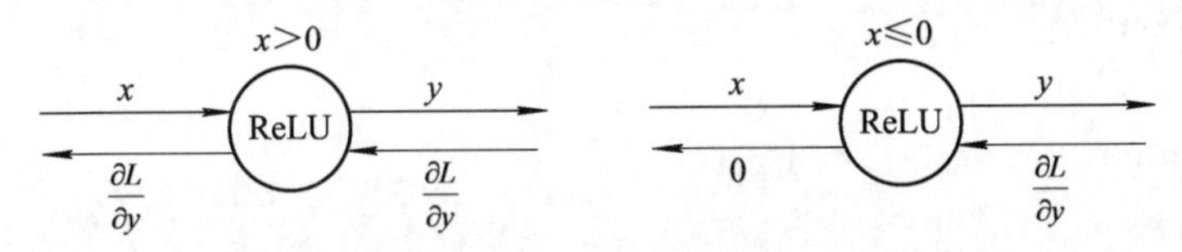

图 3-10　ReLU 层反向传播计算图

ReLU 层反向传播计算图用 Python 语言实现的代码如下：

```
class ReLU:
    def __init__(self):
        self.mask = None
    def forward(self, x):
        self.mask = (x <= 0)
        out = x.copy()
        out[self.mask] = 0
        return out
    def backward(self, dout):
        dout[self.mask] = 0
        dx = dout
        return dx
```

接下来实现 sigmoid 函数，sigmoid 层的计算图如图 3-11 所示，sigmoid 激活函数为 $\sigma(x)=\dfrac{1}{1+e^{-x}}$，包含 4 种节点的处理方式。以“/”节点为例(其他节点计算方式类似)，首先计算分数函数的导数，如 $y=\dfrac{1}{x}$，则其导数为 $\dfrac{\partial y}{\partial x}=-\dfrac{1}{x^2}=-y^2$。在反向传播中，这个导数结果乘以上游的梯度值 $\dfrac{\partial L}{\partial y}$ 传递给下游，得到 $-\dfrac{\partial L}{\partial y}y^2$。

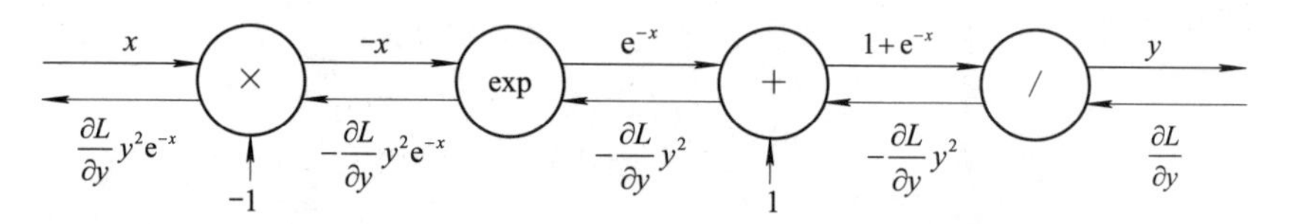

图 3-11　sigmoid 层反向传播计算图

sigmoid 层反向传播计算图用 Python 语言实现的代码如下：

```
class sigmoid:
    def __init__(self):
        self.out = None
    def forward(self, x):
        out = sigmoid(x)
        self.out = out
        return out
    def backward(self, dout):
        dx = dout * (1.0 - self.out) * self.out
        return dx
```

2) 实现 Affine 层

神经网络正向传播过程中每个神经元为了计算加权信号的和，使用了矩阵运算 $\boldsymbol{Y}=\boldsymbol{WX}+\boldsymbol{B}$。神经网络的正向传播中进行的矩阵乘积运算在几何学领域中被称为“仿射变换”，这里为矩阵乘积运算反向传播的层，被定义为“Affine 层”。Affine 层的反向传播计算图如图 3-12 所示。

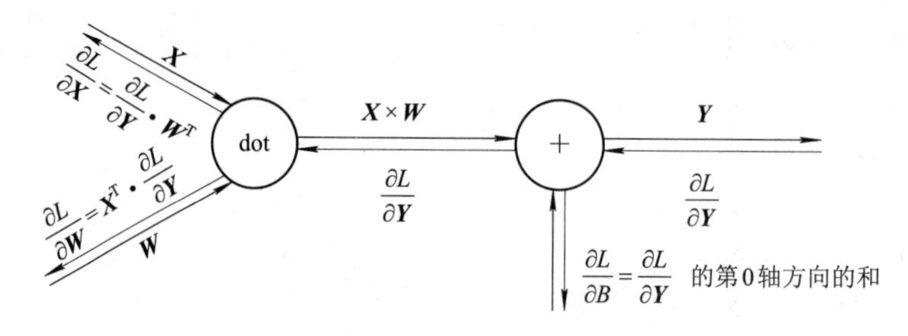

图 3-12　Affine 层的反向传播计算图

图 3-12 中的 dot 运算表示矩阵的乘积运算，首先计算损失函数 L 对输出 $\boldsymbol{Y}$ 的梯度 $\dfrac{\partial L}{\partial \boldsymbol{Y}}$，

由于 $\boldsymbol{Y}=\boldsymbol{W}\boldsymbol{X}+\boldsymbol{B}$，可以得到 $\dfrac{\partial \boldsymbol{Y}}{\partial \boldsymbol{X}}=\boldsymbol{W}$，因此对损失函数 L 对输入 $\boldsymbol{X}$ 的梯度为 $\dfrac{\partial L}{\partial \boldsymbol{X}}=\dfrac{\partial L}{\partial \boldsymbol{Y}}\times \boldsymbol{W}^{\mathrm{T}}$。用 Python 语言实现 Aiffine 层的反向传播的代码如下：

```
class Affine:
    def __init__(self, W, b):
        self.W =W
        self.b = b
        self.x = None
        self.original_x_shape = None
        self.dW = None
        self.db = None
    def forward(self, x):
            self.original_x_shape = x.shape
            x = x.reshape(x.shape[0], -1)
            self.x = x
            out = np.dot(self.x, self.W) + self.b
            return out
    def backward(self, dout):
            dx = np.dot(dout, self.W.T)
            self.dW = np.dot(self.x.T, dout)
            self.db = np.sum(dout, axis=0)
            dx = dx.reshape(*self.original_x_shape)
            return dx
```

3) 实现输出层

最后介绍输出层的 Softmax 函数。对于多分类任务来说，在输出层的激活函数常常使用 Softmax 函数。考虑到该函数也包含了交叉熵损失函数，该层也被称为 Softmax-loss 层。由于该层的结构比较复杂，所以这里给出简化版的计算图，如图 3-13 所示。

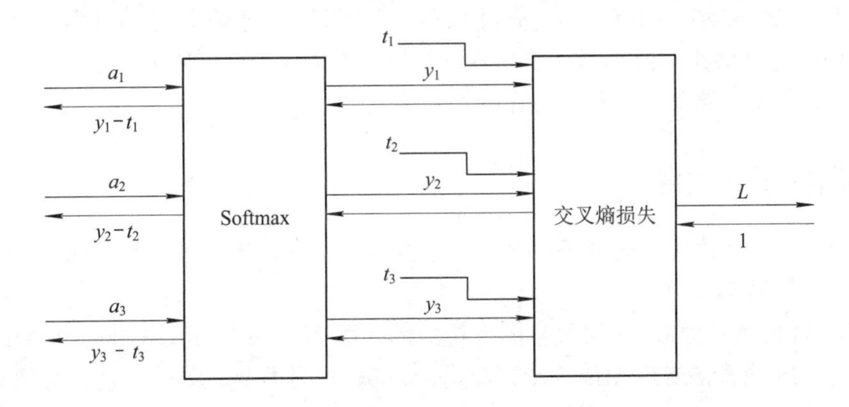

图 3-13　Softmax 层反向传播计算图

这里假设从前面的层接收 3 个输入(a_1, a_2, a_3)，对这 3 个输入进行 3 分类，经过 Softmax 函数正规化后再输出(y_1, y_2, y_3)，然后交叉熵损失函数将输出与监督标签进行计算，最后输出损失 L。

由图 3-13 可以看出，使用交叉熵作为损失函数后，输入(a_1, a_2, a_3)经过反向传播后得到结果($y_1 - t_1, y_2 - t_1, y_3 - t_3$)，它是 Softmax 函数输出数据与监督标签的差分。之所以得出这样的结果，在于交叉熵函数就是特意为之设计的。下面是用 Python 语言实现的代码。

```
class SoftmaxLoss:
    def __init__(self):
        self.loss = None
        self.y = None
        self.t = None

    def forward(self, x, t):
        self.t = t
        self.y = Softmax(x)
        self.loss = cross_entropy_error(self.y, self.t)
        return self.loss

    def backward(self, dout=1):
        batch_size = self.t.shape[0]
        if self.t.size == self.y.size:
            dx = (self.y - self.t) / batch_size
        else:
            dx = self.y.copy()
            dx[np.arange(batch_size), self.t] -= 1
            dx = dx / batch_size
        return dx
```

本节主要介绍了神经网络的反向传播原理，并实现了一些在神经网络中常用的层。通过调用各网络层的 backward 函数，实现各网络层的参数求导，再使用优化策略，如随机梯度下降法等，更新网络参数，从而优化神经网络模型。

3.2.3 模型的整体实现

下面介绍一个解决实际问题的实例。该实例以 MNIST 手写数据集为例，搭建一个 3 层的全连接神经网络。

MNIST 数据集是由 0～9 的数字图像构成的，如图 3-14 所示。其中训练集有 60 000 张 28 像素 × 28 像素的灰度图像，测试集有 10 000 张同类型的图像，且各个像素的取值为 0～255。

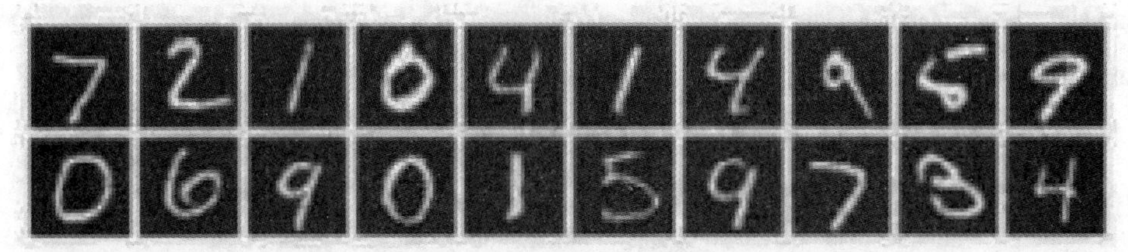

图 3-14　MNIST 数据集图像

下面代码的功能是使用 sklearn.datasets 模块中的 fetch_openml 函数下载 MNIST 数据集，并将数据集中的 60 000 张图像划分为训练集，10 000 张图像划分为测试集。

```
from sklearn.datasets import fetch_openml
#将数据标签使用 one_hot 形式表示
def one_hot_(X):
    T = np.zeros((X.size, 10))
    for idx, row in enumerate(T):
        row[X[idx]] = 1
    return T
x,y = fetch_openml('mnist_784', version=1, return_X_y=True,cache=True)
x=np.array(x,dtype=np.float32);y=np.array(y,dtype=np.int32)
x=x/255.0;y=one_hot_(y)
x_train=x[:60000];x_test=x[60000:]
t_train=y[:60000];t_test=y[60000:]
print(x_train.shape);print(t_train.shape)
print(x_test.shape);print(t_test.shape)
```

输出结果如下：

```
(60000, 784)
(60000,10)
(10000, 784)
(10000,10)
```

由上面的输出结果可知，训练集数据大小为 60 000 × 784，训练集的标签大小为 60 000 × 10，测试集数据大小为 10 000 × 784，测试集的标签大小为 10 000 × 10。

下面创建一个类 three_layers 来搭建 3 层神经网络。该类分为两部分：第一部分初始化网络参数，然后利用之前实现的 Affine 层、SoftmaxLoss 层等搭建 3 层神经网络；第二部分配置类中的方法，包括预测输出的 predict 函数、计算损失值的 loss 函数以及计算网络梯度的 gradient 函数等。

下面的代码就是 Three_layers 类中的初始化函数。在该函数中定义了各层网络的参数大小，并使用 NumPy 随机生成初始化参数；在搭建网络层时，使用了 OrderedDict 有序字典，该字典会记录字典内部元素加入的前后顺序。

```
from collections import OrderedDict
dass Three_layers:
```

```
    def __init__(self,input_size,hidden_size1,hidden_size2,
output_size,weight_init_std = 0.01):
        #初始化权重
        self.params = {}
        self.params['W1']=weight_init_std*np.random.randn(input_size, hidden_size1)
        self.params['b1'] = np.zeros(hidden_size1)
        self.params['W2']=weight_init_std*np.random.randn(hidden_size1, hidden_size2)
        self.params['b2'] = np.zeros(hidden_size2)
        self.params['W3']=weight_init_std*np.random.randn(hidden_size2, output_size)
        self.params['b3'] = np.zeros(output_size)
        #生成层
        self.layers = OrderedDict()
        self.layers['Affine1'] = Affine(self.params['W1'], self.params['b1'])
        self.layers['ReLU'] = ReLU()
        self.layers['Affine2'] = Affine(self.params['W2'], self.params['b2'])
        self.layers['ReLU'] = ReLU()
        self.layers['Affine3'] = Affine(self.params['W3'], self.params['b3'])
        self.lastLayer = SoftmaxLoss()
```

下面为类 Three_layers 配置方法，这里配置了 4 个函数，具体代码如下：

(1) predict 函数：完成前向传播，输出当前参数下网络的预测值。

(2) loss 函数：函数中调用了 SoftwithLoss 层中的 forward 函数，来计算当前预测值与真实值之间的损失。

(3) accuracy 函数：计算当前参数下网络的预测准确率。

(4) gradient 函数：利用误差反向传播，求解各参数的梯度。这里调用了各网络层的 backward 函数来实现。

```
    #预测输出函数
    def predict(self, x):
        for layer in self.layers.values():
            x = layer.forward(x)
        return x
    #计算损失值函数
    def loss(self, x, t):
        y = self.predict(x)
        return self.lastLayer.forward(y, t)
    #计算准确度函数
    def accuracy(self, x, t):
        y = self.predict(x)
        y = np.argmax(y, axis=1)
```

```
        if t.ndim != 1 :
            t = np.argmax(t, axis=1)
        accuracy = np.sum(y == t) / float(x.shape[0])
        return accuracy
    #求解梯度函数
    def gradient(self, x, t):
        # forward
        self.loss(x, t)
        # backward
        dout = 1
        dout = self.lastLayer.backward(dout)
        layers = list(self.layers.values())
        layers.reverse()
        for layer in layers:
            dout = layer.backward(dout)
        grads = {}
        grads['W1'], grads['b1'] = self.layers['Affine1'].dW, self.layers['Affine1'].db
        grads['W2'], grads['b2'] = self.layers['Affine2'].dW, self.layers['Affine2'].db
        grads['W3'], grads['b3'] = self.layers['Affine3'].dW, self.layers['Affine3'].db
        return grads
```

下面进行神经网络的训练。这里使用 mini-batch 的学习方式，把 batch_size 设置为 500，即每次训练从训练集中随机抽取 500 个数据；根据学习和优化的策略，这里使用梯度下降法，把学习率设置为 0.1。迭代上述训练步骤 10 000 次。具体实现代码如下，这里将第一层的神经元个数设置为 200，第二层为 100，输出层为 10。

```
#网络实例化
network=Three_layers(input_size=784, hidden_size1=200, hidden_size2=100, output_size=10)
iters_num = 10000
train_size = x_train.shape[0]
batch_size = 500
learning_rate = 0.1
train_loss_list = []
test_loss_list=[]
train_acc_list = []
test_acc_list = []
for i in range(iters_num):
    #随机抽取 500 个数据
    batch_mask = np.random.choice(train_size, batch_size)
    x_batch = x_train[batch_mask]
```

```
t_batch = t_train[batch_mask]
#使用反向传播法求解各参数梯度
grad = network.gradient(x_batch, t_batch)
#使用梯度下降法更新网络参数
    for key in ('W1', 'b1', 'W2', 'b2','W3', 'b3'):
        network.params[key] -= learning_rate * grad[key]
    #记录当前网络的损失值
    loss = network.loss(x_batch, t_batch)
    loss_test=network.loss(x_test,t_test)
    train_loss_list.append(loss)
    test_loss_list.append(loss_test)
        circle=1000
        if i % circle == 0:
    #记录当前网络的预测准确率
        train_acc = network.accuracy(x_train, t_train)
        test_acc = network.accuracy(x_test, t_test)
        train_acc_list.append(train_acc)
        test_acc_list.append(test_acc)

        print("epoch {}:\ntrain loss:{:.4f}\ttest loss:{:.4f}"
              .format(int((i+circle)/circle),loss,loss_test))
        print("train accuracy:{:.4f}\ttest accuracy:{:.4f}".format(train_acc,test_acc))
```

梯度下降法更新参数的网络的运行流程如图 3-15 所示，在每次更新参数后都会计算一次当前网络的损失值。迭代 10 000 次后，该网络在训练集上的损失值为 0.0153，预测准确率为 99.68%。在测试集上的损失值为 0.0797，预测准确率为 97.69%。

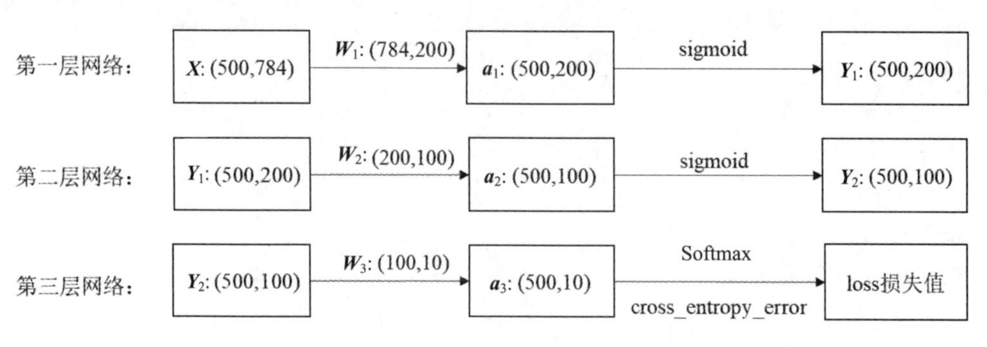

图 3-15　网络流程

神经网络模型在进行 10 000 轮梯度下降法更新参数的损失值变化曲线如图 3-16 所示。左图为训练集的损失值变化曲线，右图为在测试集的损失值变化曲线。经过 10 000 次迭代后，该网络在训练集上的损失值为 0.0153，在测试集上的损失值为 0.0797。

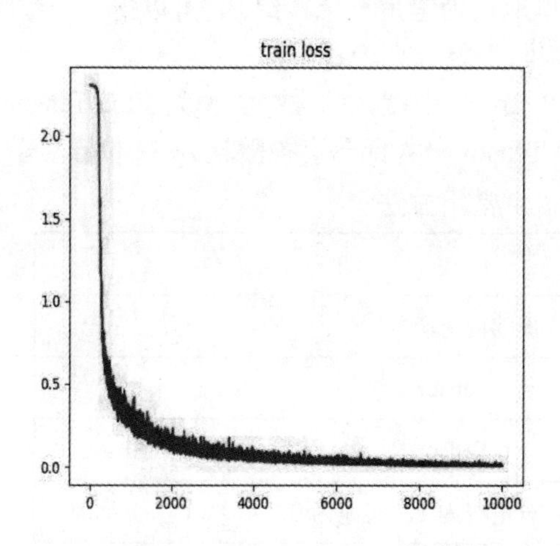

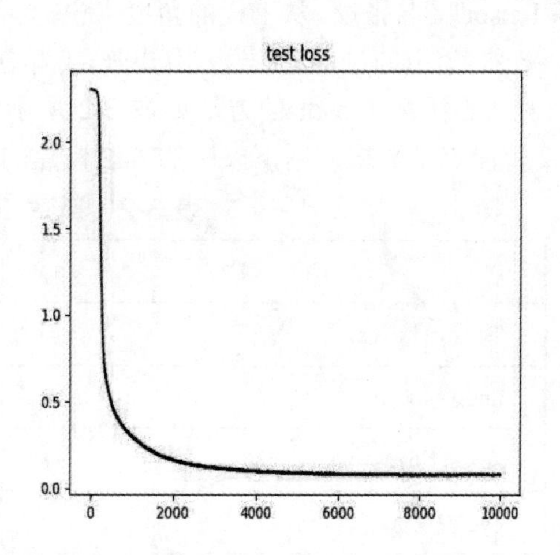

图 3-16　网络模型的损失值

神经网络模型的预测准确率变化曲线如图 3-17 所示，图中实线表示在训练集中的预测准确率，虚线表示在测试集中的预测准确率。经过 10 000 次迭代后，该网络在训练集上的预测准确率为 99.68%，在测试集上的预测准确率为 97.69%。

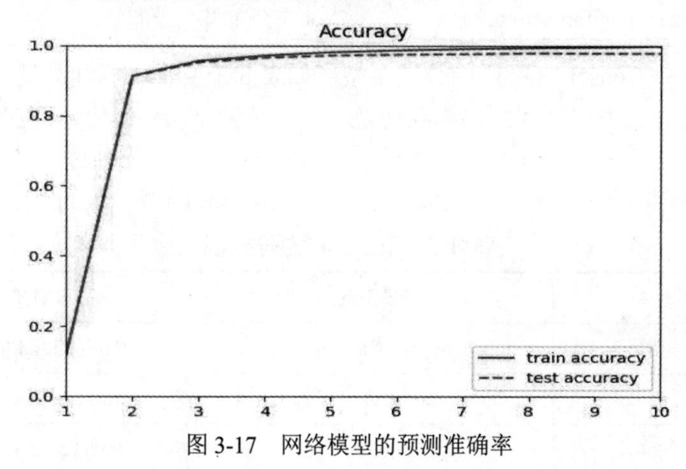

图 3-17　网络模型的预测准确率

3.3　深度学习框架 PyTorch

本小节介绍深度学习框架 PyTorch 中的一些常用模块，以及利用 PyTorch 如何搭建一个全连接神经网络。

3.3.1　张量与自动微分

几乎所有深度学习框架的背后都是张量和计算图，PyTorch 也不例外。本小节主要介绍 PyTorch 中的张量系统 Tensor 和自动微分系统 autograd。

Tensor 又名张量，从工程的角度来说，可简单地认为它是一个数组。它可以是一个数(标量)、一维数组(向量)、二维数组(矩阵)或者更高维的数组(高阶数据)。

常见的新建 Tensor 的方法如表 3-2 所示。PyTorch 中默认的数据类型为 FloatTensor，即 32 位浮点型数据，用下表中的方法构建的新 Tensor 绝大部分会被默认为 32 位浮点型。

表 3-2 新建 Tensor 常用方法

函 数	功 能
Tensor(*sizes)	基础构造函数
ones(*sizes)	全 1 Tensor
zeros(*sizes)	全 0 Tensor
eye(*sizes)	对角线为 1，其他为 0
arange(s,e,step)	从 s 到 e，步长为 step
linspace(s,e,steps)	从 s 到 e，均匀分为 steps 份
rand/randn(*sizes)	均匀/标准分布
normal(mean,std)/uniform(from,to)	正态分布/均匀分布

在 PyTorch 中，Tensor 有不同的数据类型，如表 3-3 所示。每种类型分别对应有 CPU 和 GPU 版本。同时各类型之间可以相互转换，使用函数 type(new type)进行转换是常用做法，同时还有 float、long、half 等快捷方法。Tensor 还有一个 type_as 方法，其功能是调用当前 Tensor 对应类型的构造函数，生成一个与当前 Tensor 类型一致的 Tensor。

表 3-3 Tensor 数据类型

数据类型	CPU Tensor	GPU Tensor
32 bit 浮点	torch.FloatTensor	torch.cuda.FloatTensor
64 bit 浮点	torch.DoubleTensor	torch.cuda.DoubleTensor
16 bit 半精度浮点	N/A	torch.cuda.HalfTensor
8 bit 无符号整型	torch.ByteTensor	torch.cuda.ByteTensor
8 bit 有符号整型	torch.CharTensor	torch.cuda.CharTensor
16 bit 有符号整型	torch.ShortTensor	torch.cuda.ShortTensor
32 bit 有符号整型	torch.IntTensor	torch.cuda.IntTensor
64 bit 有符号整型	torch.LongTensor	torch.cuda.LongTensor

下面演示一些例子。

```
In:
    #使用 Tensor 函数来新建 Tensor
    import torch
    x1=torch.tensor([[1,2],[3,4]])
```

```
    print(x1.dtype)
    #使用 Tensor 类来新建 Tensor，默认数据类型为 float32
    x2=torch Tensor([[1,2],[3,4]])
    print(x2.dtype)
Out:
    torch.int64
    torch.float32
In:
    #Tensor 类可指定形状新建 Tensor
    #新建一个大小为(2,3)的 Tensor
    x3=torch.Tensor(2,3)
    print(x3)
Out:
    tensor([[1.5637e-01, 4.7295e+22, 3.9170e-02],
            [4.7429e+30, 2.0108e+20, 1.1257e+24]])
In:
    #使用 Tensor 方法来创建新 Tensor 可直接指定数据类型
    x4=torch.tensor([[1,2],[3,4]],dtype=torch.float64)
out:
    torch.float64
In:
    #将 x1 转换为浮点类型
    x5=x1.float()
    print(x5.dtype)
Out:
    torch.float32
In:
    #使用 IntTensor 类来创建新 Tensor
    x6=torch.IntTensor([[1,2],[3,4]])
    print(x6.dtype)
Out:
    torch.int32
In:
    x7=torch.ones(3,3)
    x6=x6.type_as(x7)
    print(x6.dtype)
    x6=x6.type(torch.FloatTensor)
    print(x6.dtype)
Out:
```

```
torch.float32
torch.float32
```

调整 Tensor 的形状可以使用 view 方法和 reshape 方法等。unsqueeze 方法用于维度扩展，squeeze 用于维度压缩。注意，这些方法对某个 Tensor 进行改变时，会生成一个新的 Tensor 且原 Tensor 会保持不变；且新 Tensor 会与原 Tensor 内存空间共享，即当一个 Tensor 中某个元素改变时，另一个也会改变。示例代码如下：

```
In:
s=torch.arange(0,4)
print(s)
Out:
tensor([0, 1, 2, 3])
In:
s2=s.view(2,2)
print(s2)
s2[1,1]=100
print(s)
Out:
tensor([[ 0,   1],
        [ 2, 3]])
tensor([ 0, 1, 2, 100])
In:
s3=s.reshape(2,2)
print(s3)
s3[1,1]=200;print(s)
Out:
tensor([[   0,     1],
        [   2, 100]])
tensor([ 0, 1, 2, 200])
In:
y=torch.arange(2,11).view(3,3)
print(y.shape)
Out:
    torch.Size([3, 3])
In:
y1=y.unsqueeze(0)          #在第 0 维度上扩展
print(y1.shape)
Out:
    torch.Size([1, 3, 3])
In:
```

```
y2=y1.unsqueeze(1)        #在第 1 维度上扩展
print(y2.shape)
Out:
    torch.Size([1, 1, 3, 3])
In:
y3=y2.squeeze(0)          #在第 0 维度上压缩
print(y3.shape)
Out:
    orch.Size([1, 3, 3])
In:
#不指明需要压缩的维度，会将所有维度为 1 的都压缩
y4=y2.squeeze()
print(y4.shape)
Out:
    torch.Size([3, 3])
```

PyTorch 中的逐元素操作即对 Tensor 中的每一个元素进行操作，此类操作的输入和输出形状一致，常用的操作如表 3-4 所示。

表 3-4　常用的逐元素操作

函　　数	功　　能
abs/sqrt/div/exp/fmod/log/pow...	绝对值/平方根/除法/指数/求余/对数/求幂
cos/sin/asin/atan2/cosh	三角函数
ceil/round/floor/trunc	上取整/四舍五入/下取整/只保留整数部分
clamp(input,min,max)	超过 min/max 部分截断
sigmoid/tanh...	激活函数

此外，PyTorch 中的归并操作会使输出形状小于输入形状，并且可以沿着某一维度进行指定操作。例如，加法 sum 既可以计算整个 Tensor 的和，也可以计算 Tensor 中的每一行或者某一列的和。常用的归并操作如表 3-5 所示。

表 3-5　常用的归并操作

函　　数	功　　能
mean/sum/median/mode	均值/和/中位数/众数
norm/dist	范数/距离
std/var	标准差/方差
cumsum/cumprod	累加/累乘

Tensor 同时也支持与 numpy.array 中类似的索引操作，语法上也类似。注意，索引的结果与原 Tensor 共享内存，即修改一个，另一个也同样修改。目前 PyTorch 已经支持绝大多

数 NumPy 风格的高级索引操作。注意，高级索引操作一般不和原始的 Tensor 共享内存。

计算图是现代深度学习框架的核心，它为自动求导算法的反向传播提供了理论支持。PyTorch 在 autograd 模块中实现了计算图的功能，提供了实现任意标量值函数自动求导的类和函数，对一个张量只需要设置参数 requires_grad=True，通过相关计算即可输出其在输出过程中的梯度信息。

函数 backward(tensors, grad_tensors=None, retain_graph=None, create_ graph=False)主要有下面几个输入参数，如表 3-6 所示。

表 3-6 backward 的输入参数

参数名	描述
tensors	需要被求导的 Tensor
grad_tensors	雅可比向量积中的“向量”。如果需要求梯度的 Tensor 不是一个标量，则需要指定 grad_tensors，通常用 torch.ones_like(tensor)指定
retain_graph	反向传播需要缓存一些中间结果，反向传播之后，这些缓存就会被清空。如果设置为 True，则不清除缓存，用来多次反向传播
create_graph	如果为 True，将构造计算图，允许计算高阶导数

PyTorch 在进行自动求导算法的反向传播前需要将张量的属性 requires_grad 属性设置为 True。创建张量的代码如下：

```
import torch
#需要求导的 Tensor 必须设定为浮点类型，即 dtype 为 float32 或者 float64
#需要求导的 Tensor 需要设定参数 requires_grad 为 True
a=torch.ones(3,4,dtype=torch.float32,requires_grad=True)
print(a)
b=torch.arange(0,12,dtype=torch.float32).view(4,3)    #设置 b 不需要求导
print(b)
c=torch.eye(3,3,dtype=torch.float32,requires_grad=True)
print(c)
y=a.matmul(b);d=y+c
print(d)
```

输出结果如下：

```
tensor([[1., 1., 1., 1.],
        [1., 1., 1., 1.],
        [1., 1., 1., 1.]], requires_grad=True)
tensor([[ 0.,   1.,   2.],
        [ 3.,   4.,   5.],
        [ 6.,   7.,   8.],
        [ 9., 10., 11.]])
```

```
tensor([[1., 0., 0.],
        [0., 1., 0.],
        [0., 0., 1.]], requires_grad=True)
tensor([[19., 22., 26.],
        [18., 23., 26.],
        [18., 22., 27.]], grad_fn=<AddBackward0>)
```

PyTorch 进行梯度计算并打印梯度信息的代码如下：

```
#当输出不是标量时，需要设置 grad_tensors，且形状要与输出一致
torch.autograd.backward(d,grad_tensors=torch.ones_like(d),retain_graph=True)
#中间变量 y 的梯度在计算后会被清除，需要使用 grad 函数调出
#当输出 d 不是标量时，需要设定 grad_outputs，且形状要与输出 d 一致
y_grad=torch.autograd.grad(d,y,grad_outputs=torch.ones_like(d))
print("a of grad:\n",a.grad)
print("b of grad:\n",b.grad)          # b 叶子节点但不需要求导，因此输出为 None
print("c of grad:\n",c.grad)
print("y of grad:\n",y.grad)          # y 非叶子节点，grad 属性为 None
print("d of grad:\n",d.grad)          # d 非叶子节点，grad 属性为 None
print("y of grad:\n",y_grad)          #通过 grad 函数，输出中间变量 y 的 grad
print(a.is_leaf,b.is_leaf,c.is_leaf,y.is_leaf,d.is_leaf)
print(a.grad_fn,b.grad_fn,c.grad_fn,y.grad_fn,d.grad_fn)    #叶子节点无 grad_fn
```

输出结果如下：

```
a of grad:
 tensor([[ 3., 12., 21., 30.],
        [ 3., 12., 21., 30.],
        [ 3., 12., 21., 30.]])
b of grad:
 None
c of grad:
 tensor([[1., 1., 1.],
        [1., 1., 1.],
        [1., 1., 1.]])
y of grad:
 None
d of grad:
 None
y of grad:
(tensor([[1., 1., 1.],
        [1., 1., 1.],
```

```
        [1., 1., 1.]]),)
    True True True False False
    None None None <MmBackward object at 0x00000213F12A2B80> <AddBackward0 object at
0x00000213F12A2BE0>
```

上面程序的前向传播计算图如图 3-18 所示，其反向传播计算图如图 3-19 所示。

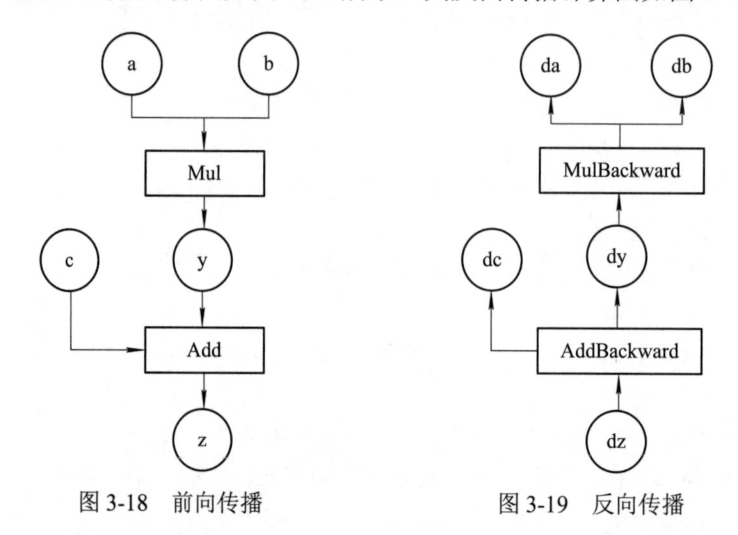

图 3-18　前向传播　　图 3-19　反向传播

PyTorch 中计算图的特点可总结如下：

(1) Tensor 是默认不求梯度的。如果某一节点的 requires_grad 被设置为 True，那么所有依赖它的节点的 requires_grad 均为 True。

(2) 多次反向传播时，梯度是累加的，即当 retain_graph=True 时，反向传播的中间缓存不会被清空，且求得的梯度是累加上次的。

(3) 非叶子节点的梯度计算完之后即被清空，可以使用 autograd.grad 获取非叶子节点的梯度。

(4) 当叶子节点的 grad_fn 为空时，没有反向传播函数。当叶子节点的 requires_grad 被设置为 False 时，没有梯度。

(5) Tensor 的梯度与 Tensor 本身的形状是一致的。

(6) 如果不是标量，则在调用 backward 函数时需要设置 grad_tensors。

3.3.2 PyTorch 常用模块

虽然 autograd 模块可以实现自动微分系统，但是如果利用其来实现深度学习模型，则需要编写的代码量很大。而 torch.nn 模块则是专门为深度学习设计的模块。

torch.nn 模块的核心数据结构是 Module。Module 是一个抽象的概念，它既可以表示神经网络的某个层，也可以表示一个包含多层的神经网络。在搭建神经网络时，设计的类常常需要继承 nn.module。

下面是一个搭建全连接层的实例。假设输出结果 y 与输入 x 满足函数 $\boldsymbol{y}=\boldsymbol{x}\boldsymbol{w}+\boldsymbol{b}$，其中 $\boldsymbol{w}$ 和 $\boldsymbol{b}$ 是参数。定义全连接层的代码如下：

```
import torch
from torch import nn
class Linear(nn.Module):
    def __init__(self,input,out):
        super(Linear,self).__init__()
        self.w=nn.Parameter(torch.randn(input,out))
        self.b=nn.Parameter(torch.randn(out))
    def forward(self,x):
        x=x.matmul(self.w)
        x=x+self.b.expand_as(x)
        return  x
#定义一个 net_params 函数，用于网络参数初始化
def net_params(m):
     if type(m) == Linear:
        nn.init.uniform_(m.w,a=-0.1,b=0.1)
        m.b.data.fill_(0.01)
#创建全连接层实例
my_layer=Linear(4,3)
#全连接层参数初始化
my_layer.apply(net_params)
#可使用 named_parameters 方法查看网络参数
for name,parameter in my_layer.named_parameters():
     print(name)
print(parameter)
#输入大小为(3,4)的输入数据
input=torch.arange(1,13,dtype=torch.float32).view(3,4)
print(input)
#输出数据
out=my_layer(input)
print(out)
```

输出结果如下：

```
w
Parameter containing:
tensor([[-0.0831,   0.0735,   0.0342],
     [ 0.0434,   0.0029,   0.0468],
     [ 0.0904,   0.0529,   0.0968],
     [ 0.0311, -0.0030, -0.0617]], requires_grad=True)
b
```

```
Parameter containing:
tensor([0.0100, 0.0100, 0.0100], requires_grad=True)
tensor([[ 1.,   2.,   3.,   4.],
        [ 5.,   6.,   7.,   8.],
        [ 9., 10., 11., 12.]])
tensor([[-2.6469,  3.0395,  3.3730],
        [-4.7877,  4.3726,  8.0038],
        [-6.9284,  5.7057, 12.6346]], grad_fn=<AddBackward0>)
```

上面的实例实现了通过编程搭建一个全连接层 Linear。其实 PyTorch 中的 nn 模块包含许多已经建立好的网络层，具体如表 3-7 所示，搭建网络时可直接调用。

表 3-7　常用的网络层

类	功　　能
torch.nn.Linear	全连接层
torch.nn.Conv1d()	1d 卷积层
torch.nn.Conv2d()	2d 卷积层
torch.nn.Conv3d()	3d 卷积层
torch.nn.MaxPool1d	1d 最大值池化层
torch.nn.MaxPool2d	2d 最大值池化层
torch.nn.MaxPool3d	3d 最大值池化层
torch.nn.AvgPool1d	1d 平均值池化层
torch.nn.AvgPool2d	2d 平均值池化层
torch.nn.AvgPool3d	3d 平均值池化层
torch.nn.RNN	多层 RNN 单元
torch.nn.LSTM	多层长短期记忆单元 LSTM

在 PyTorch 中，提供了几十种激活函数层对应的类，常用的激活函数如表 3-8 所示。

表 3-8　PyTorch 中常用的激活函数

类	激活函数
torch.nn.Sigmoid	Sigmoid 函数
torch.nn.Tanh	Tanh 函数
torch.nn.ReLU	ReLU 函数
torch.nn.Softplus	ReLU 函数的平滑近似

损失函数是用来表示预测数据与实际数据之间的差距程度的，因此神经网络学习的目标就是将损失函数最小化。对于分类问题，分类正确的样本越多越好；对于回归问题，预测值与实际值误差越小越好。

torch.nn 模块提供了多种可直接使用的深度学习损失函数，如交叉熵、均方误差等。常用的损失函数如表 3-9 所示。

表 3-9 PyTorch 中的常用的损失函数

损失函数	功　能	适用类型
torch.nn.L1Loss()	平均绝对值误差损失	回归
torch.nn.MSELoss()	均方误差损失	回归
torch.nn.CrossEntropyLoss()	交叉熵损失	多分类
torch.nn.NLLLoss()	负对数似然函数损失	多分类
torch.nn.NLLLoss2d()	图片负对数似然函数损失	图像分割
torch.nn.KLDivLoss()	KL 散度损失	回归
torch.nn.BCELoss()	二分类交叉熵损失	二分类
torch.nn.MultiLabelMarginLoss()	多标签分类损失	多标签分类
torch.nn.SmoothL1Loss()	平滑的 L1 损失	回归
torch.nn.SoftMarginLoss()	多标签二分类损失	多标签分类

此外，在 PyTorch 中的 optim 模块提供了很多可直接使用的深度学习优化算法，内置算法包括 Adam、SGD、RMSprop 等。可用的优化算法如表 3-10 所示。

表 3-10 PyTorch 中常用的优化器

算　法	名　称
torch.optim.SGD()	随机梯度下降算法
torch.optim.Adam()	Adam 算法
torch.optim.ASGD()	平均随机梯度下降算法
torch.optim.Adadelta()	Adadelta 算法
torch.optim.Adagrad()	Adagrad 算法
torch.optim.Adamax()	Adamax 算法
torch.optim.LBFGS()	L-BFGS 算法
torch.optim.RMSprop()	RMSprop 算法
torch.optim.Rprop()	弹性反向传播算法

3.3.3 PyTorch 搭建全连接神经网络

下面介绍使用 MNIST 数据集搭建一个 3 层的全连接神经网络的实例。

首先使用 torchvision 中的 datasets 模块加载数据集，使用 transform 模块做数据预处理；然后使用 torch.utils.data 模块建立数据分类器。

```
from torchvision import datasets, transforms
from torch.utils.data import DataLoader
from torch import nn
batch_size=100
#加载训练集
train_data=datasets.MNIST(
    root='../data',
    train=True,
    download=True,
    transform=transforms.Compose([
            transforms.ToTensor(),
            transforms.Normalize((0.1307,), (0.3081,))]))
#建立数据加载器
train_loader = DataLoader(
    dataset=train_data,
    batch_size=batch_size,
    shuffle=True)
#加载测试集
test_data=datasets.MNIST(
    root='../data',
    train=False,
    download=True,
    transform=transforms.Compose([
            transforms.ToTensor(),
            transforms.Normalize((0.1307,), (0.3081,))]))
#建立数据加载器
test_loader = DataLoader(
    dataset=test_data,
    batch_size=batch_size,
    shuffle=True)
```

这里对训练集和测试集分别建立数据加载器，将训练集和测试集的大小均设置为 batch_size=100，以方便后续的训练和测试操作的批处理。

下面代码的功能调用 nn 模块搭建网络层建立一个 3 层的全连接神经网络，并在第一层和第二层后加上 ReLU 激活函数层。

```
class Three_Net(nn.Module):
    def __init__(self,input,hidden1,hidden2,output):
```

```
        super(Three_Net, self).__init__()
        self.model = nn.Sequential(
            nn.Linear(input, hidden1),
            nn.ReLU(),
            nn.Linear(hidden1, hidden2),
            nn.ReLU(),
            nn.Linear(hidden2, output))
    def forward(self, x):
        x = self.model(x)
        return x
```

注意：自定义的网络模型必须继承 nn.Mouble，如上面定义的 Three_Net 模型在声明类继承 nn.Mouble。在 __init__ 方法中，需要初始化网络层，并在 forward 方法中定义前向传播逻辑。创建 Three_Net 网络实例对象的代码如下：

```
#创建网络实例对象
net = Three_Net(784,200,100,10)
#打印网络结构
print(net)
```

这里把第一层全连接层设置为 200 个神经元，第二个全连接层设置为 100 个神经元，第三个全连接层设置 10 个神经元。输出结果如下：

```
Three_Net(
  (model): Sequential(
    (0): Linear(in_features=784, out_features=200, bias=True)
    (1): ReLU()
    (2): Linear(in_features=200, out_features=100, bias=True)
    (3): ReLU()
    (4): Linear(in_features=100, out_features=10, bias=True)
  )
)
```

由输出可以看出，在 sequential 内部，3 个全连接层的标号分别为 0、2、4。在查看网络层内部的结构时需要注意标号。

```
#这里选择查看第三个全连接层的权重参数大小和偏置参数大小
#调用 parameters 方法
a,b=net.model[4].parameters()
print(a.shape,b.shape)
```

输出结果如下：

```
torch.Size([10, 100])    torch.Size([10])
```

在建立好网络结构后，需要选择损失函数和损失函数的优化策略。这里选择交叉熵损失函数，并采用梯度下降法作为优化策略，将学习率 lr 设置为 0.01。代码如下：

```
from torch import nn
from torch import optim
learning_rate=0.01
optimizer = optim.SGD(net.parameters(), lr=learning_rate)
criteon = nn.CrossEntropyLoss()
```

下面开始训练，使用训练集中的 100 条数据作为一个 batch 对该神经网络进行训练，即对该训练集进行 30 轮循环遍历。每轮循环遍历后，用验证集测试当前网络的识别率以及在测试集上的平均损失值。代码如下：

```
epochs=30
train_loss_list=[]
test_accuracy_list=[]
for epoch in range(epochs):
    for batch_idx, (data, target) in enumerate(train_loader):
        data = data.view(-1, 28*28)
        #前向传播
        logits = net(data)
        #计算损失值
        loss = criteon(logits, target)
        train_loss_list.append(loss.item())
        #梯度清零
        optimizer.zero_grad()
        #反向传播法计算梯度
        loss.backward()
        #梯度下降，更新参数
        optimizer.step()
        #每隔 300 个 batch 输出当前 batch 的训练损失值
        if (batch_idx+1) % 300 == 0:
            print('Train Epoch: {} \tLoss: {:.8f}'.format(epoch+1, loss.item()))
        test_loss = 0
        correct = 0
        #计算测试集损失值和识别率
        for data, target in test_loader:
        data = data.view(-1, 28 * 28)
        logits = net(data)
        test_loss += criteon(logits, target).item()
```

```
        pred = logits.data.max(1)[1]
        correct += pred.eq(target.data).sum()
    test_loss /= len(test_loader)
    accracy= float(correct) / len(test_loader.dataset)
    test_accuracy_list.append(accracy)
    print('\nTest average loss: {:.8f}, Accuracy:{:.2f}%)\n'.format(
            test_loss, 100.*correct / len(test_loader.dataset)))
```

程序运行结果会输出 30 个 epoch 的相关训练信息，最后 3 个 epoch 的信息显示如下：

```
Train Epoch: 28        Loss: 0.03073074
Train Epoch: 28        Loss: 0.04061454
Test Average loss: 0.07892939, Accuracy:97.46%

Train Epoch: 29        Loss: 0.13378642
Train Epoch: 29        Loss: 0.03533666
Test Average loss: 0.07699848, Accuracy:97.52%


Train Epoch: 30        Loss: 0.02369168
Train Epoch: 30        Loss: 0.02909282
Test Average loss: 0.07610683, Accuracy:97.67%
```

最终在训练集上的平均损失值约为 0.0761，测试集识别率提高到了 97.67%。训练集损失值和测试集识别率如图 3-20 和图 3-21 所示。

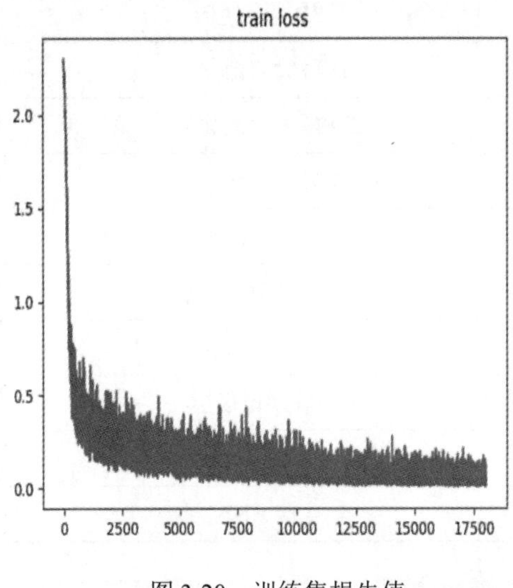

图 3-20　训练集损失值

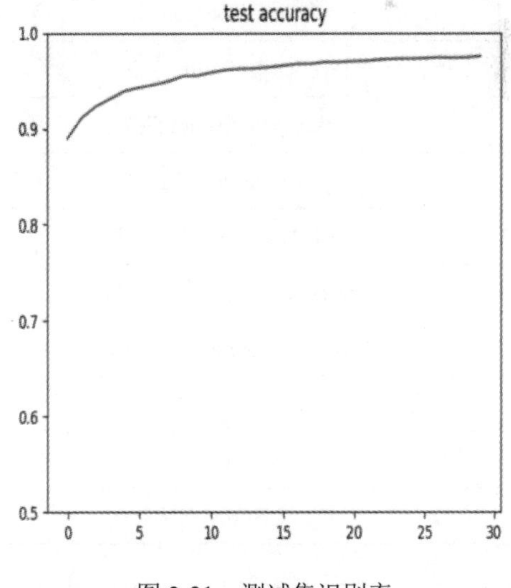

图 3-21　测试集识别率

3.4 深度学习框架 Keras

TensorFlow 2.x 版本后，Keras 被集成到了 TensorFlow，形成了 tf.keras。Keras 支持 TensorFlow 作为后端，不仅实现了 Keras API，还具有一些额外的 TensorFlow 功能。在安装完 TensorFlow 2.x 版本之后，只需要导入 Keras 模块就可以使用 Keras 高级深度学习 API 了。

3.4.1 Keras 常用模块

Keras 作为一个深度学习的 API，提供了非常多的便捷接口。在 Keras 的 layers 模块中提供了很多常用的层用于搭建神经网络(如表 3-11 所示)，在搭建网络时可直接调用。

表 3-11 layers 模块中的常用层

名 称	功 能
layers.Concatenate	连接层
layers.Flatten	输入数据展平层
layers.Dense	全连接层
layers.Activation	激活函数层
layers.Conv1D	1D 卷积层
layers.Conv2D	2D 卷积层
layers.Conv3D	3D 卷积层
layers.MaxPooling1D	1D 最大值池化层
layers.MaxPooling2D	2D 最大值池化层
layers.MaxPooling3D	3D 最大值池化层
layers.AveragePooling1D	1D 平均值池化层
layers.AveragePooling2D	2D 平均值池化层
layers.AveragePooling3D	3D 平均值池化层
layers.LSTM	长短期记忆层
layers.GRU	门控循环单元
layers.SimpleRNN	全连接 RNN 层

在 Keras 框架中经常使用的模块有 losses 损失函数模块、optimizers 优化算法模块等。losses 损失函数模块中常用的损失函数如表 3-12 所示，optimizers 优化算法模块中常用的优化策略如表 3-13 所示。

表 3-12　losses 模块中常用的损失函数

任务类型	损失函数	功 能 描 述
分类	Binary Crossentropy	二元分类任务中常用的交叉熵损失函数
分类	Categorical Crossentropy	多类别分类任务中常用的交叉熵损失函数
分类	Sparse Categorical Crossentropy	与 Categorical Crossentropy 类似，但用于标签以整数形式表示的情况，通常用于多类别分类任务
分类	Poisson	适用于泊松分布相关的任务，如计数数据的预测
分类	KLDivergence	用于测量两个概率分布之间的差异，通常在生成对抗网络时用作生成器和判别器之间的损失函数
回归	Mean Squared Error	均方误差，用于回归任务中，衡量预测值与真实值之间的平方差
回归	Mean Absolute Error	平均绝对误差，用于回归任务中，衡量预测值与真实值之间的绝对差
回归	Mean Absolute Percentage Error	平均绝对百分比误差，是 Mean Absolute Error 的一个变种，以百分比形式表示误差
回归	Mean Squared Logarithmic Error	均方对数误差，对数变换后计算平方误差，可用于处理数据具有指数增长趋势的情况
回归	Cosine Similarity	余弦相似度损失函数，衡量向量之间的余弦相似度，通常用于相似性度量的任务

表 3-13　optimizers 模块中常用的优化策略

优 化 策 略	功　能
SGD	随机梯度下降
RMSprop	RMSprop 算法
Adam	Adam 算法
Adadelta	Adadelta 算法
Adagrad	Adagrad 算法
Nadam	Nadam 算法
Ftrl	Ftrl 算法

3.4.2　Keras 搭建网络模型

Keras 有两种搭建网络模型的方式：一种是使用顺序 API 搭建网络模型，另一种是使用函数 API 搭建网络模型。

1. 使用顺序 API 搭建网络模型

使用顺序 API 来搭建模型需要用到 modules 模块中的 Sequential 类。下面是搭建一个 3 层的全连接神经网络的代码。

```
from tensorflow import keras
from tensorflow.keras import activations, layers
from tensorflow.keras import losses
```

```
from tensorflow.keras import models
#使用 Sequential 类搭建
model1=models.Sequential([
    #使用 Input 函数指定 n 维输入数据的后 n-1 个维度大小
        layers.Input(shape=[28,28]),
        #加入 Flatten 展平层
        layers.Flatten(),
        #第一个全连接层设置为 20 个神经元，name 参数用于给层命名
        layers.Dense(20,name="dense1"),
        #加入 Activation 激活函数层，这里使用 activations 模块中的 ReLU 函数
        layers.Activation(activations.relu),
        #第二个全连接层设置为 10 个神经元
        layers.Dense(10,name="dense2"),
        layers.Activation(activations.relu),
        #第二个全连接层设置为 1 个神经元
    layers.Dense(1,name="dense3")])
```

下面代码的功能是使用summary方法打印网络结构，然后使用utils模块中的plot_model函数生成模型流程图并显示出来。

```
from PIL import Image
from keras import utils
#使用 summary 方法打印网络结构
print(model1.summary())
#使用 plot_model 函数生成网络流程图
utils.plot_model(model1,"my_model1.png",show_shapes=True)
#使用 Image 模块显示图像
img=Image.open("my_model1.png")
img.show()
```

输出结果如下，显示图像如图 3-22 所示，图中的“？”表示待输入图像张数。

```
Model: "sequential"
_________________________________________________________________
Layer (type)                Output Shape              Param #
=================================================================
flatten (Flatten)           (None, 784)               0

_________________________________________________________________
dense1 (Dense)              (None, 20)                15700

_________________________________________________________________
activation (Activation)     (None, 20)                0

_________________________________________________________________
dense2 (Dense)              (None, 10)                210
```

```
________________________________________________________________________
activation_1 (Activation)          (None, 10)               0
________________________________________________________________________
dense3 (Dense)                     (None, 1)                11
========================================================================
Total params: 15,921
Trainable params: 15,921
Non-trainable params: 0
```

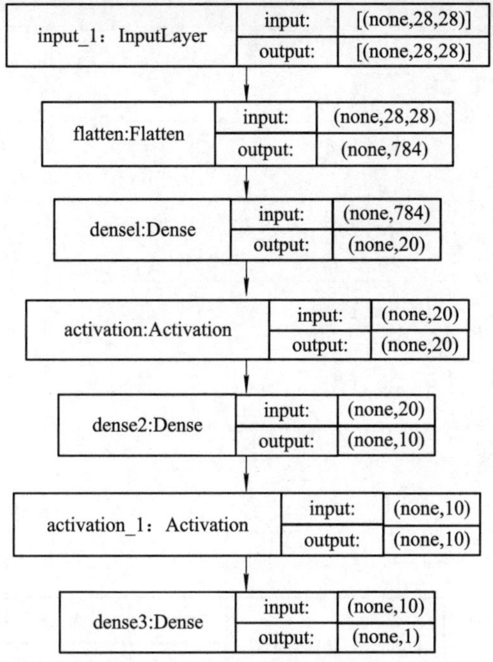

图 3-22　顺序 API 构建模型

上面的代码在引入激活函数时，可以不加激活函数层 Activation，而采用更简洁方便的方法，即在创建全连接层 Dense 时，设置参数 activation='relu'。

2. 使用函数 API 搭建网络模型

使用函数 API 搭建神经网络模型时需要引入 Keras 中的 Module 模块。代码如下：

```
import keras
inputs_=keras.Input(shape=[28,28])
#将上一层的输出作为下一层输入
layer1=layers.Flatten()(inputs_)
layer2=layers.Dense(20,activation='relu',name='dense1')(layer1)
layer3=layers.Dense(10,activation='relu',name='dense2')(layer2)
outputs_=layers.Dense(1,name='dense3')(layer3)
#使用 Module 模块指定模型的输入和输出
model2=keras.Model(inputs_,outputs_)
print(model2.summary())
```

```
utils.plot_model(model2,"my_model2.png",show_shapes=True)
#使用 Image 模块显示图像
img=Image.open("my_model2.png")
img.show()
```

输出结果如下，显示图像如图 3-23 所示，图中“？”表示待输入图像张数。

```
Model: "model"
_________________________________________________________________
Layer (type)                 Output Shape              Param #
=================================================================
input_2 (InputLayer)         [(None, 28, 28)]          0
_________________________________________________________________
flatten_1 (Flatten)          (None, 784)               0
_________________________________________________________________
dense1 (Dense)               (None, 20)                15700
_________________________________________________________________
dense2 (Dense)               (None, 10)                210
_________________________________________________________________
dense3 (Dense)               (None, 1)                 11
=================================================================
Total params: 15,921
Trainable params: 15,921
Non-trainable params: 0
```

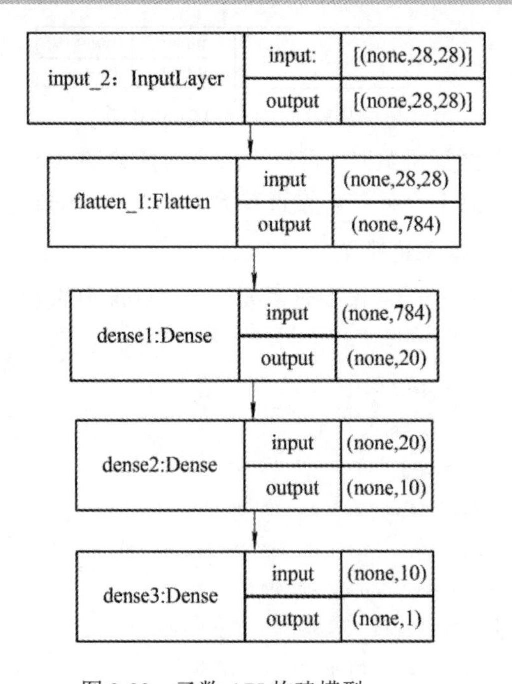

图 3-23　函数 API 构建模型

顺序 API 在搭建网络模型时非常易于使用，但是在构建复杂拓扑结构或具有多个输入和输出的神经网络结构时，顺序 API 只能按照网络顺序一层一层地向下流通，这时就需要使用函数 API 来搭建网络模型了。

3.4.3　Keras 搭建全连接神经网络

本小节介绍使用 Keras 顺序模型解决分类问题，这里以 Fashion MNIST 数据集为例。Fashion MNIST 数据集具有与 MNIST 数据集相同的格式，由 70 000 张图像组成；每张图像大小为 28 像素 × 28 像素，共分为 10 类；这些图像代表的都是时尚物品。

下面代码的功能是使用 Keras 中的 datasets 模块加载数据集，并显示训练集中的前 24 幅图像。

```
from tensorflow import keras
from tensorflow.keras.datasets import fashion_mnist
import matplotlib.pyplot as plt
import matplotlib.image as mpimg
import numpy as np
import pandas as pd
(X_train_full,y_train_full),(X_test,y_test)=fashion_mnist.load_data()
#输出训练集和测试集中的数据形状
print(X_train_full.shape,y_train_full.shape)
print(X_test.shape,y_test.shape)
```

输出结果如下：

```
(60000, 28, 28) (60000,)
(10000, 28, 28) (10000,)
```

Fashion MNIST 数据集包括 10 个类别，每个类别都有一个标签名。下面的代码实现了对该数据集的可视化，即为每个图像添加了对应的标签名，并展示了前 24 个图像。

```
#对于 Fashion MNIST 数据集，需要为之对应的标签来添加标签名
class_names = ["T-shirt/top", "Trouser", "Pullover", "Dress", "Coat",
               "Sandal", "Shirt", "Sneaker", "Bag", "Ankle boot"]
#展示前 24 个图像
rows = 4;cols = 6
plt.figure(figsize=(cols * 1.2, rows * 1.2))
for row in range(rows):
    for col in range(cols):
        index = cols * row + col
        plt.subplot(rows, cols, index + 1)
        plt.imshow(X_train_full[index],cmap="binary", interpolation="nearest")
        plt.axis('off')
        plt.title(class_names[y_train_full[index]], fontsize=12)
```

```
plt.subplots_adjust(wspace=0.2, hspace=0.5)
plt.show()
```

输出的 Fashin MNIST 数据集图像如图 3-24 所示。

图 3-24 Fashion MNIST 数据集

数据集可分为训练集和测试集，现在在训练集中建立一个测试集，由于需要使用梯度下降来训练神经网络，为了简便计算，需要将像素值缩放到 0～1 之间。代码如下：

```
#建立测试集
X_valid, X_train = X_train_full[:5000] / 255., X_train_full[5000:] / 255.
y_valid, y_train = y_train_full[:5000], y_train_full[5000:]
X_test = X_test / 255.
#下面建立神经网络模型，并将网络结构可视化
model = keras.models.Sequential([
#网络第一层要指定输入数据的形状
keras.layers.Flatten(input_shape=[28, 28]),
#隐层 1 为 200 个神经元，并使用 ReLU 激活函数
keras.layers.Dense(200,activation="relu",name='dense1'),
#隐层 2 为 100 个神经元，并使用 ReLU 激活函数
keras.layers.Dense(100,activation="relu",name='dense2'),
#输出层为 10 个神经元，并使用 Softmax 激活函数
keras.layers.Dense(10, activation="Softmax",name='dense3')])
#将网络模型可视化
keras.utils.plot_model(model,"fashion_mnist_model.png",show_shapes=True)
img=mpimg.imread('fashion_mnist_model.png')
plt.imshow(img)
plt.axis("off")
plt.show()
```

输出结果如图 3-25 所示。

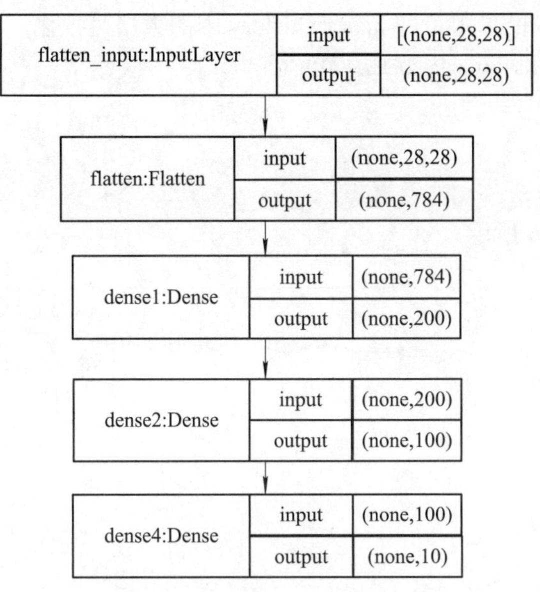

图 3-25　网络模型结构图

下面开始网络的编译和训练，代码如下：

```
#损失函数 loss 采用 sparse_categorical_crossentropy 交叉熵
my_loss=keras.losses.SparseCategoricalCrossentropy()
#优化策略 optimizer 采用 SGD 随机梯度下降
my_optimizer=keras.optimizers.SGD(learning_rate=0.05)
#使用 compile 方法编译网络模型
model.compile(loss=my_loss,optimizer=my_optimizer,metrics=['accuracy'])
#使用 fit 方法进行网络模型的训练
#设定 Epochs 为 30，即训练数据 30 轮，并采用验证集验证
#模型训练会返回一个 history 对象
history = model.fit(X_train, y_train, epochs=30, validation_data=(X_valid, y_valid))
#history.history 是一个字典，里面保存着网络训练过程中的一些参数变化记录
print(history.history.keys())
```

训练过程中的 30 个 epoch 的信息会全部显示在输出框中，下面是网络训练过程中的最后两个 epoch 的信息。

```
Epoch 29/30
1719/1719 [==============================] - 2s 1ms/step - loss: 0.2153 - accuracy: 0.9185 - val_loss: 0.3061 - val_accuracy: 0.8864
Epoch 30/30
1719/1719 [==============================] - 2s 1ms/step - loss: 0.2115 - accuracy: 0.9207 - val_loss: 0.2951 - val_accuracy: 0.8954
dict_keys(['loss', 'accuracy', 'val_loss', 'val_accuracy'])
```

将几个训练过程中的参数，即 history.history 中的数据可视化，代码如下：

```
pd.DataFrame(history.history).plot(figsize=(10, 8))
plt.grid(True)
plt.gca().set_ylim(0, 1)
plt.show()
```

输出结果如图 3-26 所示。

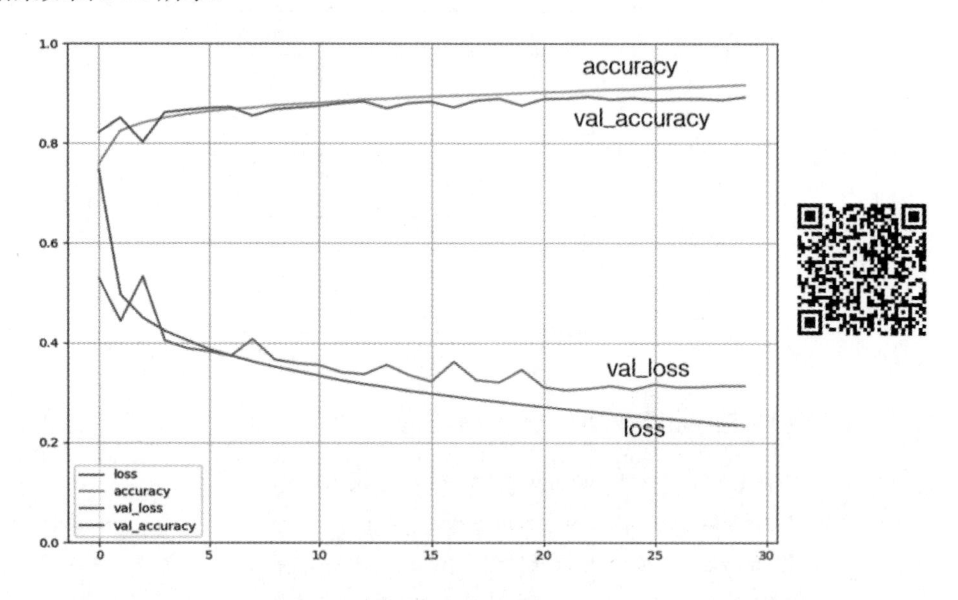

图 3-26　网络模型的指标变化

下面通过 evaluate 方法使用测试集来进行模型评估，代码如下：

```
#使用 evaluate 方法进行模型评估
model.evaluate(X_test, y_test)
```

输出结果如下：

```
313/313 [==============================] - 0s 571us/step - loss: 0.3274 - accuracy: 0.8875
```

由上面的输出结果可以看出，对于测试集来说，整体的损失值为 0.3274，在 10000 张图像上的预测准确度为 0.8875，即 88.75%。

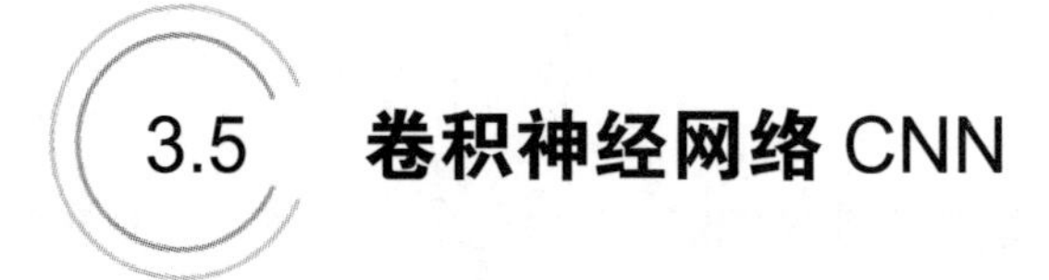

3.5　卷积神经网络 CNN

3.2.1 节介绍了神经网络的基础模型——全连接神经网络。在全连接神经网络的基础之上，本小节将介绍卷积神经网络(Convolutional Neural Network,CNN)。

3.5.1　卷积神经网络结构

卷积神经网络也是一种神经网络模型，它通常由多个卷积层(Convolution 层)和池化层(Pooling 层)组成，并且在多个卷积层和池化层之后往往会添加一些全连接层。图 3-27 所示是一个卷积神经网络的基本结构图。

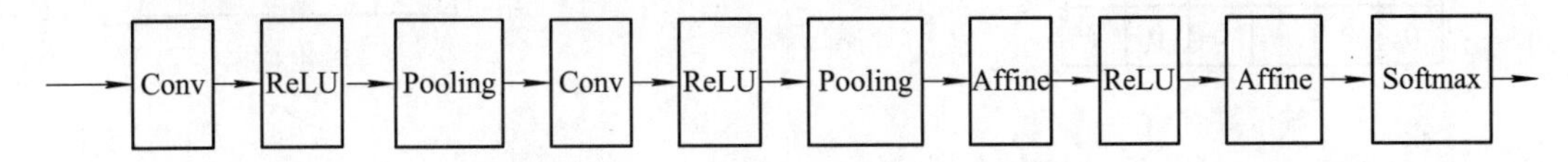

图 3-27　卷积神经网络 CNN 基本结构

CNN 基本结构由两个卷积层和两个池化层组成，并在卷积层和池化层之间加入激活函数(ReLU)，在网络结构的末尾添加了两个全连接层(Affine)，最后输出层的激活函数使用了 Softmax 函数，说明这是一个多分类的学习任务。一般来说，卷积层、池化层和全连接层的个数由学习任务而定。

CNN 以图像识别为中心，并在多个机器学习领域获得了广泛的应用，如目标检测、图像分割、文本分类等。CNN 相比于全连接神经网络的优点在于，它没有忽略图像数据的形状，而全连接神经网络会将数据展平再进行后续操作。对于图像数据来说，数据的形状中含有重要的空间信息，如空间上邻近的像素为相似的值，RGB 各个通道之间有着一定的关联性等。

3.5.2　卷积与池化

在 CNN 中，卷积层执行的基本操作是卷积运算，通过卷积核在输入数据上滑动来计算特征图。卷积层的两个关键参数是步长(Stride)和填充(Padding)，它们对输出特征图的尺寸有显著影响。步长是卷积核在输入数据上移动的步长，默认情况下为 1，意味着卷积核每次移动一个像素。步长设置得越大，卷积后特征图的尺寸会越小。例如，步长为 2 会使特征图的尺寸减小一半。填充则是在输入数据的边界添加额外的像素(通常是 0)，其作用是调整输出特征图的尺寸，并保留边界信息。填充越多，输出特征图的尺寸也越大，从而可以覆盖输入数据的边缘区域。如果没有填充，则卷积操作会减小特征图的尺寸。通过适当调整步长和填充，能够灵活地控制卷积层的输出特征图的大小，进而影响网络的性能和计算复杂度。在图 3-28 中，设置步长为 1 填充为 0，即卷积核向右向下移动的幅度为 1，最终输出的特征图尺寸为 2×2。如图 3-29 所示，可以对输入数据进行填充操作，使用幅度为 1 的 0 填充。填充的幅度越大，输出数据的形状就越大，最终输出的特征图尺寸为 4×4。如图 3-30 所示，三通道图像需要三通道的卷积核分别对图像的三个通道图像进行卷积运算。

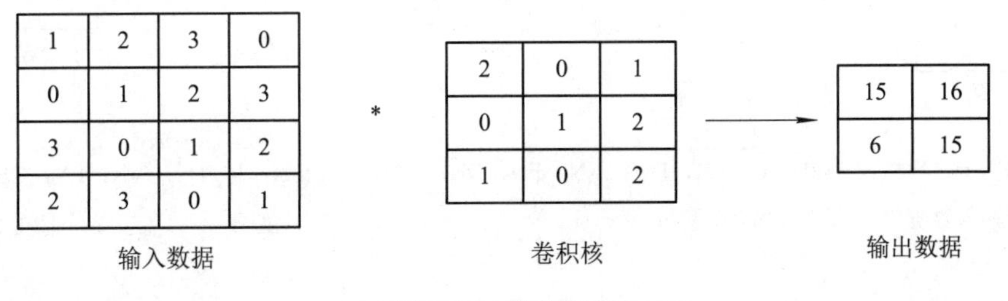

图 3-28　卷积运算

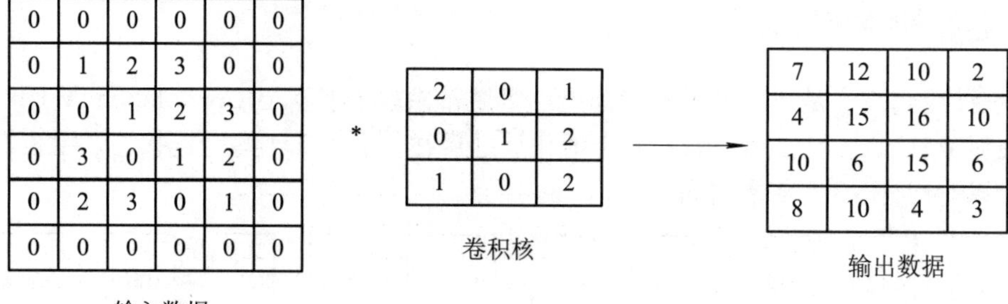

图 3-29 幅度为 1 的 0 填充

整个卷积层的数据处理流如图 3-31 所示。输入数据的形状为(N,C,H,W)，其中 N 是批处理中的样本数量，C 是每个样本的通道数(如 RGB 图像有三个通道)，H 和 W 分别表示每个通道的高度和宽度。在卷积操作中，使用多个卷积核，每个卷积核的形状为(FN,C,FH,FW)，其中 FN 是卷积核的数量，C 必须与输入数据的通道数一致，FH 和 FW 分别表示卷积核的高度和宽度。输入的 N 个数据会与 FN 个卷积核进行卷积，然后将卷积后的特征图进行求和得到尺寸为(N,FN,OH,OW)的特征图，其中 OH 和 OW 分别表示输出特征图的高度和宽度，然后这个特征图会再加上偏置的特征图，得到最终输出的特征图。

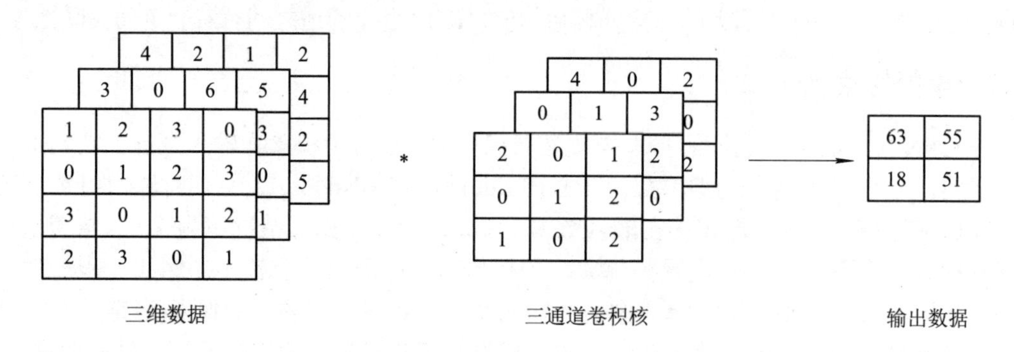

图 3-30 三维图像数据的卷积运算

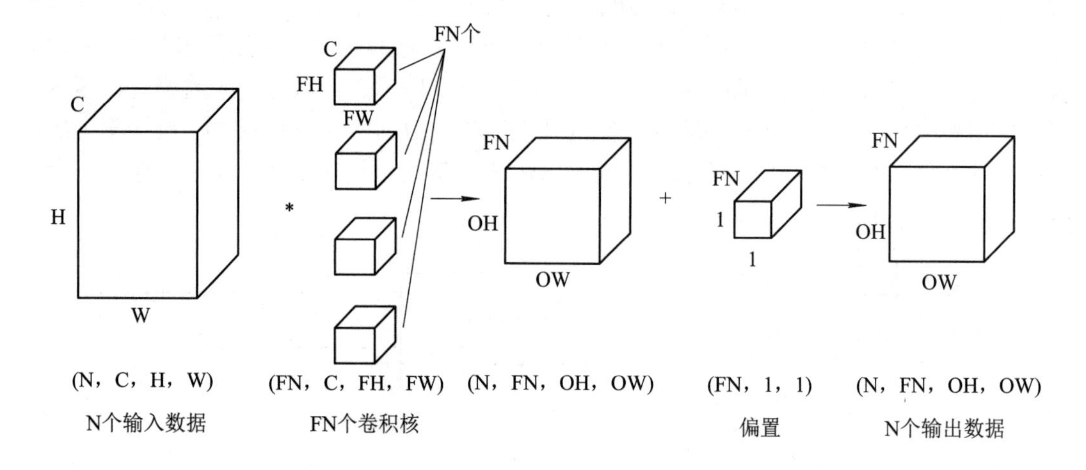

图 3-31 卷积层的数据处理流

池化层所要进行的操作为缩小数据的宽 W 与高 H，它并不改变数据的通道数以及维度。如图 3-32 所示，这是一个采用最大值池化操作的池化层。在 2 × 2 的区域中选取最大值，并以步幅为 2 向后移动。除了最大值池化外，还有均值池化等。一般来说，池化区域为 $n \times n$，步幅也通常采取 n。CNN 中的池化层有两个特点：一是没有需要学习的参数；二是它不会改变数据的维度，只改变单个特征数据图上的宽与高。

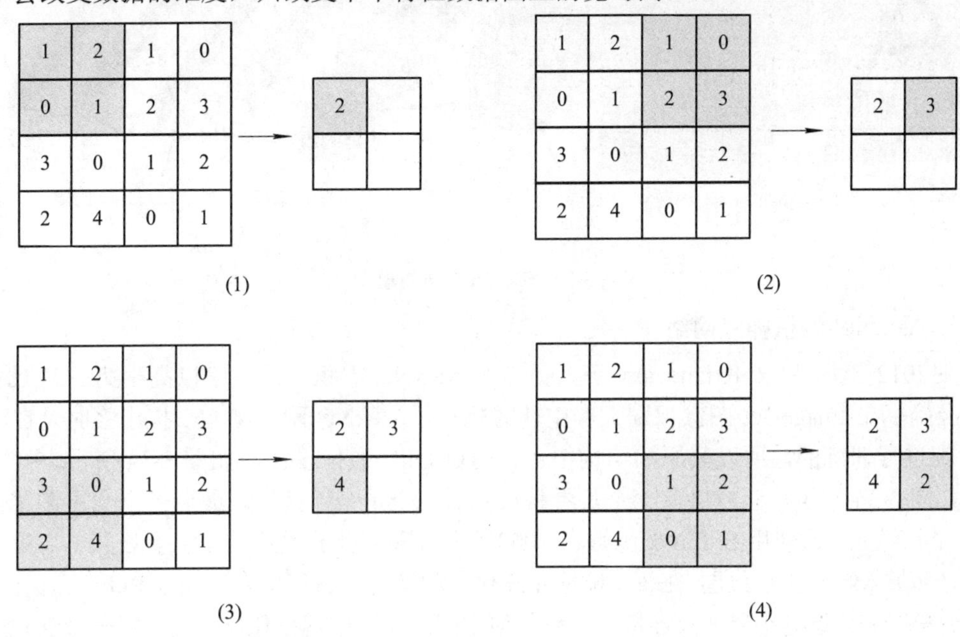

图 3-32　2 × 2 步幅为 2 的最大值池化

3.5.3　卷积神经网络模型

随着深度学习和计算机视觉的迅速发展，许多基于 CNN 的网络模型不断地被提出。为了完成大量的数据学习任务和实现更高的学习效率，CNN 网络不断地走向更深的层次。下面介绍几种经典的 CNN 网络模型。

1. LeNet-5 卷积神经网络

LeNet-5 网络是在 1998 年提出的一类卷积神经网络，其处理的主要任务为手写数字识别。

如图 3-33 所示，在 LeNet-5 网络模型中，输入的图像数据大小为 32 像素 × 32 像素，经过两个卷积层、两个池化层和两个全连接层产生一个含有 10 个神经元的输出层，用于 10 分类任务。C1 层是一个卷积层，由 6 个 5 × 5 的卷积核构成，共有 156 个可训练参数。S2 层是一个下采样池化层，使用 2 × 2 的池化核，步幅为 2，将 6 个 28 × 28 的特征映射转化为 6 个 14 × 14 的特征映射。C3 层是一个由 16 个 5 × 5 卷积核组成的卷积层，将 16 个 14 × 14 的特征映射转化为 16 个 10 × 10 的特征映射。S4 与 S2 同样为下采样池化层，将 16 个 10 × 10 的特征映射转化为 16 个 5 × 5 的特征映射。C5 层与 F6 层为全连接层，分别有 120 个和 84 个神经元。最后输出层含有 10 个神经元，用于手写数字识别。

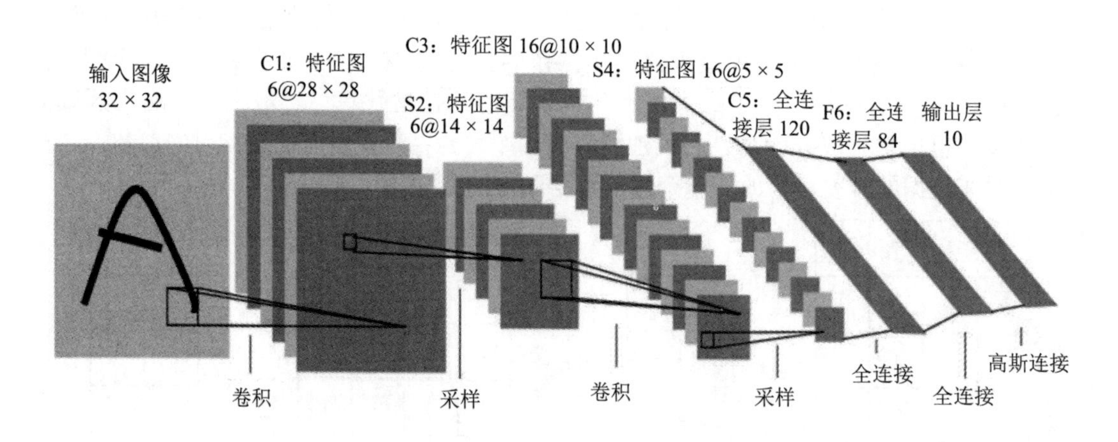

图 3-33 LeNet-5 网络模型

2. AlexNet 卷积神经网络

在 2012 年由 Alex Krizhevsky 等人提出的 AlexNet 卷积神经网络以高于第二名 10%左右的准确率在 ImageNet 图像识别大赛中获得冠军。AlexNet 网络结构在提出之时是在两个 GPU 上进行训练的，所以其原始结构中包含两块 GPU 通信设计，如图 3-34 所示。

如图 3-34 所示，该网络前 5 个是卷积层，后 3 个是全连接层。最后一个全连接层含有 1000 个神经元，并使用 Softmax 函数在 1000 个类别标签上产生分布。并且在第一、第二卷积层之后加入响应正规化层，在每个响应正规化层和第五个卷积层之后加入 ReLU 激活函数。第三、第四和第五卷积层彼此连接，没有任何中间池化层或规范化层。其中第一个卷积层包含 96 个 3 × 11 × 11 的卷积核用于过滤 3 × 224 × 224 的输入图像，步幅为 4。第二个卷积层将第一个卷积层的(响应归一化和合并)输出作为输入，并使用 256 个大小为 48 × 5 × 5 的卷积核对其进行过滤。第三个卷积层有 384 个大小为 256 × 3 × 3 的内核，它们连接到第二个卷积层的(标准化、池化)输出。第四个卷积层有 384 个大小为 192 × 3 × 3 的核，第五个卷积层有 256 个大小为 192 × 3 × 3 的核。后面两个全连接层分别都含有 4096 个神经元。

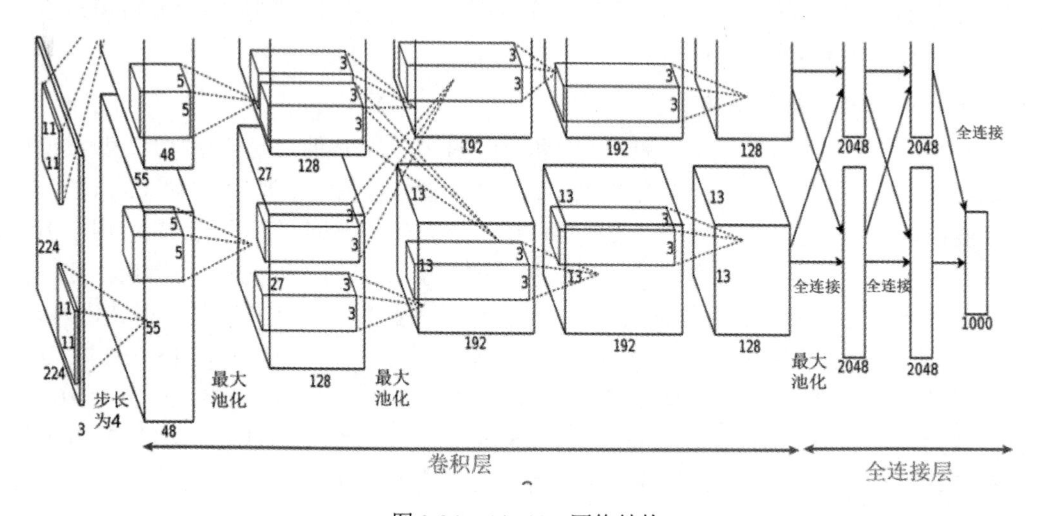

图 3-34 AlexNet 网络结构

3. VGG 卷积神经网络

VGG 卷积神经网络于 2014 年由牛津大学计算机视觉组提出，并在 2014 年举办的 ILSVRC 计算机视觉领域竞赛中取得了分类项目的第二名。VCG 网络结构如图 3-35 所示。在牛津大学计算机视觉组发表的文章中，共提出了 4 种(11,13,16,19)不同网络深度的 VGG 模型，现在最为常用的为 D 结构的 VGG16 和 E 结构的 VGG19，它们分别包含 16 个和 19 个带有可学习参数的网络层。

ConvNet Configuration					
A	A-LRN	B	C	D	E
11 weight layers	11 weight layers	13 weight layers	16 weight layers	16 weight layers	19 weight layers
input (224 × 224 RGB image)					
conv3-64	conv3-64 **LRN**	conv3-64 **conv3-64**	conv3-64 conv3-64	conv3-64 conv3-64	conv3-64 conv3-64
maxpool					
conv3-128	conv3-128	conv3-128 **conv3-128**	conv3-128 conv3-128	conv3-128 conv3-128	conv3-128 conv3-128
maxpool					
conv3-256 conv3-256	conv3-256 conv3-256	conv3-256 conv3-256	conv3-256 conv3-256 **conv1-256**	conv3-256 conv3-256 **conv3-256**	conv3-256 conv3-256 conv3-256 **conv3-256**
maxpool					
conv3-512 conv3-512	conv3-512 conv3-512	conv3-512 conv3-512	conv3-512 conv3-512 **conv1-512**	conv3-512 conv3-512 **conv3-512**	conv3-512 conv3-512 conv3-512 **conv3-512**
maxpool					
conv3-512 conv3-512	conv3-512 conv3-512	conv3-512 conv3-512	conv3-512 conv3-512 **conv1-512**	conv3-512 conv3-512 **conv3-512**	conv3-512 conv3-512 conv3-512 **conv3-512**
maxpool					
FC-4096					
FC-4096					
FC-1000					
Softmax					

图 3-35　VGG 网络结构

VGG 网络中，conv3-64 表示 64 个 3 × 3 的卷积核，maxpool 表示大小为 2 × 2 的最大值池化核，FC-4096 表示含有 4096 个神经元的全连接层。在 VGG 网络中，通常采用 3 × 3 的卷积核和 2 × 2 的池化核。网络开始的通道数为 64，后面不断增加到 512，使得 VGG 网络可以从数据中不断地提取更多的信息。

4. ResNet

何凯文等人在 2015 年提出 ResNet，这是 CNN 图像史上的一件里程碑事件，在 ILSVRC 计算机视觉领域竞赛中 ResNet 一共使用了 152 层网络，其深度比 GoogLeNet (20 层)高了 7 倍多，并且错误率为 3.6%，而 ImageNet 图像识别大赛中的错误率为 5.1%。ResNet 网络参考了 VGG19 网络，在其基础上进行了修改，并通过跳跃连接的结构加入了残差单元，如图 3-36 所示。在 VGG 网络中每个卷积层之间只有一条连接路径，而在 ResNet 中还存在跳跃连接的路径。通过引入跳跃连接的结构，ResNet 允许构建非常深的网络，这有效解决了梯度消失问题。同时，ResNet 有一个重要的设计原则：当特征图的大小减小一半时特征图的数量将翻倍，可有效地保持网络的复杂性，有助于增强网络的表达能力。

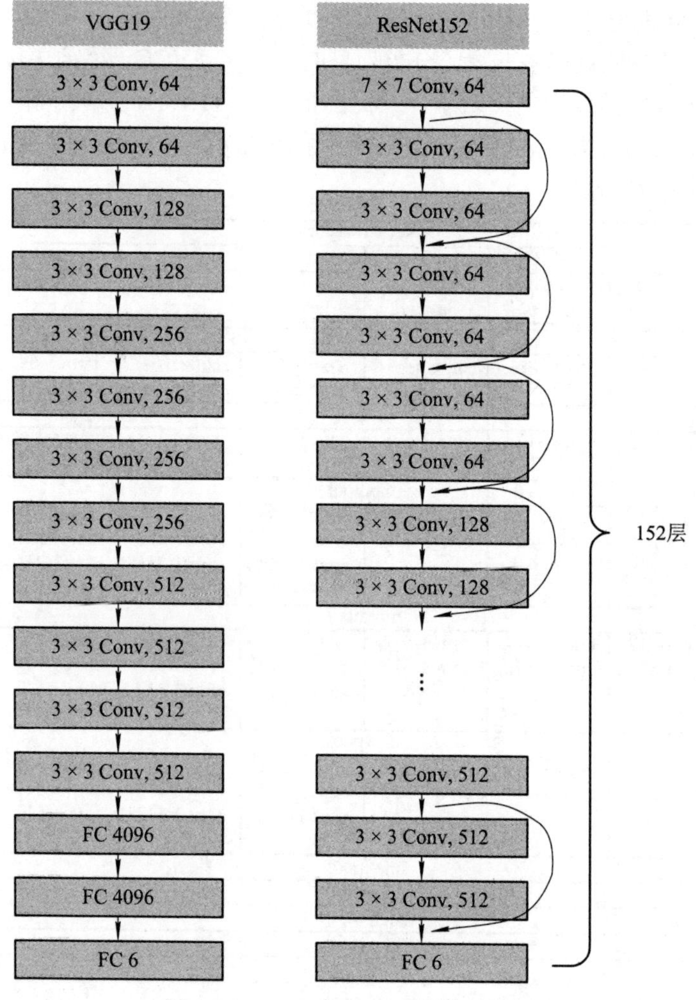

图 3-36　VGG 和 ResNet 网络结构对比

ResNet 最重要的改进在于使用了跳跃连接 Shortcut Connection 的结构，其结构如图 3-37 所示。该结构一共有两个分支：一个是将输入的 x 跨层传递，另一个就是函数 $F(x)$。将这两个分支相加再送到激活函数中，这样的方式称作残差连接结构，可以解决模型退化的问题。

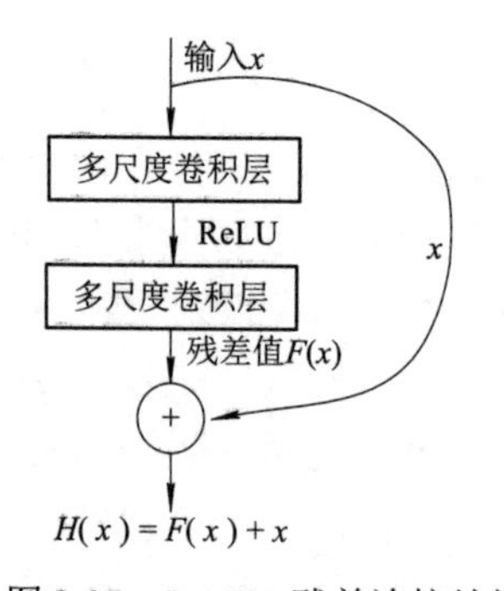

图 3-37　ResNet 残差连接结构

本 章 小 结

深度学习是以神经网络为基础，利用更深的网络的层次来挖掘信息。本章首先以全连接神经网络为例，介绍了神经网络前向传播和反向传播的原理，以及神经网络的一些组成模块。然后介绍了深度学习框架 PyTorch 和 Keras，给出了框架中一些常用的模块。最后介绍了在图像分类、图像分割等深度学习任务中常用的 CNN，并介绍了几种经典的 CNN 神经网络模型。

第 4 章　图 像 分 类

4.1　概　　述

认知心理学研究表明：在人类日常生活所获得的信息中，由视觉系统提供的信息量所占的比例超过了 80%，而图像则是视觉信息构成中最常用也是最基本的媒介。随着互联网的普及程度越来越高，人们每天工作、学习和生活中所接触、发布的图像与视频的数量也与日俱增。与单一的文字信息相比，视频图像信息更加生动和易于理解，极大地丰富和改善了人们的日常生活。面对网络中图像和视频数据爆炸式的增长，以快速、高效、准确的方式对其进行归类和管理就变得十分重要。又因为视频信息本身可看作是图像序列的有序组合，所以图像和视频分类管理可以归结为全面理解图像信息内容进而有效地分类和检索图像。

早期的图像分类采用的是人工标注的方式，但是在面对现今如此海量的图像数据库时，继续纯粹采用人工分类的方式，不仅会耗费巨大的财力和人力，而且分类的效率和精准度也非常低。因此迫切需要计算机代替人力劳动来摆脱单调枯燥的人工工作和提高图像分类的效率。图像分类处理技术所研究和解决的就是上述问题，该技术利用计算机视觉领域的相关技术来模拟人类的视觉系统，获得图像的抽象性表达，再结合模式识别相关技术来模拟人类的认知能力并进行图像的判别分类。

图像分类技术不仅有着重要的理论研究意义，其在生活实际中的应用也是十分广泛的。例如，在信息搜索领域中，国内著名的搜索引擎百度推出的百度识图工具实现了以图片作为用户唯一输入内容，并有效结合图像分类技术搜索出数据库中与输入图片关联度较高的图片与文字信息，这也是其与传统单纯文字信息搜索方式最大的不同之处；在生物特征识别领域中，人体虹膜、唇纹、指纹、步态等识别技术均采用了图像分类的相关方法来识别分类；在安全预防领域中，图像分类技术被应用于网站不良信息的过滤、车站监控中有异常行为旅客的警示与标注、森林火灾的及时发现与预防等工作中。图像分类技术还被应用于医学影像检测、汽车无人驾驶、交通拥堵状况监测、地质勘探、航空航海等诸多领域中。

图像分类即给定一幅输入图像，通过某种分类算法来判断该图像所属的类别。图像分类的划分方式多样，其分类划分依据不同，分类结果也就不同。根据图像应用场景的不同，可将图像分类任务分为对象分类、场景分类、事件分类和情感分类。图像分类的主要流程包括图像预处理、图像特征描述和提取以及分类器的设计。图像预处理包括图像滤波(如中值滤波、均值滤波、高斯滤波等)和尺寸的归一化等操作，其主要作用是过滤图像中的一些无关信息，在简化数据的前提下最大限度地保留有用信息，增强特征提取的可靠性。特征提取是图像分类任务中最为关键的一部分，即将输入图像按照一定的规则变换生成另一种具有某些特性的特征表示，新的特征往往具有低维度、低冗余、低噪声、结构化等优点，从而降低了对分类器复杂度的要求，提高了模型性能。通过训练分类器对提取的特征进行分类，从而实现图像的分类。

传统的图像分类算法即按照上述流程进行处理，性能差异性主要依赖于特征提取及分类器选择两个方面。传统图像分类算法所采用的特征都是人工设计的，常用的图像特征有形状、纹理、颜色等底层视觉特征，还有尺度不变特征变换、局部二值模式、方向梯度直方图等局部不变特征等。这些特征虽然具有一定的普适性，但对具体的图像及特定的划分方式针对性不强，并且对于一些复杂场景的图像，要寻找能准确描述目标图像的人工特征绝非易事。目前海量、高维的数据也使得人工设计特征的难度呈指数级增加。在分类器方面，主要包括K-近邻(KNN)、支持向量机(SVM)、决策树、逻辑回归、人工神经网络等方法，对于一些简单图像分类任务，这些分类器实现简单，效果良好，但对于一些类别之间差异细微、图像干扰严重等问题，其分类精度则大打折扣，即传统分类器非常不适合复杂图像的分类。深度学习是机器学习的一种新兴算法，因其在图像特征学习方面具有显著效果而受到研究者们的广泛关注。相较于传统的图像分类方法，深度学习方法不需要对目标图像进行人工特征提取，而是通过神经网络自主地从训练样本中学习特征，提取出更高维、抽象的特征，并且这些特征和分类器关系紧密，很好地解决了人工提取特征和分类器选择的难题。

4.2 图像分类常用数据库

目前常用的图像分类数据库主要包括以下 5 个，且数据库在数据体量上及复杂程度上依次递增。

1. MNIST

MNIST 是图像分类领域最经典的一个数据库，包含 70 000 张 28 像素 × 28 像素的灰度图像，由数字 0～9 构成，共 10 个类别。训练集包含 60 000 个样本和 60 000 个标签，测试集包含 10 000 个样本和 10 000 个标签。

2. Fashion-MNIST

Fashion-MNIST 是一个类似 MNIST 数据库的时尚产品数据库，涵盖了来自 10 种类别的 70 000 张 28 像素 × 28 像素的灰度图像。Fashion-MNIST 的图像大小、格式和训练集、测试集划分与 MNIST 完全一致，即训练集包含 60 000 个样本和 60 000 个标签，测试集包含 10 000 个样本和 10 000 个标签。

3. CIFAR-10

CIFAR-10 数据库包含 60 000 张 32 像素 × 32 像素的彩色图像，由飞机、马、狗等 10

个类别构成，且 10 个类别之间相互独立，无任何重叠的情况。该训练集包含 50 000 个样本和 50 000 个标签，测试集包含 10 000 个样本和 10 000 个标签。

4. CIFAR-100

CIFAR-100 数据库同样包含 60 000 张 32 像素 × 32 像素的彩色图像，共 100 个类别。每个类别有 600 幅图像，包括 500 幅训练图像和 100 幅测试图像。不同于 CIFAR-10，该数据库又将 100 个类别划分为 20 个超类。

5. ImageNet

ImageNet 是一个计算机视觉系统识别项目，ImageNet 数据集是目前世界上图像识别最大的数据库，也是最常用的数据库，包含 1400 多万幅图像，涵盖 2 万多个类别，其中超过 100 万幅图像有明确的类别标注和主要物体的定位边框。图像分类、定位、检测等研究工作大部分基于此数据库展开。

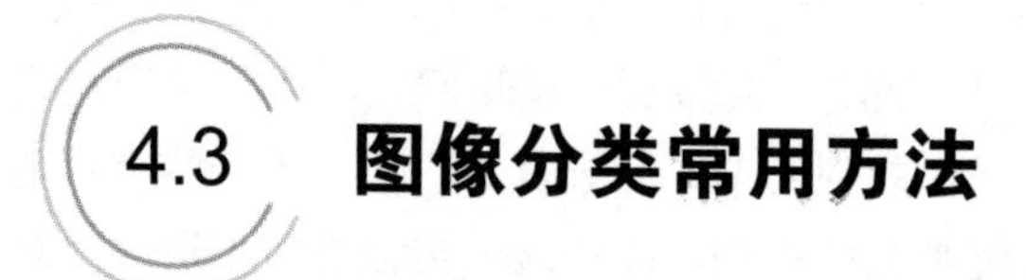

4.3 图像分类常用方法

本节主要介绍几种常见的图像分类方法。

4.3.1 决策树

1. 决策树原理

决策树是指通过一系列规则对数据进行分类的过程。决策树是一种树形结构，其中每个内部节点表示一个属性上的测试，每个分支代表一个测试输出，每个叶节点代表一种类别。决策树构建过程主要分为以下 3 个步骤：

(1) 特征选择。特征选择是指从训练数据的众多特征中选择一个特征作为当前节点的特征评估标准。由于特征评估标准与所选特征有关，从而产生出不同的决策树算法。

(2) 决策树生成。根据选择的特征评估标准，从根开始递归地生成子节点，直到数据集不可分则决策树停止生长。对于树结构来说，递归结构是最容易理解的方式。

(3) 剪枝。决策树容易过拟合，一般来说需要剪枝来缩小树结构规模、缓解过拟合。常用的剪枝技术有预剪枝和后剪枝两种。

2. 基于信息论的 3 种决策树算法

划分数据集的首要原则是使无序的数据变得有序。如果一个训练数据集中有 20 个特征，那么选取哪个特征做划分依据呢？这就必须采用量化的方法来判断。量化划分方法有多种，其中一种就是“信息论度量信息分类”。基于信息论的决策树算法有 ID3、CART 和 C4.5 等，其中 C4.5 和 CART 两种算法是从 ID3 算法中衍生而来的。

ID3 算法由 Ross Quinlan 发明，基于“奥卡姆剃刀”原则，该原则认为在解释现象时，较简单的解释通常优于复杂的解释。因此，ID3 算法倾向于构建较小的决策树。该算法通过信息增益来评估和选择特征，每次选择信息增益最大的特征作为判断模块，适用于处理标称型数据集(即类别数据集，其中每个特征是离散的类别标签)。ID3 没有内置的剪枝过程，为了避免过拟合，可以通过裁剪合并相邻的无法产生大量信息增益的叶子节点来简化决策树。ID3 算法的缺点是偏向于取值较多的属性，且无法处理连续分布的数据特征。为了解决这些问题，人们发展了 C4.5 算法和 CART 算法，前者可以处理连续数据并使用增益率作为特征选择标准，后者支持连续数据并构建二叉树，适用于分类和回归任务。

C4.5 是 ID3 的一个改进算法，继承了 ID3 算法的优点；同时 C4.5 算法用信息增益率来选择属性，解决了信息增益偏向选择取值多的属性的问题，并通过剪枝来提高树模型的性能；能够完成对连续属性的离散化处理；能够对不完整数据进行处理。C4.5 算法的分类规则易于理解，准确度高，但因为在树构造时需要多次扫描和排序数据集，所以效率较低。此外，C4.5 算法只适用于可以完全存放在内存中的数据集。

CART 算法采用的是 Gini 指数(选用 Gini 指数最小的特征 s)作为分裂标准，同时它也包含后剪枝操作。ID3 和 C4.5 算法虽然能充分挖掘信息，但它们生成的决策树通常较大。为了简化决策树的规模，提高生成决策树的效率，就出现了根据 Gini 指数来选择测试属性的决策树算法 CART。

3. 决策树的优缺点

决策树适用于数值型和标称型(离散型数据，变量的结果只在有限目标集中取值)，能够读取数据集合，提取数据中蕴含的规则。在分类问题中使用决策树模型有很多优点：决策树计算复杂度不高、便于使用、高效；决策树可处理具有不相关特征的数据；决策树可很容易地构造出易于理解的规则。决策树模型也有一些缺点：处理缺失数据时比较困难、过度拟合、会忽略数据集中属性之间的相关性等。

4.3.2 K-近邻算法

1. K-近邻算法原理

K-近邻算法的工作原理是：存在一个样本数据集合，该集合也称作训练样本集，并且每个样本集中的每个数据都存在标签，该标签记录了样本集中每一数据与所属分类的对应关系。首先输入没有标签的新数据，算法会将新数据的每个特征和样本集中数据对应的特征进行比较。然后算法提取样本集中特征最相似数据(最近邻)的分类标签，一般只需选择样本数据集中前 k 个最相似的数据，这就是 K-邻近算法中 k 的出处。最后选择 k 个最相似数据中出现次数最多的分类，作为新数据的分类。K-近邻算法是无参数学习，这意味着对分类数据的分布可以作出任意假设。该算法是基于实例的，即该算法没有显式的学习模型。相反，它选择的是记忆训练实例，并在一个有监督的学习环境中使用。K-近邻算法的实现过程主要包括以下三部分：

(1) 距离计算方式的选择。选择一种距离计算方式，计算测试数据与各个训练数据之间的距离。距离计算方式一般选择欧氏距离或曼哈顿距离。

给定训练集为 $\boldsymbol{X}_{\text{train}} = (\boldsymbol{x}^{(1)}, \boldsymbol{x}^{(2)}, \boldsymbol{x}^{(3)}, \cdots, \boldsymbol{x}^{(i)})$，测试集为 $\boldsymbol{X}_{\text{test}} = (\boldsymbol{x}'^{(1)}, \boldsymbol{x}'^{(2)}, \boldsymbol{x}'^{(3)}, \cdots, \boldsymbol{x}'^{(j)})$，在每个样本中有 l 个特征，如训练集中的 $\boldsymbol{x}^{(1)}$，有 $\{x_1^{(1)}, x_2^{(1)}, x_3^{(1)}, \cdots, x_l^{(1)}\}$，则欧氏距离为

$$d(\boldsymbol{x}^{(i)}, \boldsymbol{x}'^{(j)}) = \sqrt{\sum_{m=1}^{l} (x_m^{(i)} - x_m'^{(j)})^2} \tag{4-1}$$

曼哈顿距离为

$$d(\boldsymbol{x}^{(i)}, \boldsymbol{x}'^{(j)}) = \sum_{m=1}^{l} \left| x_m^{(i)} - x_m'^{(j)} \right| \tag{4-2}$$

(2) k 值选取。在计算测试数据与各个训练数据之间的距离之后，要做两方面工作：首先，按照距离递增次序进行排序，选取距离最小的 k 个点，一般会先选择较小的 k 值；然后，进行交叉验证选取最优的 k 值。k 值较小时，整体模型会变得复杂，且对近邻的训练数据较为敏感，容易出现欠拟合；k 值较大时，模型则会趋于简单，此时较远的训练数据点也会起到预测作用，容易出现过拟合。

(3) 分类的决策规则。常用的分类决策规则是取 k 个近邻训练数据中类别出现次数最多者作为输入新实例的类别。即首先确定前 k 个点所在类别出现的频率。对于离散分类，返回前 k 个点出现频率最多的类别作预测分类；对于回归，返回前 k 个点的加权值作为预测值。

2. K-近邻算法的优缺点

K-近邻算法主要是靠周围有限的邻近样本，而不是靠判别类域的方法来确定所属类别的，因此对于类域中的交叉或重叠较多的待分样本集来说，K-近邻算法较其他算法更为适合，并且其简单、易于实现、易于理解、无需训练、理论成熟、思想简单，既可以用作分类，也可以用作回归。K-近邻算法也有一些缺点，比如如果训练数据集很大，由于必须对数据集中的每个数据计算距离值，实际使用可能非常耗时；最核心的缺陷就是它无法给出任何数据的基础结构信息，因此也无法知晓平均实例样本和典型实例样本具有什么特征。

4.3.3 逻辑回归

1. 逻辑回归的原理

逻辑回归(Logistic Regression，LR)模型是一种广义线性回归模型，它是利用了一个 Logistic 函数 $L = \dfrac{1}{1+\mathrm{e}^{-z}}$ (如图 4-1 所示)让线性回归 $z = \boldsymbol{w}^{\mathrm{T}}\boldsymbol{x} + b$ 能够拟合逼近一个决策边界，使得按照这个决策边界对数据分类后损失最小，它的表达式为

$$h_w(\boldsymbol{x}) = \frac{1}{1+\mathrm{e}^{-z}} = \frac{1}{1+\mathrm{e}^{-(\boldsymbol{w}^{\mathrm{T}}\boldsymbol{x}+b)}} \tag{4-3}$$

当 $z > 0$ 时，对应样本的正例，z 越趋近于正无穷，L 越趋近于 1；当 $z < 0$ 时，对应样本的负例，z 越趋近于负无穷，L 越趋近于 0，相当于利用回归的思想来解决分类问题。在进行逻辑回归分析后，可以得到特征的权重 $\boldsymbol{w}$，$\boldsymbol{w}$ 越大说明这个特征对分类的结果影响越大。

在逻辑回归中，比较常用的损失函数是交叉熵，对于 n 个样本的损失函数：

$$L_w(\boldsymbol{x}, \boldsymbol{y}) = -\frac{1}{n}\left[\sum_{i=1}^{n}(y^{(i)} \ln h_w(x^{(i)}) - (1-y^{(i)})\ln(1-h_w(x^{(i)})))\right] \tag{4-4}$$

式中：$x^{(i)}$为样本的值；$y^{(i)}$是样本的标签值，在二元逻辑回归中 $y^{(i)} \in \{0, 1\}$；$\boldsymbol{w}$ 为特征权重。在整个逻辑回归模型学习过程中求得最优的决策边界使得模型有一个好的分类效果，实际上是一个求解特征权重 $\boldsymbol{w}$ 使得损失函数最小的过程。

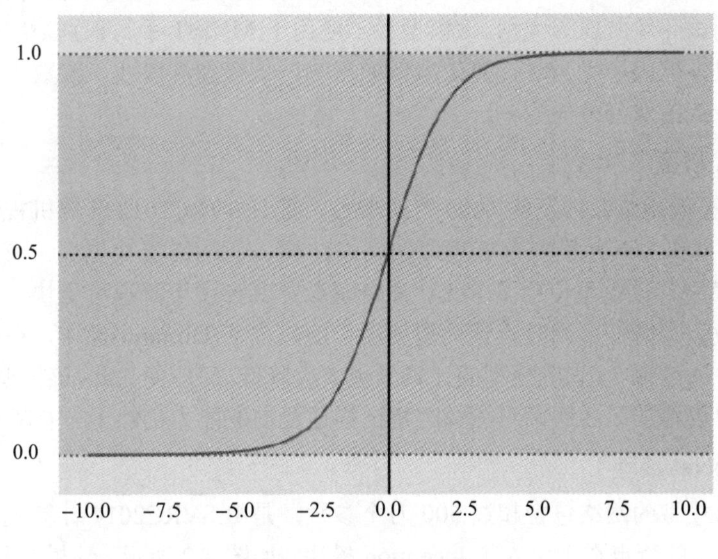

图 4-1　Logistic 函数

2. 逻辑回归的优缺点

使用逻辑回归模型对图像进行分类的优点有：训练速度快，因为计算量仅仅只和特征的数目相关；简单易理解，模型的可解释性非常好；从特征的权重可以看到不同的特征对最后结果的影响。逻辑回归也有一些缺陷：只能处理线性问题，对于非线性问题无法处理；准确率不是很高；很难处理数据不平衡问题。

4.3.4　基于卷积神经网络的图像分类

通过卷积神经网络进行图像分类较之传统的图像分类方法最大的优势是：不需要针对特定的图像数据集或分类方式提取具体的人工特征，而是通过模拟大脑的视觉处理机制对图像进行层次化的抽象，并自动筛选特征，从而实现对图像个性化的分类任务。这很好地解决了传统图像分类方法中人工提取特征这一难题，真正地实现了智能化。

常用于图像分类的经典 CNN 网络结构模型种类众多，如 LeNet、AlexNet、GoogLeNet、VGGNet、ResNet 等。下面仅对 CNN 最初的模型以及历届大赛中获得冠亚军，且较之前网络结构创新性较大的图像分类模型以及其优缺点作简要分析。

1. LeNet 模型

LeNet 模型诞生于 1994 年，是最早的卷积神经网络之一，也是深度学习领域的奠基之作。其网络共涉及约 60 000 个参数。该模型的基本结构为 Conv1(6)→Pool1→Conv2(16)→Pool2→Fc3(120)→Fc4(84)→Fc5(10)→Softmax，括号中的数字代表通道数。其中，卷积(Conv)层用于提取空间特征，池化(Pool)层进行映射到空间均值下采样(Subsample)，全连接层(Full-connection，Fc)将前层是卷积层的输出转化为卷积核为 $h \times w$ 的全局卷积，其中 h 和 w 分别为前层卷积结果的高和宽；在 LeNet 模型中全连接层将前层是全连接层的输出转化为卷积核为 1×1 的卷积。该层起到将“分布式特征表述”映射到样本标记空间的作用。最后，输出(Output)层采用 Softmax 分类器，其输出为一个向量，元素个数等于总类别个数，元素值为测试图像在各个分类上的评分(各个分类上的元素值加起来为 1)，元素值最大的那一类即被认定为该测试图像所属的类别。该模型最早应用于 MNIST 手写识别数字的识别并且取得了不错的效果，但由于受当时计算效率低的影响，该模型深度浅、参数少且结构单一，并不适用于复杂的图像分类任务。

2. AlexNet 模型

AlexNet 模型的网络共涉及约 6000 万个参数，是 ILSVRC2012 计算机视觉竞赛冠军网络。AlexNet 模型和 LeNet 模型有着相似的网络结构，但网络层数更深，有更多的参数。相较于 LeNet 模型，该模型使用了 ReLU 激活函数，其梯度下降速度更快，因而训练模型所需的迭代次数大大降低。同时，该模型使用了随机失活(Dropout)操作，在一定程度上避免了因训练产生的过拟合，训练模型的计算量也大大降低。但即便如此，该模型相较于 LeNet 模型，其深度仅仅增加了 3 层，对图像的特征描述及提取能力仍然十分有限。

3. GoogLeNet 模型

GoogLeNet 模型的网络包含超过 500 万个参数，是 ILSVRC2014 计算机视觉竞赛冠军网络。该模型最大的特点在于引入了 Inception 模块，如图 4-2 所示。该模块共有 4 个分支：第一个分支对输入进行 1 × 1 卷积，它可以跨通道组织信息，提高网络的表达能力；第二个分支先使用了 1 × 1 卷积，然后连接 3 × 3 卷积，相当于进行了两次特征变换；第三个分支类似，先是使用 1 × 1 的卷积，然后连接 5 × 5 卷积；最后一个分支则是 3 × 3 最大池化后直接使用 1 × 1 卷积。该 Inception 模块的引入大大提高了参数的利用率，其原因在于：一般来说卷积层要提升表达能力，主要依靠增加输出通道数，但缺点是计算量增大和过拟合。每一个输出通道对应一个滤波器，同一个滤波器共享参数，只能提取一类特征，因此一个输出通道只能用作一种特征处理。而该模型允许在输出通道之间进行信息组合，因此效果明显。同时该模块使用 1 × 1 卷积核对输入进行降维，也大大减少了参数量。GoogLeNet 模型相较于之前的网络模型其深度大大增加，达到了史无前例的 22 层。由于其参数量仅为 AlexNet 的 1/12，模型的计算量大大减小，但对图像分类的精度又上升到了一个新的台阶。虽然 GoogLeNet 模型层次达到了 22 层，但想更进一步加深层次却异常困难，原因在于随着模型层次的加深，梯度弥散问题愈发严重，使得网络难以训练。

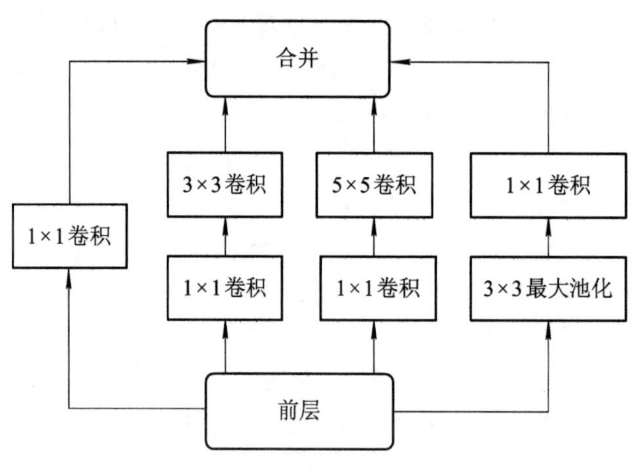

图 4-2 Inception 模块

4. VGGNet 模型

VGGNet 模型是 ILSVRC2014 计算机视觉竞赛亚军网络，它是由 AlexNet 模型发展而来的，主要修改了如下两个方面：

(1) 使用几个带有小滤波器的卷积层代替一个大滤波器的卷积层，即卷积层使用的卷积核较小，但增加了模型的深度；

(2) 采用多尺度(Multi-scale)训练策略，具体来说，首先将原始图像等比例缩放，保证短边像素数量大于 224，再在经过处理的图像上随机选取 224 像素 × 224 像素窗口，因为物体尺度变化多样，这种训练策略可以更好地识别物体。

VGGNet 模型虽然在 ILSVRC2014 计算机视觉竞赛上没有获得冠军，但其与冠军的成绩相差无几，原因在于上述两点改进对该模型的学习能力提供了非常大的帮助。但该网络使用的参数过多，训练速度缓慢，后续研究仍可在此问题上继续优化。

5. ResNet 模型

ResNet 模型是 ILSVRC2015 计算机视觉竞赛冠军网络。该模型旨在解决“退化”问题，即当模型的层次深度增加后错误率却提高了。其原因在于：当模型变复杂时，随机梯度下降(Stochastic Gradient Descent，SGD)方法更新梯度困难，导致模型达不到好的学习效果。因此，作者提出了 Residual 结构，如图 4-3 所示，即增加一个恒等映射，将原始输入 x(恒等映射)添加到中间表示 $F(x)$上，得到 $F(x)+x$。这个操作允许网络学习如何调整输入数据，而不是学习如何从头开始表示整个函数 $H(x)$。该模型的出现使得网络模型深度在很大范围内不受限制(目前可达到 1000 层以上)，对后续卷积神经网络的发展产生了深远的影响。

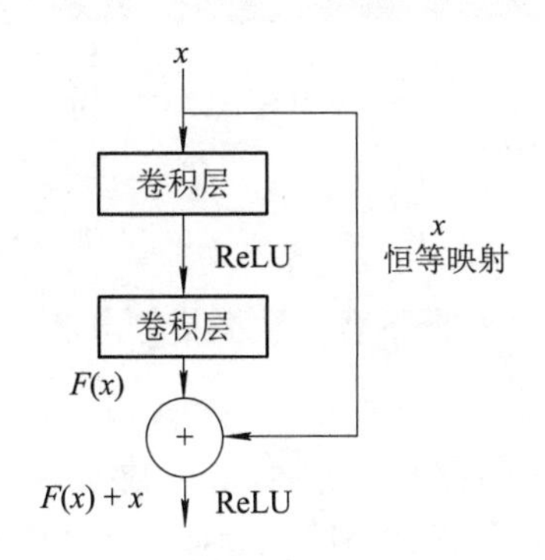

图 4-3 Residual 结构

4.4 图像分类实现

本书采用的是常用的 CIFAR-10 数据集，此数据集包含 60 000 张 32 像素 × 32 像素的图片，每张图片都有一个类别标注，共有 10 个类别，分成了 50 000 张的训练集和 10 000 张的测试集。图 4-4 展示了 10 个类别和对应的一些示例图片。

图 4-4　CIFAR-10 数据集

4.4.1　数据准备

数据准备阶段一般需要完成数据下载、数据集划分和数据加载这 3 个步骤。

1. 数据下载

数据下载可以通过 datasets.CIFAR10()函数加载数据库。因为 PyTorch 的子库 torchvision 中包含有 CIFAR-10 数据，所以只需调用库 datasets.CIFAR10()即可自动下载数据集。由于数据集较大，数据下载可能比较缓慢。datasets.CIFAR10()有 4 个参数，分别是 root、train、download 和 transform。

(1) root：表示 CIFAR-10 数据加载的相对目录。

(2) train：表示是否加载数据库的训练集，当值为 False 时加载测试集。

(3) download：表示是否自动下载 CIFAR-10 数据集。

(4) transform：表示是否需要对数据进行预处理，当值为 None 时不进行预处理。

加载 CIFAR-10 数据的代码如下：

```
from torchvision import datasets
import torchvision.transforms as transforms
import torch
```

```
import numpy as np
from torch.utils.data.sampler import SubsetRandomSampler
#用于加载数据的子进程数
num_workers = 0
#每个 batch 加载 16 张图片
batch_size = 16
#训练集中划分 20%作为验证集
valid_size = 0.2
#将数据转换为 torch.FloatTensor，并归一化
transform = transforms.Compose([
    transforms.ToTensor(),
    transforms.Normalize((0.5, 0.5, 0.5), (0.5, 0.5, 0.5))
    ])
#选择训练集与测试集的数据
train_data = datasets.CIFAR10('data', train=True,
                              download=True, transform=transform)
test_data = datasets.CIFAR10('data', train=False,
                             download=True, transform=transform)
```

2. 数据集划分

下载完数据的训练集和测试集后，还需将训练数据随机打乱分为训练集和验证集，以保证在训练时可以验证模型准确性，得到最优模型参数。PyTorch 提供的随机采样的方法 SubsetRandomSampler()能够按照给定的索引列表顺序放置采样的样本元素。

```
#获取训练图片的索引
num_train = len(train_data)
indices = list(range(num_train))
#所有图片打乱，随机抽取
np.random.shuffle(indices)
split = int(np.floor(valid_size * num_train))
train_idx, valid_idx = indices[split:], indices[:split]
#把训练集和验证集放入 Sampler 中
train_sampler = SubsetRandomSampler(train_idx)
valid_sampler = SubsetRandomSampler(valid_idx)
```

3. 数据加载

最后为每个数据集创建 DataLoader 加载，这样就完成了数据集的构建。PyTorch 提供了生成 batch 数据(批数据)的类，PyTorch 用类 torch.utils.data.DataLoader 加载数据，并对数据进行采样，生成 batch 迭代器。

DataLoader 的参数如表 4-1 所示。

表 4-1　DataLoader 的参数

参数名称	含　义
dataset	要加载的数据集类型
batch_size	每个 batch 包含样本的个数，默认为 1
shuffle	是否在每个 epoch 中将数据进行打乱
sampler	从数据集中采样的策略
batch_sampler	与 sampler 类似，但一次返回一批样本的指标
num_workers	加载数据时使用多少个子进程
collate_fn	定义如何合并样本列表以形成一个 mini-batch
pin_memory	如果为 True，则数据加载器会将张量复制到 CUDA 固定内存中，然后返回它们
drop_last	如果设定为 True，则最后一个不完整的 batch 将被丢弃，确保每个 batch 都包含完整的样本

加载数据的代码如下：

```
#加载数据(包含数据和采样器)
train_loader = torch.utils.data.DataLoader(train_data, batch_size=batch_size,
    sampler=train_sampler, num_workers=num_workers)
valid_loader = torch.utils.data.DataLoader(train_data, batch_size=batch_size,
    sampler=valid_sampler, num_workers=num_workers)
test_loader = torch.utils.data.DataLoader(test_data, batch_size=batch_size,
    num_workers=num_workers)
#图像分类中的 10 个类别
classes = ['airplane', 'automobile', 'bird', 'cat', 'deer',
          'dog', 'frog', 'horse', 'ship', 'truck']
```

因为数据集中的图像有 3 个颜色通道，长宽尺寸都为 32 像素，一共 3 × 32 × 32 个像素，若用 CPU 训练可能需要花费较长的时间，所以在训练过程中最好用 GPU 来加速。下面的代码可以自动识别 GPU 是否可用，若 GPU 可用，则自动调用 GPU 来进行训练，否则使用 CPU。

```
import torch
import numpy as np
#检查是否可以利用 GPU
train_on_gpu = torch.cuda.is_available()
if not train_on_gpu:
    print('CUDA is not available.')
else:
    print('CUDA is available!')
```

通过以下代码可以查看训练集的一批样本。

```
import torch
import numpy as np
import matplotlib.pyplot as plt
```

```
import torchvision

#定义显示方法
def imshow(img):
    """
    显示图像
    参数:
        img (torch.Tensor): 输入图像数据，形状为 [C, H, W](通道，高度，宽度)
    """
    img = img / 2 + 0.5  #反归一化处理，将像素值从[0,1]区间转回到[-1,1]区间
    npimg = img.numpy()  #转换为 numpy 数组
    plt.imshow(np.transpose(npimg, (1, 2, 0)))  #转置图像，变为 [H, W, C]
    plt.show()

#加载图像(确保 trainloader 已定义)
dataiter = iter(trainloader)  #从数据加载器中获取批数据
images, labels = next(dataiter)  #获取下一批数据

#显示图像(确保 torchvision 已导入)
print(' '.join('%5s' % classes[labels[j]] for j in range(len(labels))))  #打印图像标签
imshow(torchvision.utils.make_grid(images))  #将图像网格化并显示
```

输出结果如图 4-5 所示。

```
truck  deer  bird automobile
```

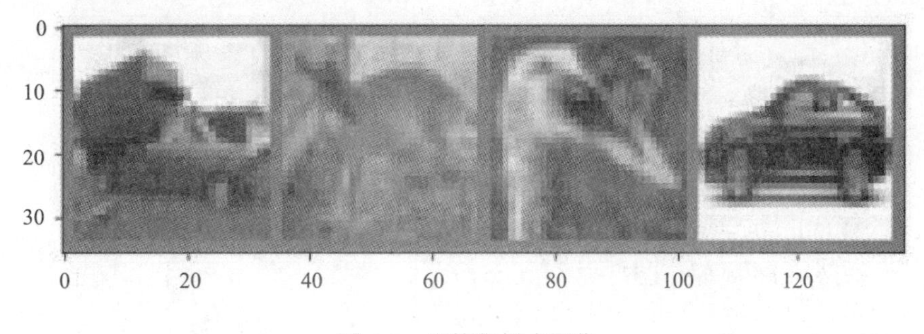

图 4-5 训练集样本图像

4.4.2 分类网络搭建

因为 PyTorch 模型中已有封装好的库可以调用，因此仅需设计结构即可搭建出所需要的网络。本节用了 3 层卷积层、3 层池化层、2 层全连接层、1 层 Dropout 层搭建卷积神经分类网络。搭建网络过程中使用的函数如表 4-2 所示。

表 4-2　分类网络搭建使用的函数

函 数	功　　能
torch.nn.Linear()	全连接层中重要的参数如下： in_features：输入的神经元个数； out_features：输出的神经元个数； bias：是否包含偏置
torch.nn.Conv2d()	卷积层中重要的参数如下： in_channels：输入信号的通道； out_channels：卷积产生的通道； kerner_size：卷积核的尺寸； stride：卷积步长
torch.nn. Dropout()	Dropout 函数让每个神经元以一定概率 p 输出为零

网络搭建的代码如下：

```
import torch.nn as nn
import torch.nn.functional as F

#定义卷积神经网络结构
class Net(nn.Module):
    def __init__(self):
        super(Net, self).__init__()
        #卷积层 (32×32×3 尺寸的图像输入)
        self.conv1 = nn.Conv2d(3, 16, 3, padding=1)
        #卷积层 (16×16×16 尺寸的特征图)
        self.conv2 = nn.Conv2d(16, 32,3, padding=1)
        #卷积层 (8 × 8×32 尺寸的特征图)
        self.conv3 = nn.Conv2d(32, 64, 3, padding=1)
        #最大池化层
        self.pool = nn.MaxPool2d(2, 2)
        #全连接层 (64 * 4 * 4 -> 500)
        self.fc1 = nn.Linear(64 * 4 * 4, 500)
        #全连接层 (500 -> 10)
        self.fc2 = nn.Linear(500, 10)
        self.dropout = nn.Dropout(0.3)

    def forward(self, x):
        #添加卷积层和最大池化层的序列
        x = self.pool(F.relu(self.conv1(x)))
        x = self.pool(F.relu(self.conv2(x)))
        x = self.pool(F.relu(self.conv3(x)))
        #展平图像输入
        x = x.view(-1, 64 * 4 * 4)
```

```
        #添加 Dropout 层
        x = self.dropout(x)
        #添加第一个全连接层，使用 ReLU 激活函数
        x = F.relu(self.fc1(x))
        #再次添加 Dropout 层
        x = self.dropout(x)
        #添加第二个全连接层
        x = self.fc2(x)
        return x

#创建一个完整的卷积神经网络
model = Net()
print(model)

#如果 GPU 可用，则将模型移到 GPU 中进行训练
if torch.cuda.is_available():
    model.cuda()
```

运行结果如下：

```
Net(
  (conv1): Conv2d(3, 16, kernel_size=(3, 3), stride=(1, 1), padding=(1, 1))
  (conv2): Conv2d(16, 32, kernel_size=(3, 3), stride=(1, 1), padding=(1, 1))
  (conv3): Conv2d(32, 64, kernel_size=(3, 3), stride=(1, 1), padding=(1, 1))
  (pool): MaxPool2d(kernel_size=2, stride=2, padding=0, dilation=1, ceil_mode=False)
  (fc1): Linear(in_features=1024, out_features=500, bias=True)
  (fc2): Linear(in_features=500, out_features=10, bias=True)
  (dropout): Dropout(p=0.3, inplace=False)
)
```

可视化网络结构比直接输出更能高效地展现网络结构，这里使用一种可视化工具 PyTorchViz 库。通过该库可以轻松地可视化 PyTorch 深度学习模型的结构，包括层、连接和数据流。

首先通过 pip 安装 PyTorchViz 库，输入 pip install torchviz，安装成功后即可使用。可视化网络代码如下：

```
from torchviz import make_dot
x = torch.randn(1, 3, 32, 32).to("cuda" if train_on_gpu else "cpu").requires_grad_(True)
                    #定义一个网络的输入值,required_grad 表示是否自动求导
y = model(x)      #获取网络的预测值
MyNetVis = make_dot(y, params=dict(list(model.named_parameters()) + [('x', x)]))
MyNetVis.format = "png"
MyNetVis.directory = "data"     #指定文件生成的文件夹,data 是地址
MyNetVis.view()                 #生成文件
```

可视化网络效果如图 4-6 所示。

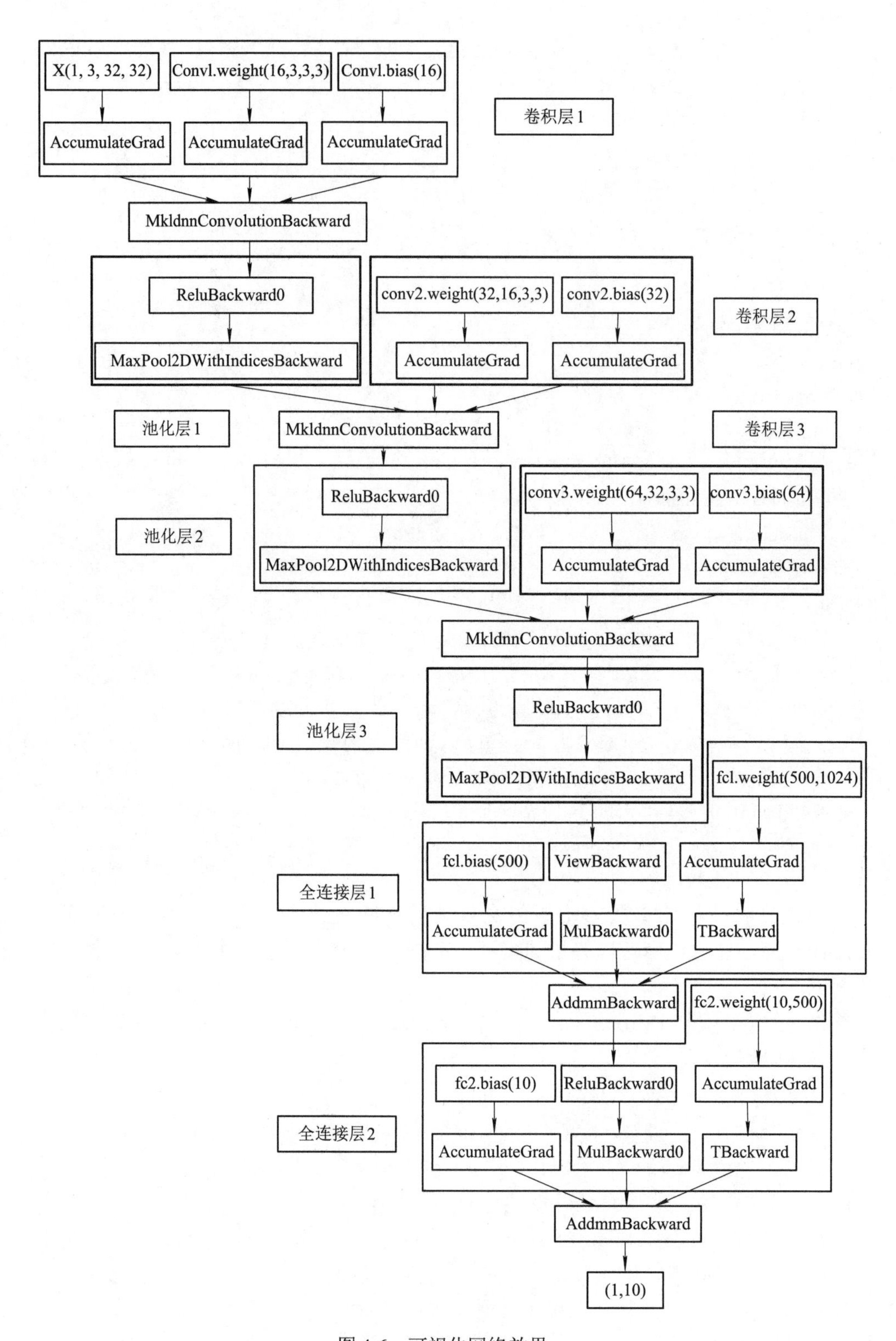

图 4-6　可视化网络效果

4.4.3　分类网络训练

分类网络训练首先确定损失函数和优化函数，在此选择交叉熵损失函数和随机梯度下降法优化函数。可以通过在 PyTorch 中直接调用 Optim 库进行反向传播。损失函数和梯度下降法优先函数初始化代码如下：

```
import matplotlib asplt
from torchrision.utils import make-grad
import torch.optim as optim
criterion = nn.CrossEntropyLoss()                          #使用交叉熵损失函数
optimizer = optim.SGD(model.parameters(), lr=0.01)         #使用随机梯度下降，学习率 lr=0.01
```

在模型开始训练前，需要选择合适的训练次数，而训练次数的选择需要不断地尝试，一个合格的训练次数，训练集和验证集的损失是随着训练次数增加而减少的，如果验证损失下降后出现增加，则表明可能出现了过拟合现象，选择的训练次数不合适。在本例中，训练次数设置为 30，如果设置超过 30(本例中设置为 50)，可以发现存在过拟合现象。模型训练代码如下：

```
#训练模型的次数
n_epochs = 30
valid_loss_min = np.Inf          #追踪验证集的损失值
for epoch in range(1, n_epochs+1):
    #初始化损失值
    train_loss = 0.0
    valid_loss = 0.0

    ###################
    # 训练集的模型 #
    ###################
    model.train()
    for data, target in train_loader:
      #如果 CUDA 可以，则使用 GPU 进行训练
      if train_on_gpu:
          data, target = data.cuda(), target.cuda()
      #清楚所有优化变量的梯度，因为每次新的迭代后会有新的输入
      optimizer.zero_grad()
      #前向传播
      output = model(data)
      #计算损失函数
      loss = criterion(output, target)
      #反向传播
```

```
            loss.backward()
            #参数更新
            optimizer.step()
            #训练损失更新
            train_loss += loss.item()*data.size(0)

        ######################
        #验证集的模型
        ######################
        model.eval()
        for data, target in valid_loader:
            if train_on_gpu:
                data, target = data.cuda(), target.cuda()
            output = model(data)
            loss = criterion(output, target)
            valid_loss += loss.item()*data.size(0)
        #计算平均损失
        train_loss = train_loss/len(train_loader.sampler)
        valid_loss = valid_loss/len(valid_loader.sampler)
        #显示训练集与验证集的损失函数
        print('Epoch: {} \tTraining Loss: {:.6f} \tValidation Loss: {:.6f}'.format(
            epoch, train_loss, valid_loss))
        #如果验证集损失函数减少，就保存模型
        if valid_loss <= valid_loss_min:
            print('Validation loss decreased ({:.6f} --> {:.6f}).   Saving model ...'.format
(valid_loss_min,valid_loss))
            torch.save(model.state_dict(), 'model_cifar.pt')
            valid_loss_min = valid_loss
```

在分别进行 30 轮和 50 轮训练后的结果如下：

```
epoch=30：
Epoch: 1    Training Loss: 2.067194      Validation Loss: 1.686931
Validation loss decreased (inf --> 1.686931).   Saving model ...
Epoch: 2    Training Loss: 1.601103      Validation Loss: 1.441372
Validation loss decreased (1.686931 --> 1.441372).   Saving model ...
Epoch: 3    Training Loss: 1.422807      Validation Loss: 1.330972
Validation loss decreased (1.441372 --> 1.330972).   Saving model ...
Epoch: 4    Training Loss: 1.296136      Validation Loss: 1.205008
Validation loss decreased (1.330972 --> 1.205008).   Saving model ...
Epoch: 5    Training Loss: 1.194118      Validation Loss: 1.100751
```

```
Validation loss decreased (1.205008 --> 1.100751).   Saving model ...
Epoch: 6   Training Loss: 1.109989      Validation Loss: 1.038716
Validation loss decreased (1.100751 --> 1.038716).   Saving model ...
Epoch: 7   Training Loss: 1.042887      Validation Loss: 1.008007
Validation loss decreased (1.038716 --> 1.008007).   Saving model ...
Epoch: 8   Training Loss: 0.984570      Validation Loss: 0.920009
Validation loss decreased (1.008007 --> 0.920009).   Saving model ...
Epoch: 9   Training Loss: 0.936111      Validation Loss: 0.897545
Validation loss decreased (0.920009 --> 0.897545).   Saving model ...
Epoch: 10  Training Loss: 0.891822      Validation Loss: 0.862403
Validation loss decreased (0.897545 --> 0.862403).   Saving model ...
Epoch: 11  Training Loss: 0.845517      Validation Loss: 0.827390
Validation loss decreased (0.862403 --> 0.827390).   Saving model ...
Epoch: 12  Training Loss: 0.818998      Validation Loss: 0.813499
Validation loss decreased (0.827390 --> 0.813499).   Saving model ...
Epoch: 13  Training Loss: 0.778690      Validation Loss: 0.784840
Validation loss decreased (0.813499 --> 0.784840).   Saving model ...
Epoch: 14  Training Loss: 0.746004      Validation Loss: 0.782810
Validation loss decreased (0.784840 --> 0.782810).   Saving model ...
Epoch: 15  Training Loss: 0.716913      Validation Loss: 0.758543
Validation loss decreased (0.782810 --> 0.758543).   Saving model ...
Epoch: 16  Training Loss: 0.689714      Validation Loss: 0.761434
Epoch: 17  Training Loss: 0.662253      Validation Loss: 0.758797
Epoch: 18  Training Loss: 0.638664      Validation Loss: 0.717448
Validation loss decreased (0.758543 --> 0.717448).   Saving model ...
Epoch: 19  Training Loss: 0.615012      Validation Loss: 0.719055
Epoch: 20  Training Loss: 0.589541      Validation Loss: 0.699589
Validation loss decreased (0.717448 --> 0.699589).   Saving model ...
Epoch: 21  Training Loss: 0.568790      Validation Loss: 0.719276
Epoch: 22  Training Loss: 0.548774      Validation Loss: 0.698656
Validation loss decreased (0.699589 --> 0.698656).   Saving model ...
Epoch: 23  Training Loss: 0.526470      Validation Loss: 0.698017
Validation loss decreased (0.698656 --> 0.698017).   Saving model ...
Epoch: 24  Training Loss: 0.511128      Validation Loss: 0.712723
Epoch: 25  Training Loss: 0.489166      Validation Loss: 0.749227
Epoch: 26  Training Loss: 0.473626      Validation Loss: 0.699612
Epoch: 27  Training Loss: 0.458955      Validation Loss: 0.699582
Epoch: 28  Training Loss: 0.442360      Validation Loss: 0.702245
Epoch: 29  Training Loss: 0.432822      Validation Loss: 0.699191
```

```
Epoch: 30  Training Loss: 0.413282      Validation Loss: 0.731493

epoch=50
Epoch: 1   Training Loss: 2.066864      Validation Loss: 1.706630
Validation loss decreased (inf --> 1.706630).  Saving model ...
Epoch: 2   Training Loss: 1.611192      Validation Loss: 1.446103
Validation loss decreased (1.706630 --> 1.446103).  Saving model ...
Epoch: 3   Training Loss: 1.440191      Validation Loss: 1.323499
Validation loss decreased (1.446103 --> 1.323499).  Saving model ...
Epoch: 4   Training Loss: 1.318939      Validation Loss: 1.216902
Validation loss decreased (1.323499 --> 1.216902).  Saving model ...
Epoch: 5   Training Loss: 1.225977      Validation Loss: 1.116348
Validation loss decreased (1.216902 --> 1.116348).  Saving model ...
Epoch: 6   Training Loss: 1.146026      Validation Loss: 1.046873
Validation loss decreased (1.116348 --> 1.046873).  Saving model ...
Epoch: 7   Training Loss: 1.077767      Validation Loss: 0.992688
Validation loss decreased (1.046873 --> 0.992688).  Saving model ...
Epoch: 8   Training Loss: 1.018777      Validation Loss: 0.954644
Validation loss decreased (0.992688 --> 0.954644).  Saving model ...
Epoch: 9   Training Loss: 0.966937      Validation Loss: 0.941466
Validation loss decreased (0.954644 --> 0.941466).  Saving model ...
Epoch: 10  Training Loss: 0.920240      Validation Loss: 0.882606
Validation loss decreased (0.941466 --> 0.882606).  Saving model ...
Epoch: 11  Training Loss: 0.881976      Validation Loss: 0.867023
Validation loss decreased (0.882606 --> 0.867023).  Saving model ...
Epoch: 12  Training Loss: 0.837443      Validation Loss: 0.833058
Validation loss decreased (0.867023 --> 0.833058).  Saving model ...
Epoch: 13  Training Loss: 0.800642      Validation Loss: 0.808797
Validation loss decreased (0.833058 --> 0.808797).  Saving model ...
Epoch: 14  Training Loss: 0.771365      Validation Loss: 0.782526
Validation loss decreased (0.808797 --> 0.782526).  Saving model ...
Epoch: 15  Training Loss: 0.732496      Validation Loss: 0.759568
Validation loss decreased (0.782526 --> 0.759568).  Saving model ...
Epoch: 16  Training Loss: 0.709768      Validation Loss: 0.753806
Validation loss decreased (0.759568 --> 0.753806).  Saving model ...
Epoch: 17  Training Loss: 0.680618      Validation Loss: 0.753005
Validation loss decreased (0.753806 --> 0.753005).  Saving model ...
Epoch: 18  Training Loss: 0.650222      Validation Loss: 0.743979
Validation loss decreased (0.753005 --> 0.743979).  Saving model ...
```

```
Epoch: 19  Training Loss: 0.629627        Validation Loss: 0.711554
Validation loss decreased (0.743979 --> 0.711554).  Saving model ...
Epoch: 20  Training Loss: 0.606012        Validation Loss: 0.719361
Epoch: 21  Training Loss: 0.580414        Validation Loss: 0.723143
Epoch: 22  Training Loss: 0.561880        Validation Loss: 0.734266
Epoch: 23  Training Loss: 0.539544        Validation Loss: 0.723717
Epoch: 24  Training Loss: 0.522420        Validation Loss: 0.705585
Validation loss decreased (0.711554 --> 0.705585).  Saving model ...
Epoch: 25  Training Loss: 0.500660        Validation Loss: 0.727131
Epoch: 26  Training Loss: 0.488971        Validation Loss: 0.702921
Validation loss decreased (0.705585 --> 0.702921).  Saving model ...
Epoch: 27  Training Loss: 0.464553        Validation Loss: 0.697511
Validation loss decreased (0.702921 --> 0.697511).  Saving model ...
Epoch: 28  Training Loss: 0.454762        Validation Loss: 0.695990
Validation loss decreased (0.697511 --> 0.695990).  Saving model ...
Epoch: 29  Training Loss: 0.437591        Validation Loss: 0.695157
Validation loss decreased (0.695990 --> 0.695157).  Saving model ...
Epoch: 30  Training Loss: 0.427184        Validation Loss: 0.709436
Epoch: 31  Training Loss: 0.416120        Validation Loss: 0.706774
Epoch: 32  Training Loss: 0.399345        Validation Loss: 0.710486
Epoch: 33  Training Loss: 0.390856        Validation Loss: 0.724108
Epoch: 34  Training Loss: 0.378274        Validation Loss: 0.738552
Epoch: 35  Training Loss: 0.364478        Validation Loss: 0.731088
Epoch: 36  Training Loss: 0.359235        Validation Loss: 0.729142
Epoch: 37  Training Loss: 0.349473        Validation Loss: 0.721860
Epoch: 38  Training Loss: 0.335668        Validation Loss: 0.719527
Epoch: 39  Training Loss: 0.328961        Validation Loss: 0.738831
Epoch: 40  Training Loss: 0.320045        Validation Loss: 0.735886
Epoch: 41  Training Loss: 0.320524        Validation Loss: 0.750864
Epoch: 42  Training Loss: 0.316757        Validation Loss: 0.748751
Epoch: 43  Training Loss: 0.300092        Validation Loss: 0.761960
Epoch: 44  Training Loss: 0.295938        Validation Loss: 0.768539
Epoch: 45  Training Loss: 0.288060        Validation Loss: 0.751262
Epoch: 46  Training Loss: 0.283382        Validation Loss: 0.775538
Epoch: 47  Training Loss: 0.277926        Validation Loss: 0.763475
Epoch: 48  Training Loss: 0.271409        Validation Loss: 0.754193
Epoch: 49  Training Loss: 0.269377        Validation Loss: 0.762193
Epoch: 50  Training Loss: 0.267966        Validation Loss: 0.777411
```

从以上结果可以看出，在 Epoch 大于 30 后，验证损失逐渐增大，表明存在过拟合现象。出现这种情况的原因可能是权值学习迭代次数过多(Overtraining)，拟合了训练数据中的噪声和训练样例中没有代表性的特征。

4.4.4 测试与可视化

可以在测试集上测试训练好的模型，一个“合格”的 CNN 网络模型准确度大约为 70%。测试代码如下：

```
test_loss = 0.0
class_correct = list(0. for i in range(10))
class_total = list(0. for i in range(10))
model.eval()
for data, target in test_loader:
    if train_on_gpu:
        data, target = data.cuda(), target.cuda()
    output = model(data)
    loss = criterion(output, target)
    test_loss += loss.item()*data.size(0)
    _, pred = torch.max(output, 1)
    #预测值与真实标签相比较
    correct_tensor = pred.eq(target.data.view_as(pred))
    correct = np.squeeze(correct_tensor.numpy()) if not train_on_gpu else np.squeeze
(correct_tensor.cpu().numpy())
    #计算每一个 batch_size 的测试准确率
    for i in range(batch_size):
        label = target.data[i]
        class_correct[label] += correct[i].item()
        class_total[label] += 1
#平均测试损失
test_loss = test_loss/len(test_loader.dataset)
print('Test Loss: {:.6f}\n'.format(test_loss))

for i in range(10):
    if class_total[i] > 0:
        print('Test Accuracy of %5s: %2d%% (%2d/%2d)' % (
            classes[i], 100 * class_correct[i] / class_total[i],
            np.sum(class_correct[i]), np.sum(class_total[i])))
    else:
```

```
        print('Test Accuracy of %5s: N/A (no training examples)' % (classes[i]))
print('\nTest Accuracy (Overall): %2d%% (%2d/%2d)' % (
    100. * np.sum(class_correct) / np.sum(class_total),
np.sum(class_correct), np.sum(class_total)))
```

运行结果如下：

```
Test Loss: 0.702105
Test Accuracy of airplane: 77% (772/1000)
Test Accuracy of automobile: 87% (873/1000)
Test Accuracy of    bird: 60% (607/1000)
Test Accuracy of     cat: 61% (616/1000)
Test Accuracy of    deer: 68% (687/1000)
Test Accuracy of     dog: 67% (676/1000)
Test Accuracy of    frog: 83% (835/1000)
Test Accuracy of horse: 82% (820/1000)
Test Accuracy of    ship: 86% (867/1000)
Test Accuracy of truck: 84% (843/1000)
Test Accuracy (Overall): 75% (7596/10000)
```

从运行结果可以得知，测试的准确度为 75%。如果想要获得更高的精度，可以更改模型网络结构，比如增加卷积层层数，更改卷积层输出层数，以此来提高模型的学习能力，提高分类准确度。测试样本可视化代码如下：

```
#输出图形的类标签来评价神经网络：
def imshow(img):
    img = img / 2 + 0.5    #将图像从 [-1, 1] 转换为 [0, 1]
    npimg = img.numpy()
    plt.imshow(np.transpose(npimg, (1, 2, 0)))    #将通道维度移到最后
    plt.show()
dataiter = iter(test_loader)
images, labels = next(dataiter)
imshow(make_grid(images))
print('原始类:     '+ ' '.join(classes[labels[j]] for j in range(16))) #16 为 batch_size 的大小
outputs = model(images)
_, predicted = torch.max(outputs, 1)
print('预测类:     '+ ' '.join(classes[predicted[j]] for j in range(16)))
```

输出结果如下，对应的图像分类结果如图 4-7 所示。

图 4-7 可视化输出的图像分类结果

从结果图 4-7 可以看到，大部分图像分类是正确的，仅第一行最右边图像分类错误，把 frog 错分为 bird。

本 章 小 结

本章主要对基于卷积神经网络的图像分类进行了介绍。首先介绍了图像分类常用的几种数据集，并回顾了传统图像分类方法及其存在的问题，然后介绍了几种常用的图像分类深度学习模型。由于本章主要针对的是使用卷积神经网络对图像进行分类，在介绍分类方法时着重阐述了深度学习方法在图像分类领域的发展现状。由于图像所包含的场景越来越多，对于精度需求也越来越高，基于神经网络的图像分类技术将成为未来图像分类的主流，因此建议读者可以针对基于卷积神经网络的图像分类开展更加深入的研究。

第 5 章 图 像 分 割

5.1 概 述

计算机视觉有三大分类任务，分别是图像分类、目标检测和图像分割，如图 5-1 所示。

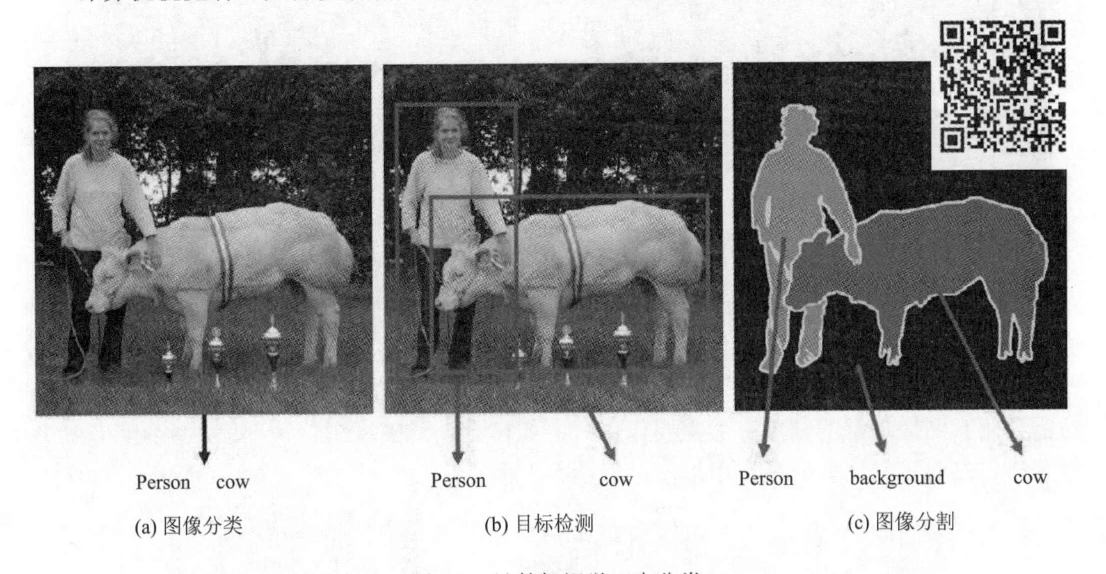

(a) 图像分类 (b) 目标检测 (c) 图像分割

图 5-1 计算机视觉三大分类

图像分类的目的是为图像确定一个或多个类别标签，也就是说机器能够识别出一张图像中有哪些类别。

目标检测相对于图像分类而言需要对图像有更强的理解能力，不仅需要识别图像中的类别有哪些，还需要标记出识别到的对象所在的位置区域，即使用带注释的矩形框来标记检测到的对象。

图像分割主要分为 3 种：语义分割、实例分割和全景分割。图 5-2 展示出了不同类型的分割效果。图像语义分割指的是将图像中的目标按照所属的类别分类，并将他们所占用的像素标记出来，形成多个互不相干的区域，每个区域之间都有明显的特征上的差异。实例分割要比语义分割复杂，实例分割在完成图像分割的同时还要完成对目标检测的工作，而且它对同一类别的不同目标会分配不同的语义标签。全景分割在实例分割的基础上，也会对图像的背景进行分割，而不只是针对图像中的实体目标。

(a) 原图

(b) 语义分割

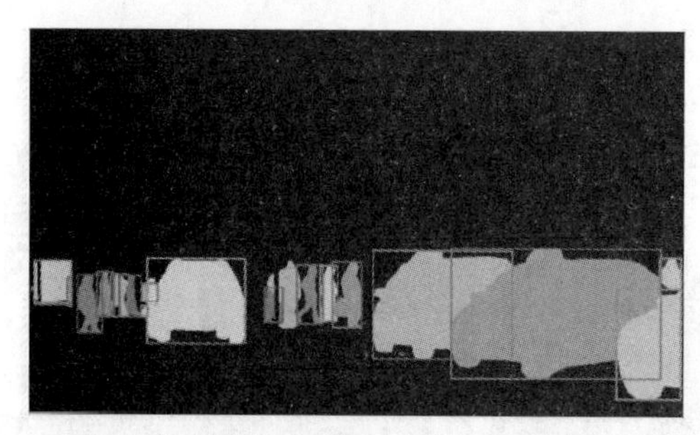

(c) 实例分割

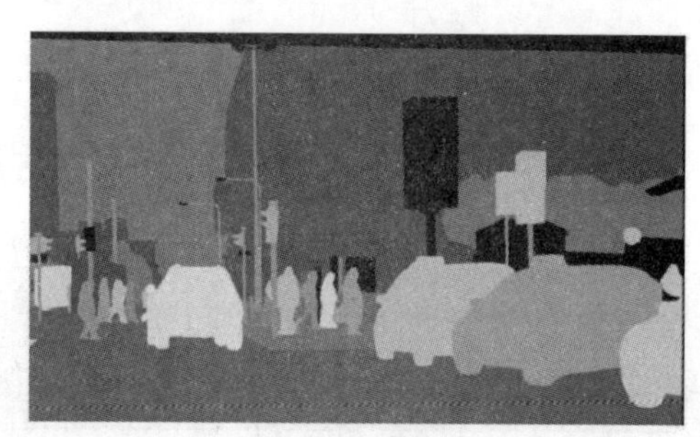

(d) 全景分割

图 5-2 3 种图像分割效果

由于图像分割能够对像素级别的信息进行理解分析，使得计算机不仅能够预测出图像中存在的物体类别，而且还能够预测到每个类别的具体位置，这就为计算机的决策提供了重要的先决条件。图像分割在现实生活中对需要用到图像理解的领域有着重要作用，例如在无人驾驶汽车、地理信息系统、医疗图像分析、农业等领域有很多实用价值，如图 5-3 所示。

(a) 城市道路分割图

(b) 遥感图像分割图

图 5-3 图像分割在不同场景中的应用

1. 图像分割方法

在计算机视觉领域中，图像分割方法经过长时间的发展后可以归纳为两大类：一类是基于人工提取特征的传统图像分割方法，一类是基于深度卷积神经网络提取特征的图像分割方法。

传统的图像分割方法通过提取图像中颜色、纹理或形状等低级的语义特征对图像进行分类，大致可分为基于阈值、基于边缘检测、基于区域和基于图论等图像分割方法。基于阈值的图像分割方法是选取一个或多个合适的阈值，通过对阈值和像素灰度值的比较，将图像分为两个或多个类别。常用的基于阈值的图像分割方法有基于均衡直方图方法、基于最大熵方法和自适应阈值法。基于边缘检测的图像分割方法是利用图像中的不同区域边缘像素灰度值的突变来分割图像的，具体实现方法是设计、使用不同的滤波器计算一阶导数或二阶导数来检测边缘像素突变情况从而实现图像分割。常用的基于边缘检测的图像分割方法有基于梯度算子的方法和基于 Hough 变换的方法。基于区域的图像分割方法是直接寻找区域为基础的分割方法。它有两种基本形式：一种是相似的相邻像素逐步合并为一个区域，通过迭代法直到所有像素全部划分完成，代表方法是区域生长法；另一种是将大的区域或整张图像逐步切割至所需的分割区域，代表方法是区域分裂法。基于图论的图像分割方法为图像建立一个有权重的无向图，无向图中的点代表图像中的每个像素点，无向图中边的权重代表的是点和点的相似性，根据边的权值(相似性)将无向图切割为若干子集，同一子集中的点代表相似度高的点，不同子集的点代表相似度低的点。传统的图像分割方法有着明显的缺点：对图像要求高，只能针对特定要求的图像。例如，基于阈值的图像分割方法对背景和目标差异不明显的图像分割效果差，基于边缘检测的图像分割方法对噪声比较敏感，易受噪声影响。所以传统的图像分割方法对复杂场景的图像处理效果差。这些传统方法虽然在一定程度上满足了图像分割的需求，但对于复杂场景和变化较大的图像仍存在一定局限性。

随着深度学习的兴起，CNN 的出现极大地改变了图像分割的方法。2014 年 Jonathan Long 等人在 VGG(Visual Geometry Group)网络的基础上提出了全卷积神经网络(Fully Convolutional Network，FCN)。FCN 将 VGG 网络的全连接层替换为卷积层，使得 FCN 能够处理任意分辨率的输入图像，然后采用反卷积将低分辨率的特征图恢复为输入图像大小，实现了端到端的语义分割，同时为了解决下采样过程中分辨率由高到低这个过程中空间信息的丢失，在上采样时使用跳跃连接恢复在下采样过程中丢失的空间特征信息。FCN 作为首个使用卷积神经网络实现图像语义分割的方法，在图像语义分割方法研究中占有极其重要的地位。

但是 FCN 仍然存在很多不足的地方：一方面，小卷积核在复杂场景下提取的局部特征信息会造成对全局理解出现偏差的情况；另一方面，随着不断卷积和池化会导致空间信息丢失严重。虽然 FCN 提出长跳跃连接在上采样阶段恢复空间特征信息，但由于 FCN 在上采样的跨度太大以及对下采样路径中的高分辨率特征利用不够，使得 FCN 在上采样阶段恢复的空间信息不够充分。对于 FCN 存在的问题，后续可从这两方面来提升分割效果：一种是更好地利用上下文信息提取更加丰富的语义信息；另一种是让高层语义信息与浅层特征信息相互协作提升分割效果。

在卷积神经网络中，感受野是卷积神经网络每一层输出的特征图上的像素点在原始输入图像上映射的区域大小。感受野的大小可以粗略地表明使用上下文信息的程度。虽然大卷积核有更大的感受野，但大卷积核有着计算量大、参数多等一系列缺点。基于以上问题，Google 团队提出 DeepLab 系列网络模型，该网络模型具有一种膨胀卷积或空洞卷积结构，通过在卷积核中补 0 的方式来扩大卷积核的感受野，这样就可以在不增加参数数量和计算量的前提下提取到更大范围的上下文信息，这使得 DeepLab-v1 的计算速度和准确率有着明显的提升。由于图像中同一类别物体可能有多个不同尺寸大小的目标，有学者提出通过对原始图像进行尺寸缩放，形成多个不同分辨率图像，将其作为输入图像分别进行卷积操作，最终融合不同分辨率大小的特征图，但是该方法的计算量太大。DeepLab-v2 针对同样的问题提出空洞空间金字塔池化(Atrous Spatial Pyramid Pooling，ASPP)模型，使用多个不同膨胀率的卷积核并列进行卷积操作以此来捕获多个不同感受野的上下文信息并对其特征融合。DeepLab-v2 为了更好地提取特征，使用卷积深度更深的 ResNet 替换了 VGG，并在 ImageNet 数据集上重新训练 ResNet 以适应图像分割。

在进行图像分割时，复杂场景下很难分辨出诸如路灯这样的小物体，对于大物体也可能超出感受野范围导致预测出来的结果不连续，因此为了提高大小物体的分割效果，应该特别注意不同感受野的全局信息。2016 年，香港中文大学与商汤科技共同提出了 PSPNet (Pyramid Scene Parsing Network)，该模型按金字塔结构融合了 4 个不同尺度的特征图从而得到有更多语义的全局信息，提升了分割效果。在同一年 RefineNet 设计了级联反卷积网络来获得多尺度上下文信息。DeepLab-v3++对 DeepLab-v2 提出的 ASPP 进行了新的改进，将深度可分离卷积应用到了 ASPP、Xception 以及编码器结构上。深度可分离卷积可以降低计算量，同时保持相近的性能。

2. 注意力机制

为了获得更有价值的上下文信息，计算机视觉中使用了一种称为注意力机制的方法。注意力机制实际上是一种计算资源的分配方案，即对重要特征信息给予高度关注，适当忽略不重要的特征信息或给予其较低的关注。其中 SENet(Squeeze and Excitation Networks)和 CBAM(Convolutional Block Attention Module)两种方法是使用注意力机制的代表网络，采用了注意力机制提高神经网络的表达能力。

SENet 采用挤压激励模块，利用通道之间的依赖关系计算出通道权重，给予不同通道以不同权重来加强重要通道上的特征信息，从而增强网络的表达能力。这种计算通道权重的注意力模块称为通道注意力。卷积运算可以结合通道和空间两个维度来提取信息特征。

CBAM 在通道和空间两个维度上设计了通道注意力和空间注意力，并将两种注意力顺序串联成独立的注意力模块，用来推断像素点的内容和位置信息。由于卷积层只能在邻域内建立像素之间的关系，并不能获得远距离像素之间的关系，因此，要想获得与远距离像素的关系，只能通过重复卷积或更大感受野的卷积核，这不仅会增大计算量、降低计算效率，还会弱化与远距离像素建立的关系。像素间的远距离依赖关系与全局特征一样可以加强对场景的理解。NLNet(Non-Local Network)是一种可以捕获远距离依赖的自注意力模型，它通过计算特征图中特定查询位置与其他所有位置之间的依赖关系而不局限于相邻位置的关系，从而可以得到更多的全局信息，其结果在图像分类、目标识别和语义分割等计算机视觉任务中的效果都有不同程度的提升。GCNet(Global Context Network)能够获得与 NLNet 相近的效果，同时可以大大减少计算量。

3. 编码器-解码器结构

在编码器-解码器结构的深度学习图像分割中，编码器部分通常用于逐步提取和压缩图像特征，而解码器部分则用于逐步恢复图像的空间分辨率，从而获得精细的分割结果。2015 年，韩国的 Hyeonwoo Noh 等人提出的 DeconvNet、印度的 Vijay Badrinarayanan 等人提出的 SegNet 和 Olaf Ronneberger 等人提出的用于医疗影像分割的 U-Net 都是基于编码器-解码器结构来恢复特征图的分辨率的。DeconvNet 由卷积和反卷积两部分组成，在编码器部分使用 VGG16 网络，在解码器部分使用反池化进行上采样。反池化是池化的逆操作，它使用在对应卷积层池化操作时记录的下标进行反池化操作，进而将特征值恢复到原来的位置。由于池化操作得到的特征图较为稀疏，因此在反池化时也只能恢复较强的特征信息。SegNet 与 DeconvNet 相似，在解码器端使用对应编码器端在最大池化过程中记录的池化索引来恢复特征值到原来位置。因为 DeconvNet 和 SegNet 两种网络结构都没有使用长跳跃连接来结合编码器端的高分辨率空间信息，所以两种网络结构的分割效率都不高。U-Net 在恢复特征图的分辨率时，将解码器端的低分辨率特征图上采样后通过跳跃连接与编码器端高分辨率特征图进行结合来恢复下采样过程中丢失的空间信息。U-Net 在医学图像上展现出来的优异性能使得 U-Net 网络在语义分割中得到了广泛的应用。

后续学者对 U-Net 进行了多方面的改进。有学者以 U-Net 堆叠的方式将多个 U-Net 堆叠成新的结构 Stacked UNet。Michal Drozdzal 等人对 FCN 中使用的长跳跃连接和 ResNet 提出的残差模块中的短连接进行了研究和分析，并证明了长跳跃连接和短跳跃连接有利于融合更深的网络，短连接可加快收敛速度。医学分割对图像边缘预测的准确率要求较高，如边缘出现毛刺的情况会影响到医生的判断，而跳跃连接可以有效恢复目标对象的细粒度细节，因此有学者提出了 U-Net++网络，它使用嵌套的、密集的跳跃连接取代 U-Net 中单一的跳跃连接，使解码器端相对丰富的语义特征能够融合来自编码器端的多个高分辨率特征中的细粒度信息特征。虽然嵌套的密集跳跃连接增强了网络的表达能力，但计算复杂度也增大了很多。MCA U-Net 简化了 U-Net++中嵌套的密集跳跃连接并使用了一种多尺度跳跃连接，在能充分利用编码器端不同分辨率的细粒度信息的同时，还能够利用解码器端高层、粗粒度的语义信息，在减少计算量的同时提高分割效果。2020 年，Mei Yiqun 提出的金字塔自注意力网络 PANet 在解码器端提出了全局注意力上采样模块(Global Attention Upsampling，GAU)，GAU 提取高级语义特征的全局上下文的通道权重来指导低层特征。

5.2 图像分割的常用数据集

图像分割的常用数据集有 Pascal VOC 系列数据集、MS COCO 数据集、Cityscapes 数据集和 SUN RGB-D 数据集。

1. Pascal VOC 系列数据集

Pascal VOC 系列数据集中目前比较流行的是 Pascal VOC2012 和 Pascal Context。Pascal VOC2012 数据集总计有 21 个类别(包括背景)。VOC2012 分割数据集分为训练和测试两个子集，分别有 1464 张与 1449 张图像。Pascal Context 是 Pascal VOC2010 数据集的扩展，包含 10 103 张基于像素级别标注的训练图像，共 540 个类别，其中 59 个类别是常见类别。

2. MS COCO 数据集

MS COCO 数据集是微软发布的，是包括图像分类、目标检测、实例分割、图像语义分割的大规模数据集。其中图像语义分割部分由 80 个类组成，包括训练集 82 783 张图像、验证集 40 504 张图像和测试集 80 000 张图像。

3. Cityscapes 数据集

Cityscapes 数据集是一个大规模的城市道路和交通语义分割数据集，包含 50 个欧洲城市的不同场景、不同背景、不同季节街景的 33 类标注物体。

4. SUN RGB-D 数据集

SUN RGB-D 数据集由 4 个 RGB-D 传感器得来，包含 10 000 张 RGB-D 图像，图像尺寸与 Pascal VOC 中的一致。

5.3 图像分割常用方法介绍

图像分割常用方法可分为传统方法和基于深度学习方法，下面分别进行介绍。

5.3.1 传统的图像分割方法

传统的图像分割方法是早期的分割手段，它们大多简单有效，经常作为图像处理的预处理步骤来获取图像的关键特征信息，提升图像分析的效率。下面主要介绍基于阈值、边缘、区域、聚类、图论的经典分割方法。

1. 基于阈值的图像分割方法

基于阈值的图像分割方法的实质是通过设定不同的灰度阈值，对图像灰度直方图进行分类，灰度值在同一个灰度范围内的像素认为属于同一类并具有一定的相似性。这是一种常用的灰度图像分割方法。

用 $f(i,j)$ 表示原始图像像素的灰度值，$g(i,j)$ 为阈值化后的图像像素值。通过设定阈值 T，将图像中的像素分为目标和背景两类，实现输入图像 f 到输出图像 g 的变换：

$$g(i,j)=\begin{cases}1, & f(i,j)\geqslant T\\ 0, & f(i,j)<T\end{cases} \tag{5-1}$$

其中，$g(i,j)=1$ 表示属于目标类别的图像像素，$g(i,j)=0$ 表示属于背景类别的图像像素。

由此可见，基于阈值的图像分割方法的关键是选取合适的灰度阈值，以准确地将图像分割开。如图5-4所示，针对同一灰度图像5-4(a)，设定不同的灰度阈值($T=80$，120，160)分别进行阈值分割，得到不同效果的分割图，如图5-4(b)～(d)所示。由图可知，阈值T越大，分为目标类别的像素点就越多，图像逐渐由浅变深。

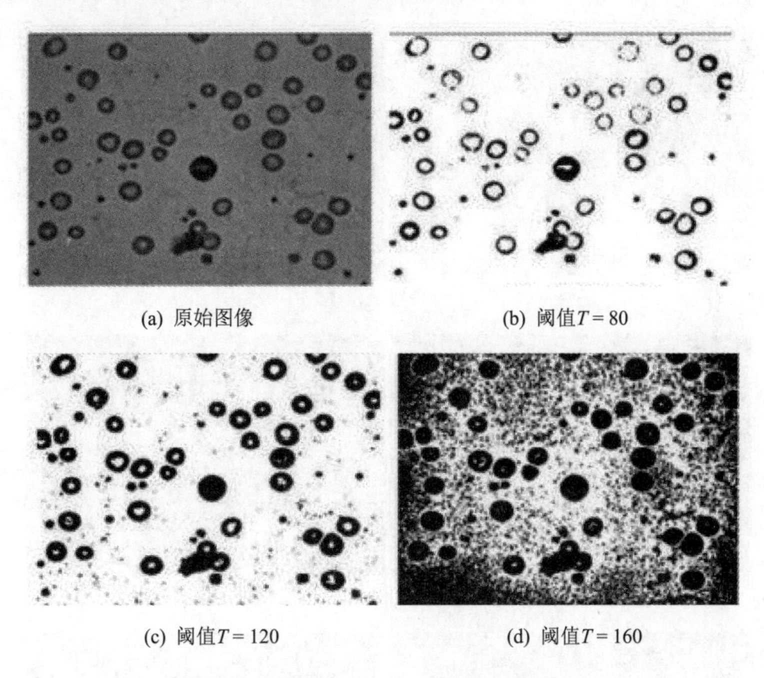

(a) 原始图像　(b) 阈值$T=80$

(c) 阈值$T=120$　(d) 阈值$T=160$

图5-4　不同阈值情况下的图像分割效果

对于基于阈值的图像分割方法，根据不同的准则有不同的分类，常见的分类为：基于点的全局阈值分割方法、基于区域的全局阈值分割方法、局部阈值分割方法等。基于阈值的图像分割方法适用于目标灰度分布均匀、变化小、目标和背景灰度差异较明显的图像，简单易实现且效率高。然而该类方法通常只考虑像素自身的灰度值，未考虑图像的语义、空间等特征信息，且易受噪声影响，对于复杂的图像，阈值分割的效果并不理想。因此，在实际的分割操作中，基于阈值的图像分割方法通常作为预处理方法或与其他分割方法结合使用。

2. 基于边缘的图像分割方法

在图像中若某个像素点与相邻像素点的灰度值差异较大，则认为该像素点可能处于边界处。若能检测出这些边界处的像素点，并将它们连接起来，就可形成边缘轮廓，从而将图像划分成不同的区域。

根据处理策略的不同，基于边缘的图像分割方法可分为串行边缘检测法和并行边缘检测法。串行边缘检测法需先检测出边缘起始点，从起始点出发通过相似性准则搜索并连接相邻边缘点，完成图像边缘的检测；并行边缘检测法则借助空域微分算子，用其模板与图像进行卷积来实现分割。

在实际应用中，并行边缘检测法直接借助微分算子进行卷积实现分割，过程简单快捷，性能相对优良，是最常用的边缘检测法。根据任务的不同，可灵活选择边缘检测算子，实现边缘检测完成分割。常用的边缘检测微分算子有 Roberts、Sobel、Prewitt、LOG、Canny 等。图 5-5 所示为分别使用不同的微分算子对相同的图像进行处理的效果。从图 5-5 中可看出，相较于图像背景，经边缘检测算子处理后，水果的边缘轮廓相对清晰，实现了图像分割的目的。

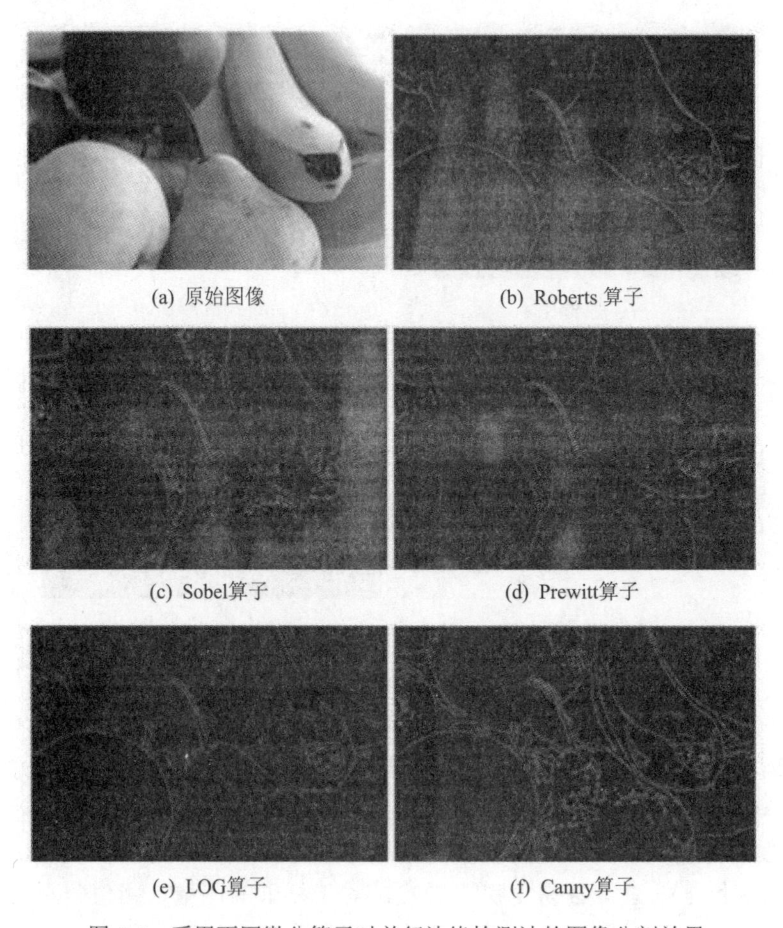

(a) 原始图像　(b) Roberts 算子

(c) Sobel算子　(d) Prewitt算子

(e) LOG算子　(f) Canny算子

图 5-5　采用不同微分算子时并行边缘检测法的图像分割效果

3. 基于区域的图像分割方法

基于区域的图像分割方法是根据图像的空间信息进行分割，通过像素的相似性特征对像素点进行分类并构成区域。根据区域思想进行分割的方法有很多，其中较常用的有区域生长法和分裂合并法。区域生长法指的是通过将具有相似性质的像素点集合起来，构成独立的区域，以实现分割。具体过程为：先选择一组种子点(单个像素或小区域)作为生长起点；然后根据生长准则，将种子点附近与其具有相似特征的像素点归并到种子点所在的像素区域内；再将新像素作为种子点，反复迭代至所有区域停止生长。区域生长法中种子点和生长准则的选取至关重要，直接影响分割效果。种子点的选取除了人工选取法外，还可以用算法自动选取；生长准则可根据图像的颜色、纹理、空间等特征信息设定。分裂合并法的实质是通过不断地分裂合并，得到图像各子区域。具体步骤为：先将图像划分为规则的区域，然后根据相似性准则，分裂特性不同的区域，合并特性相同的邻近区域，直至没有分裂合并发生。该方法的难点在于初始划分和分裂合并相似性准则的设定。

图 5-6 为基于区域的图像分割方法分割效果图。首先对原始图像 5-6(a)进行灰度化处理得到灰度图 5-6(b)，然后分别用区域生长法和分裂合并法进行分割。区域生长法分割效果如图 5-6(c)所示，该方法计算简单，但对噪声敏感，易导致区域空缺，图中头盔受背景颜色的干扰出现了残缺的现象。分裂合并法分割效果如图 5-6(d)所示，它对复杂图像的分割有较好的效果，但其计算复杂，且分裂时边界可能被破坏，在图 5-6(d)中，车轮的轮廓信息在合并过程中被破坏，导致车轮边缘出现了模糊现象。

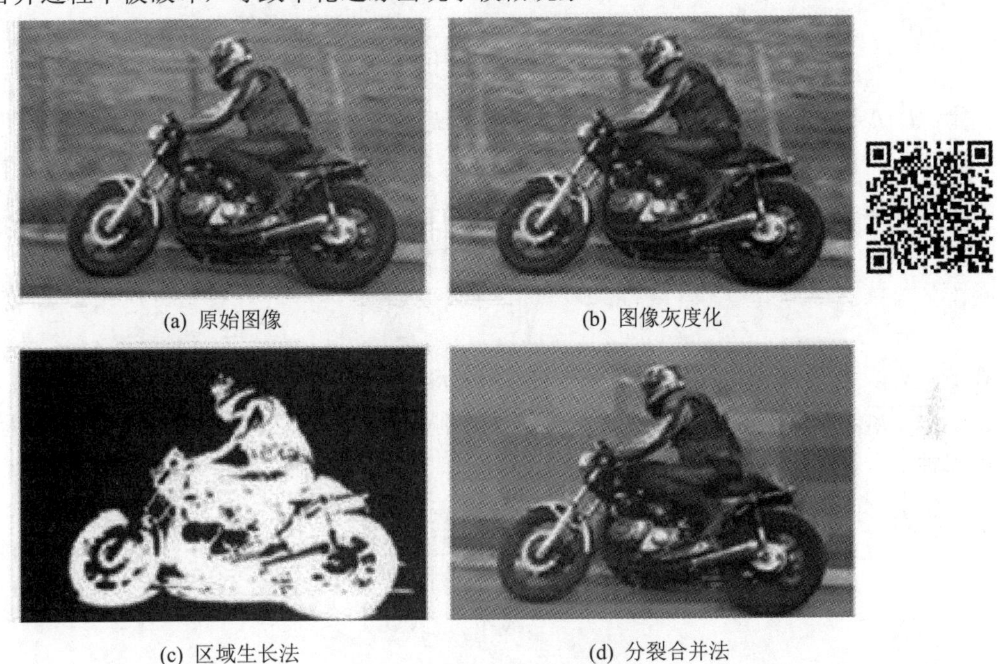

(a) 原始图像　(b) 图像灰度化

(c) 区域生长法　(d) 分裂合并法

图 5-6　基于区域的图像分割方法分割效果

4. 基于聚类的图像分割方法

基于聚类的图像分割方法将具有特征相似性的像素点聚集到同一区域，反复迭代聚类结果至收敛，最终将所有像素点聚集到几个不同的类别中，完成图像区域的划分，从而实现分割。

随着分割任务需求复杂化，聚类分割技术也在不断地发展。1995 年，Cheng Yizong 在原始 Mean Shift 算法的基础上定义了核函数和权值系数，使 Mean Shift 算法得到广泛的应用。2007 年，Yaser Ajmal Sheikh 等提出了 Medoid Shift 算法，与 Mean Shift 算法类似，它能自动计算聚类数目，而且数据不必线性可分。2009 年，Alex Levinshtein 等提出了基于几何流的超像素快速生成算法，称为 TurboPixels。2012 年，Radhakrishna Achanta 等提出了一种通过计算像素点距离和颜色相似度，聚类生成超像素的方法，称为简单线性迭代聚类(Simple Linear Iterative Clustering，SLIC)。SLIC 适用于图像分割、姿势估计、目标跟踪及识别等计算机视觉应用，是经典的图像处理手段。下面以 SLIC 算法为例进行详细介绍。

SLIC 算法基于聚类思想，可以将图像中的像素划分为超像素块，因此也被称为超像素分割。该算法的步骤如下：

(1) 将 RGB 彩色图像通过映射转化到 Lab 颜色空间，Lab 颜色空间由(L, a, b)三元素组成，其中 L 代表亮度，a 代表从红色至绿色的范围，b 表示从黄色至蓝色的范围。相比于 RGB 空间，Lab 空间能够保留更宽的色彩区域，提供更加丰富的色彩特征。

(2) 将每个像素点颜色特征(L, a, b)及坐标(x, y)组合成向量(L, a, b, x, y)进行距离度量，包括像素点 i 和 j 之间的颜色距离 d_c 和空间距离 d_s，具体公式如下：

$$d_c = \sqrt{(l_j - l_i)^2 + (a_j - a_i)^2 + (b_j - b_i)^2} \tag{5-2}$$

$$d_s = \sqrt{(x_j - x_i)^2 + (y_j - y_i)^2} \tag{5-3}$$

其中：$l_n\ (n = i, j)$表示在颜色空间中亮度的特征距离值；a_n、b_n 分别表示在颜色空间中色阶品红、正黄系的特征距离值；x_n、y_n 分别表示像素点的横、纵坐标值。再通过 D' 对最终距离进行度量，具体公式如下：

$$D' = \sqrt{\left(\frac{d_c}{N_c}\right)^2 + \left(\frac{d_s}{N_s}\right)^2} \tag{5-4}$$

其中：N_c 表示最大颜色距离，通常取常数 $m(m \in [1, 40])$；N_s 是类内最大空间距离，$N_s = S = \sqrt{N/K}$，N 是图中像素点总数，K 为预分割超像素块的总和，超像素块的大小为 N/K，相邻种子点的距离为 S。

综上，两个像素点之间的距离度量公式可表示为

$$D' = \sqrt{\left(\frac{d_c}{m}\right)^2 + \left(\frac{d_s}{S}\right)^2} \tag{5-5}$$

超像素 SLIC 算法中，像素间的相似性由对应(L, a, b, x, y)向量间的距离度量，两个向量的距离越小则对应像素点的性质越相似，反之则对应像素点的性质相似性越低。根据这个相似性准则，可以对像素点进行聚类，实现图像的超像素分割。基于聚类的图像分割方法利用图像灰度、纹理等特征信息作为聚类准则，将图像分割转化成像素点聚类的问题，性能稳定且鲁棒性好。图 5-7 是使用超像素的 SLIC 算法得到的分割结果。由图 5-7 可知，超像素 SLIC 算法图像根据纹理特征，将图像划分为多个局部小区域，前景目标荷花和荷叶有明显的边缘轮廓信息。

(a) 原始图像

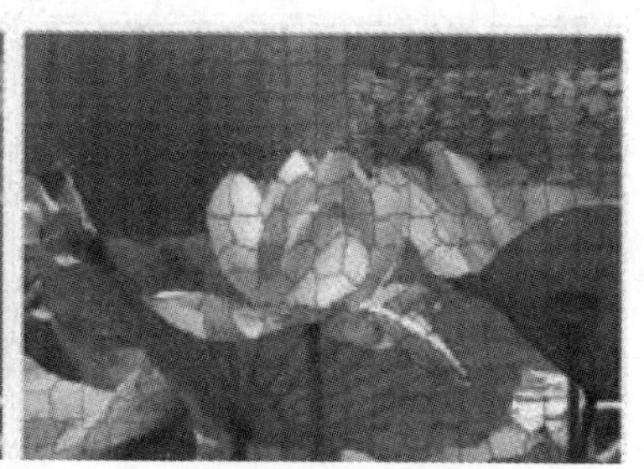

(b) 超像素SLIC算法

图 5-7 超像素 SLIC 算法图像分割效果

5. 基于图论的图像分割方法

基于图论的图像分割方法将分割问题转换成图的划分，通过对目标函数的最优化求解完成分割过程。基于图论的图像分割方法的具体实现包括Graph Cut、Grab Cut、One Cut等常用算法。其中Graph Cut算法基于图论的思想，将最小割(Min Cut)问题应用到图像分割问题中，可以将图像分割为前景和背景，是经典的基于图论的图像分割方法。下面以Graph Cut算法为例，对该类方法做具体介绍。

图5-8为原始图像映射成图结构后对应的S-T图。如图5-8所示，先将图像映射为带有权重的无向图 $G=(V, E)$，其中 V 是顶点的集合，E 是边的集合，无向图中的节点对应原图中的像素点，对每个相邻的点进行连接形成边(实线)，边的权重代表像素点之间的相似性。除此之外，每个节点还要和终端顶点 S 和 T 进行连接形成边(虚线)，与 S 相连的边 $R_p(1)$ 的权重由该节点(像素点)前景目标概率表示，与 T 相连的边 $R_p(0)$ 的权重由该节点的背景概率表示。这样处理后，在无向图中就会形成两种顶点和边：一种是代表像素点的普通节点以及普通节点彼此相连形成的边；另一种是终端顶点 S 和 T 以及连接它和节点的边。

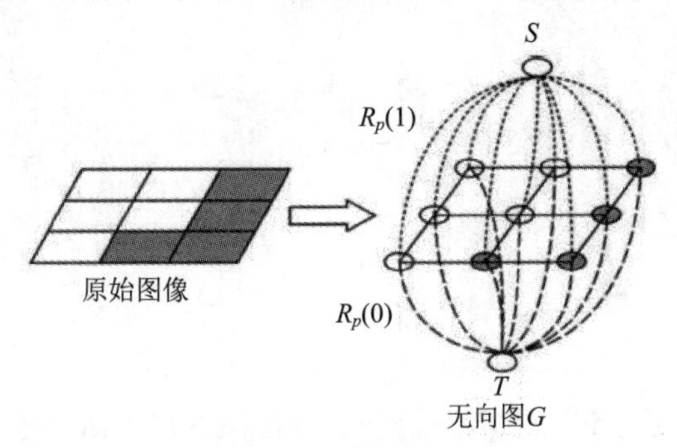

图5-8 S-T图

如果边集合 E 中的所有边都断开，将会导致S-T图的分开，称之为Cut。若一种Cut的过程中其对应边的所有权值之和最小，则称之为Min Cut，对应的能量损失函数最小。至此，将复杂的图像分割问题转化成了求解能量损失函数最小值的问题。通过寻找Min Cut过程的不断迭代，求得能量损失函数最小值，就可以实现前景目标与背景的分离，从而实现图像分割。如图5-9所示，使用Graph Cut算法对图像进行分割，可以获取前景目标大致的轮廓，实现目标与背景的分离。

(a) 原始图像

(b) Graph Cut算法

图5-9 Graph Cut算法图像分割效果

基于图论的Graph Cut算法在利用图像灰度信息的同时使用了区域边界信息，通过最优化求解，得到最好的分割效果。然而该算法计算量大，且更倾向于对背景与目标具有较大差异的图像进行分割。

5.3.2 基于深度学习的图像分割方法

本小节将重点介绍 4 种基于深度学习的经典分割方法：全卷积神经网络(FCN)、金字塔场景解析网络(PSPNet)、DeepLab 系列模型和 Mask RCNN。

1. FCN

FCN 是深度学习用于语义分割的开山之作，确立了图像语义分割(即对目标进行像素级的分类)通用网络模型框架。通常 CNN 经过多层卷积之后接入若干个全连接层，将卷积层产生的特征图映射成固定长度的特征向量进行分类。但 FCN 和 CNN 不同，FCN 采用“全卷积”方式，在经过 8 层卷积处理后，对特征图进行上采样实现反卷积操作，然后通过 Softmax 层进行分类，最后输出分割结果，如图 5-10 所示。

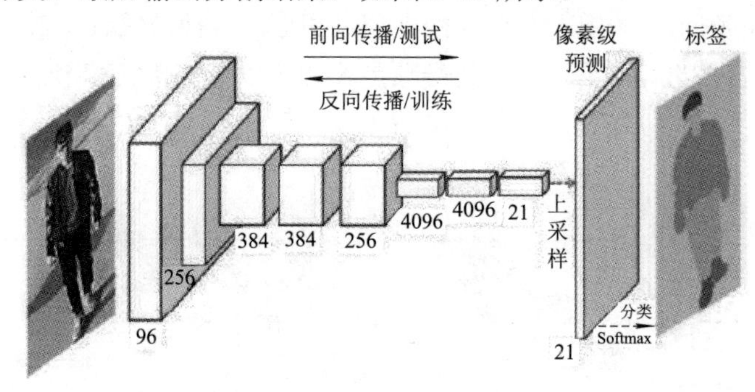

图 5-10 语义分割模型 FCN

在 FCN 模型中，由于经过多次卷积操作，特征图的尺寸远小于输入图，且丢失了很多底层的图像信息，如果直接进行分类，会影响分割精度。为此 FCN 在上采样过程采用 Skip 策略。如图 5-11 所示，输入图像经过多次卷积、池化得到不同层级的特征图：将卷积 7 次后得到的 Conv7 层上采样后进行分类输出，得到 FCN-32s 模型的分割结果；将池化 4 后得到的 Pool4 层，与双线性内插法处理后的 Conv7 层进行融合，上采样后进行分类得到 FCN-16s 模型的分割结果；将池化 3 次后得到的 Pool3 层与双线性内插法处理后的 Conv7 层、Pool4 层进行融合，上采样后进行分类得到 FCN-8s 模型的分割结果。

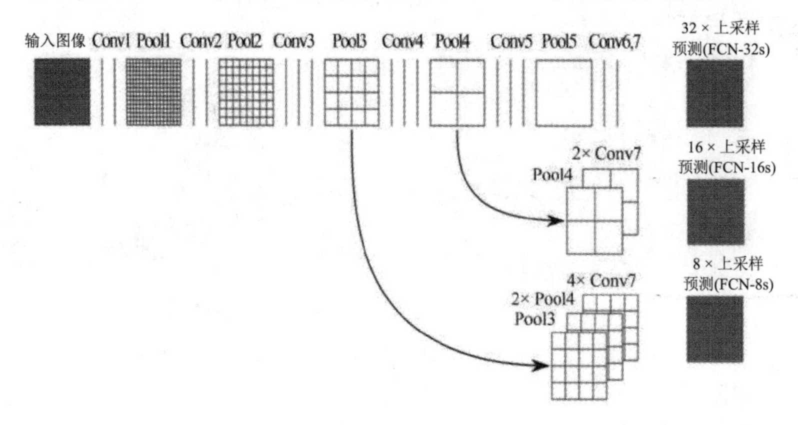

图 5-11 FCN 结构图

通过把深层数据与浅层信息相结合，再恢复到原图的输出，得到更准确的分割结果，根据所利用的池化层的不同，分为FCN-32s、FCN-16s、FCN-8s。图5-12所示为使用不同FCN 模型对同一图像进行分割得到的结果，其中标注图表示标准的分割结果(即真实值)。由图5-12可知，FCN-8s模型由于整合了更多层的特征信息，相比于FCN-32s和FCN-16s模型可以得到分割得更加清晰的轮廓信息，分割效果相对较好。

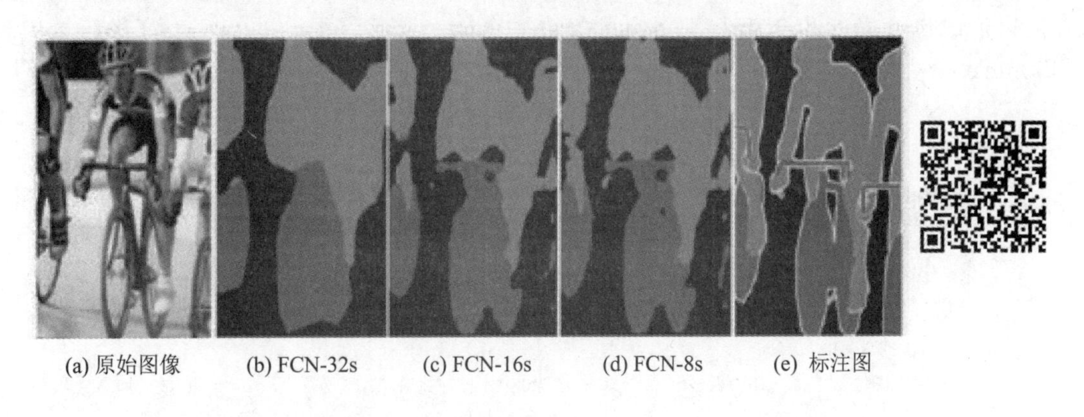

(a) 原始图像　(b) FCN-32s　(c) FCN-16s　(d) FCN-8s　(e) 标注图

图5-12　不同FCN模型分割效果

FCN能对图像进行像素级分类，从而有效地解决了图像语义分割的难题，它可以接收输入的任意尺寸的图像，且是首个端到端的分割网络模型，在分割领域具有重要意义。图5-13所示为FCN-8s模型对不同类别(人、车、羊、船等)目标的分割效果。实验结果表明，FCN的网络相对较大，对图像的细节信息不够敏感，且由于像素点之间的关联性较低，导致目标边界模糊，前景目标的轮廓分割得不够细致，如图5-13(c)所示。

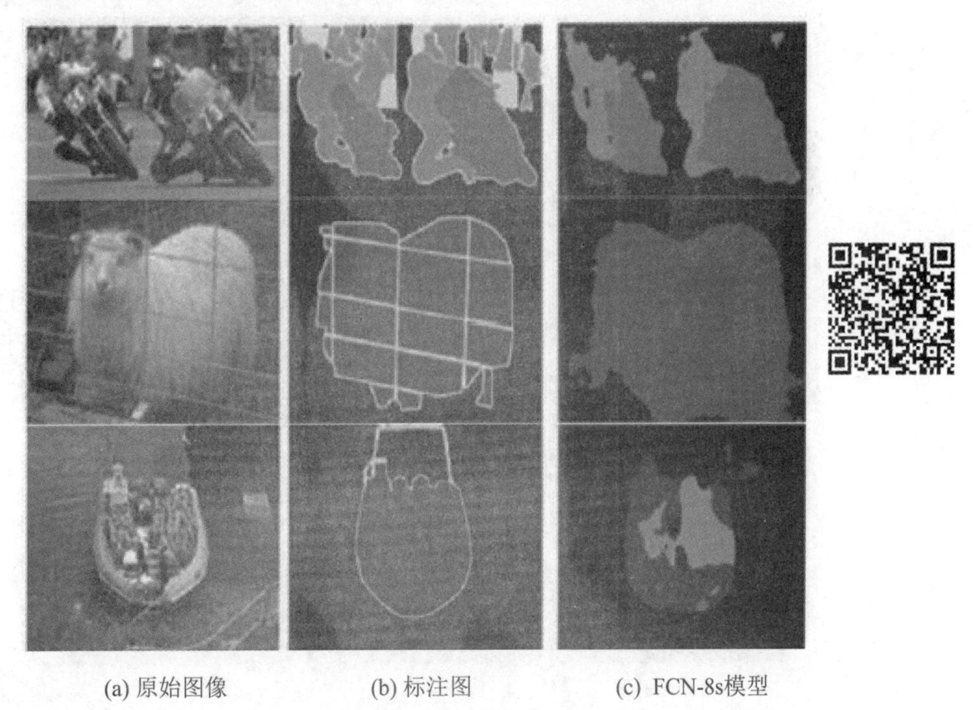

(a) 原始图像　(b) 标注图　(c) FCN-8s模型

图5-13　FCN-8s模型图像分割效果

2. PSPNet

金字塔场景解析网络(PSPNet)整合上下文信息，充分利用全局特征先验知识，对不同场景进行解析，实现对场景目标的语义分割。PSPNet 的网络结构如图 5-14 所示：对给定输入图像，首先使用 CNN 得到最后一个卷积层的特征图；再用金字塔池化模块(Pyramid Pooling Module)收集不同的子区域特征，并进行上采样；然后串联(Concat)融合各子区域特征以形成包含局部和全局上下文信息的特征表征；最后将得到的特征表征进行卷积和 Softmax 分类，获得最终的对每个像素的预测结果。

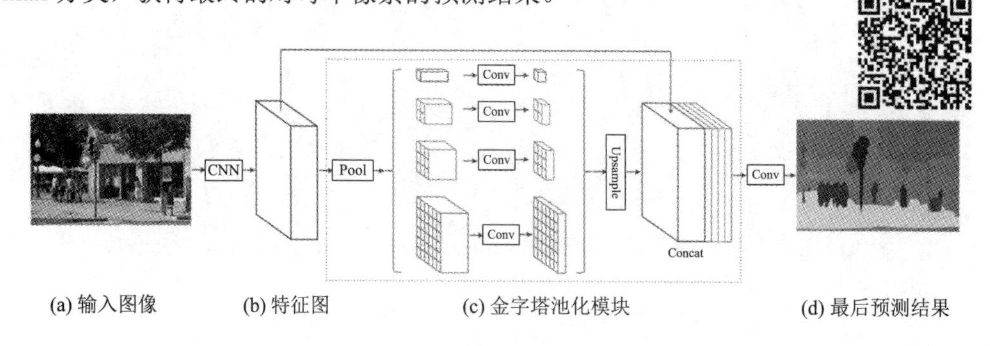

图 5-14　PSPNet 网络结构图

PSPNet 针对场景解析和语义分割任务，能够提取合适的全局特征，利用金字塔池化模块将局部和全局信息融合在一起，并提出了一个适度监督损失的优化策略，在多个数据集上的分割精度都超越了 FCN、DeepLab-v2、DPN、CRF-RNN 等模型，性能良好。图 5-15 为 PSPNet 模型对不同目标(牛、飞机、人等)的分割效果。观察图 5-15 可知，前景目标分割精细，但对目标间有遮挡的情况处理得不够理想，该图中(第 3 行)桌子受遮挡影响，边缘分割得不够精准。

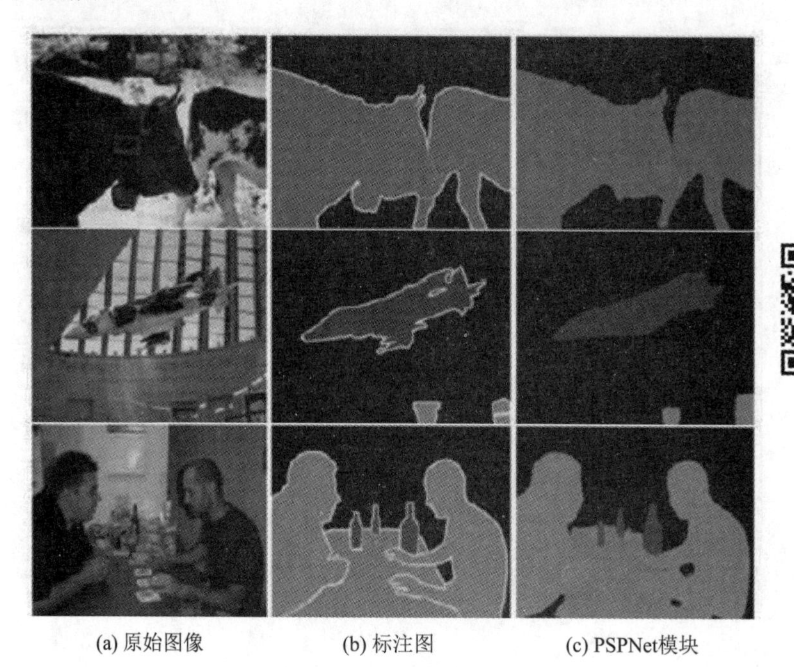

(a) 原始图像　　(b) 标注图　　(c) PSPNet模块

图 5-15　PSPNet 模型图像分割效果

3. DeepLab 系列模型

DeepLab 系列模型是 Wang Liwei 等提出的深度卷积神经网络(Deep Convolutional Neural Network，DCNN)模型，其核心是使用空洞卷积(即采用在卷积核里插孔的方式)，不仅能在计算特征响应时明确地控制响应的分辨率，而且还能扩大卷积核的感受野，在不增加参数量和计算量的同时，能够整合更多的特征信息。

最早的 DeepLab 模型如图 5-16 所示，输入图像经过带有空洞卷积层的 DCNN 处理后，得到粗略的得分图，双线性内插值(Bi-linear 插值)上采样后引入全连接条件随机场(Conditional Random Fields，CRF)作为后处理，充分考虑全局信息，对目标边缘像素点进行更准确的分类，排除噪声干扰，从而提升分割精度。

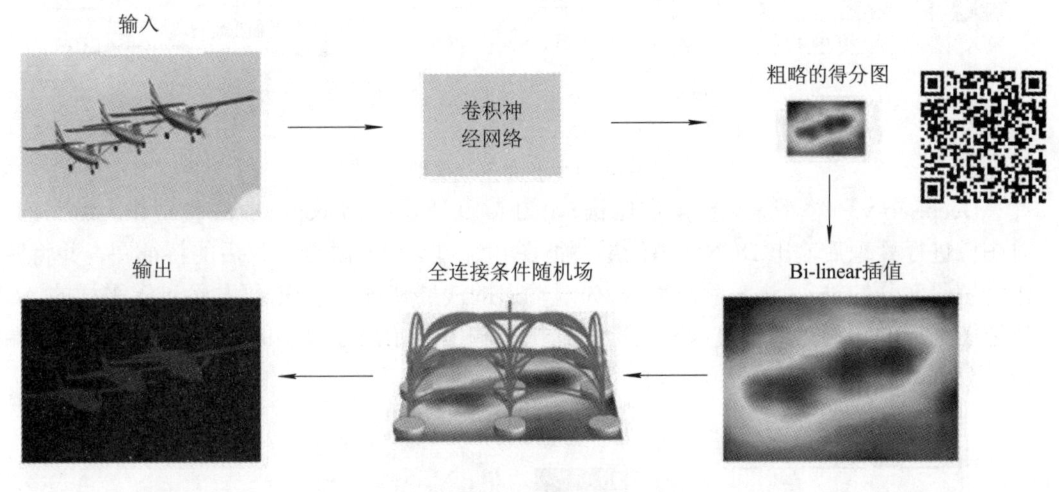

图 5-16 原始 DeepLab 模型

DeepLab-v2 在 DeepLab 模型的基础上将空洞卷积层扩展为空洞空间金字塔池化(Atrous Spatial Pyramid Pooling，ASPP)模块，级联多尺度空洞卷积层并进行特征图融合，保留全连接 CRF 作为后处理。其模型结构如图 5-17 所示。

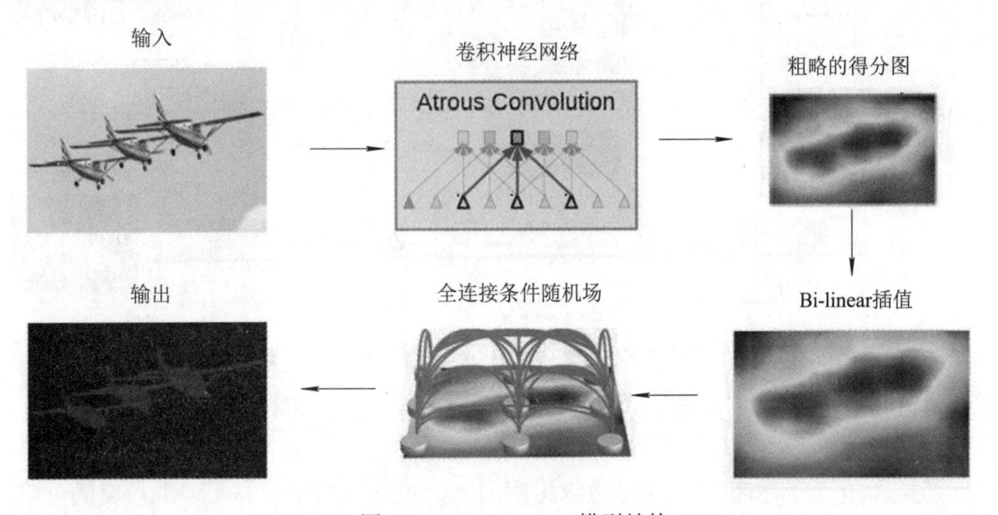

图 5-17 DeepLab-v2 模型结构

DeepLab-v3 结构如图 5-18：输入图像经过卷积池化后，图像尺寸缩小为 1/2；再依次经过 3 个 Block 模块(块 1～块 3)进行卷积、线性整流函数(Rectified Linear Unit，ReLU)、池化处理，图像依次缩小 1/8、1/16、1/16；然后经过块 4 处理后进入 ASPP 模块，ASPP 通过融合不同多孔卷积(插孔数 rate = 6、12、18)处理后，与 1 × 1 卷积层、全局池化层进行整合，得到缩小为输入图像 1/16 的特征图；再进行分类预测得到分割图。

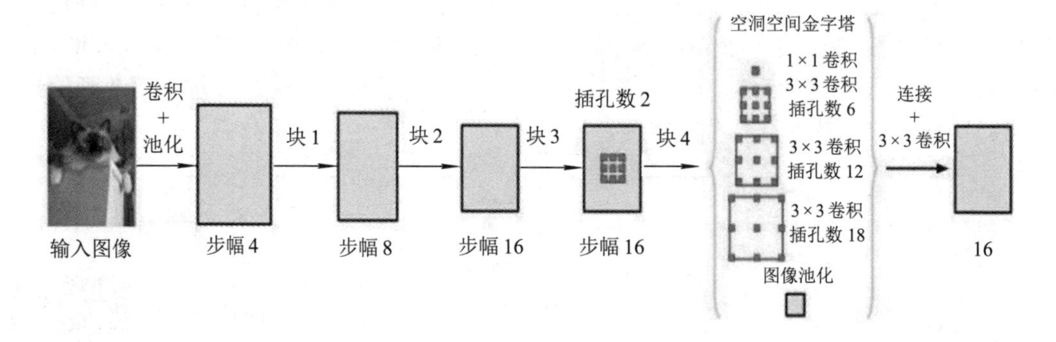

图 5-18 Deeplab-V3 模型结构图

DeepLab-v3+ 模型采取编解码结构，如图 5-19 所示：将 DeepLab-v3 模型作为编码部分，对图像进行处理后输出 DCNN 中浅层特征图和经过 ASPP 融合卷积后的特征图，并将两者作为解码部分的输入；进入解码模块，先对输入的浅层特征图卷积，再与经过上采样的 ASPP 特征图进行融合，然后经过卷积、上采样操作输出原始尺寸大小的分割图，实现端到端的语义分割。

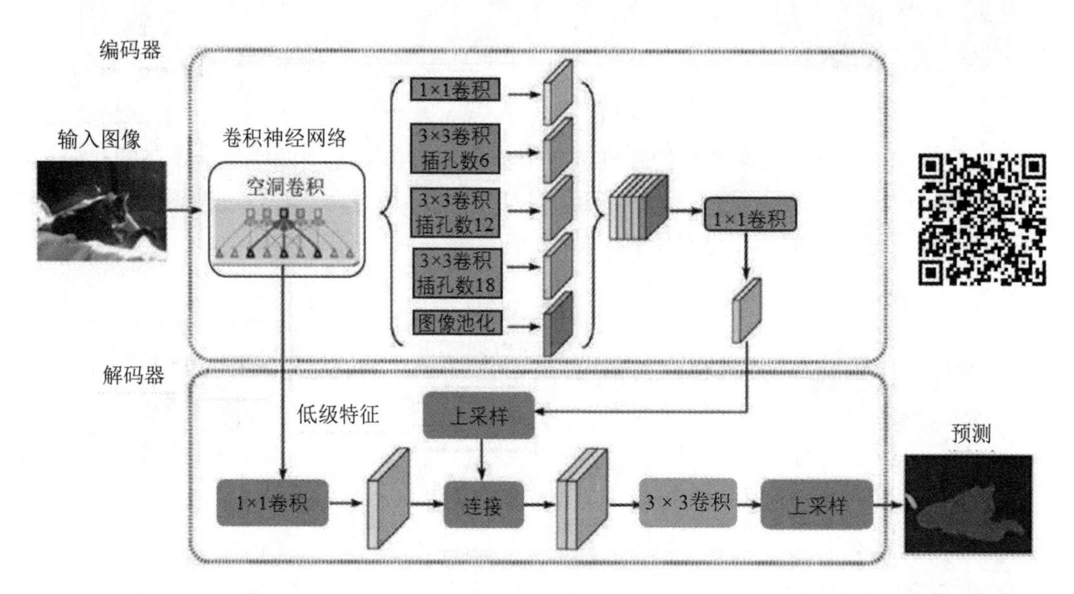

图 5-19 DeepLab-v3+ 模型结构图

DeepLab-v3+ 模型对不同目标(马、人、狗等)的分割效果如图 5-20 所示，其中第 1、3 列表示输入图像，2、4 列表示对应的分割结果图像。观察图 5-20 可知，分割后的图像中能够明显区分出前景目标和背景，目标边缘轮廓清晰，说明该模型能够实现细粒度的分割。

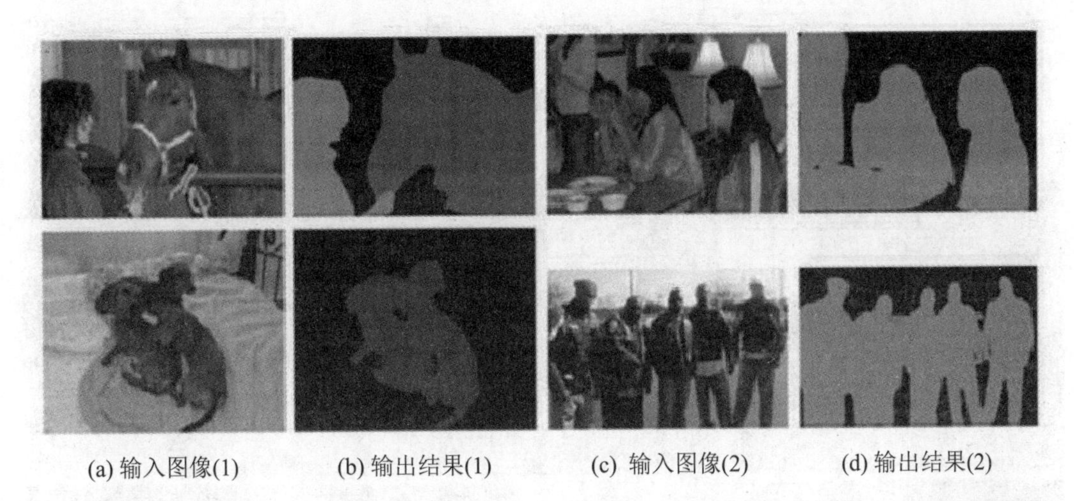

(a) 输入图像(1) (b) 输出结果(1) (c) 输入图像(2) (d) 输出结果(2)

图 5-20 DeepLab-v3+模型图像分割效果

4. Mask-RCNN

Mask-RCNN 是由 He Kaiming 等人基于 Faster RCNN 提出的用于图像分割的深度卷积网络，在进行目标检测的同时实现高质量的分割。Mask-RCNN 框架如图 5-21 所示。第一阶段，首先用区域建议网络(Region Proposal Networks，RPN)提取出候选目标的边界框，然后对边界框里面的内容(Region of Interest，ROI)进行 ROIAlign 处理，将 ROI 划分为 $m \times m$ 的子区域；第二阶段，与预测类和边界框回归任务并行，增加了为每个 ROI 输出二分类掩码的分支，可理解为用 FCN 对每个 ROI 进行分割，以像素到像素的方式预测分割掩码。

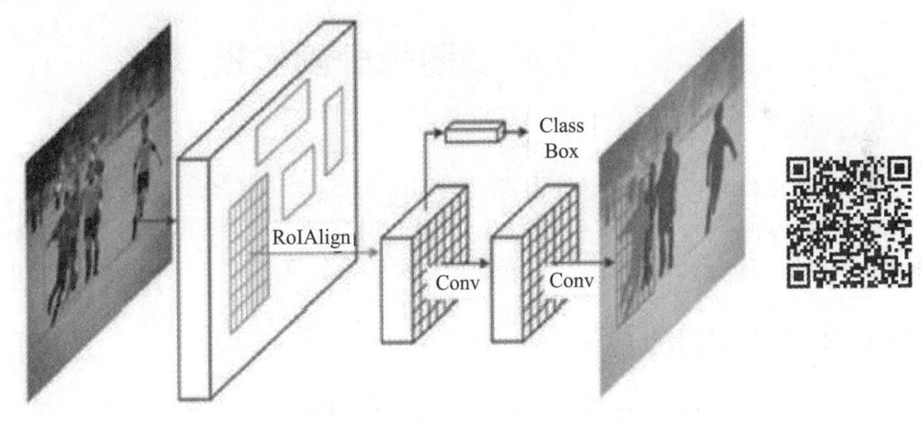

图 5-21 Mask RCNN 框架

区别于 FCN、PSPSet、DeepLab 等模型实现的语义分割，MaskRCNN 在语义分割的基础上实现了实例分割。语义分割用来识别图像中存在的内容以及位置，而实例分割是在语义分割的基础上区分同一类别下的不同个体，可以得到更精确的目标信息。与现有的实例分割模型 FCIS、MNC 等相比，Mask RCNN 模型不仅分割精度更高，而且模型更加灵活，可以用来完成多种计算机视觉任务，包括目标分类、目标检测、实例分割、人体姿态识别等。在训练阶段，Mask RCNN 模型使用多任务损失约束 L，其表达式如下：

$$L = L_{cls} + L_{box} + L_{mask} \tag{5-6}$$

其中，L_{cls} 表示目标分类的损失，L_{box} 表示检测任务的损失，L_{mask} 表示实例分割损失。

MaskRCNN 模型复杂场景的分割效果如图 5-22 所示，图中的前景目标在实现精准检查定位的同时，实现了实例分割，对同类目标不同个体进行了区分。

图 5-22 Mask RCNN 模型图像分割效果

5.4 图像分割实现

本节图像分割实战是对网上开源代码 DeepLab-v2 进行复现，主要对模型构建、训练和测试 3 个方面进行介绍。DeepLab-v2 的 pytorch 实现代码网址为 https://github.com/kazutololl/deeplab-pytorch。

5.4.1 网络模型构建

DeepLab-v2 相对于 DeepLab-v1 最大的改动是增加了受空间金字塔池化(Spacial Pyramid Pooling，SPP)启发得来的空洞空间金字塔池化模块(ASPP)，同时还在 DeepLab v1 的基础上将 VGG16 网络换成了 ResNet 网络。

ASPP 模块是类似于 Inception 的结构，包含不同比例的空洞卷积，加强了模型识别不同尺寸的同一物体的能力。ASPP 共提出了 ASPP-S 和 ASPP-L 两个不同尺度的 ASPP，它们的不同点在于扩张率的不同，两个 ASPP 的扩张率分别是{2, 4, 8, 12}和{6, 12, 18, 24}。在进行完空洞卷积后再增加两个 1×1 卷积进行特征融合，最后通过特征图相加得到最终的输出结果。其整体结构图如 5-23 所示，详细结构图如 5-24 所示。

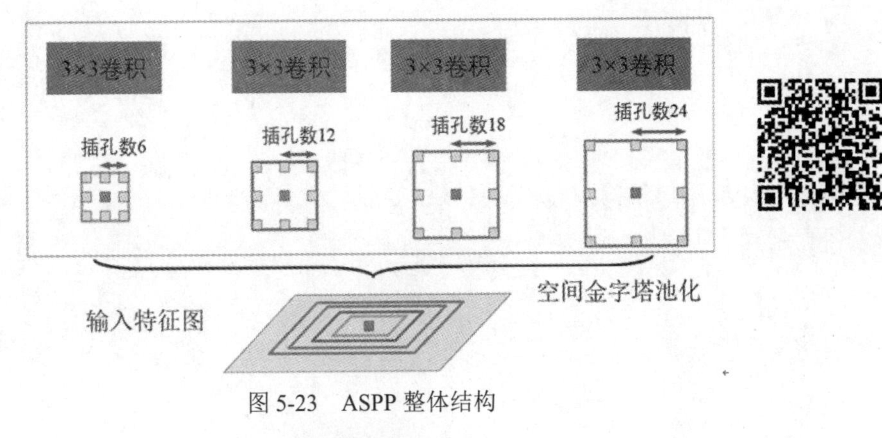

图 5-23 ASPP 整体结构

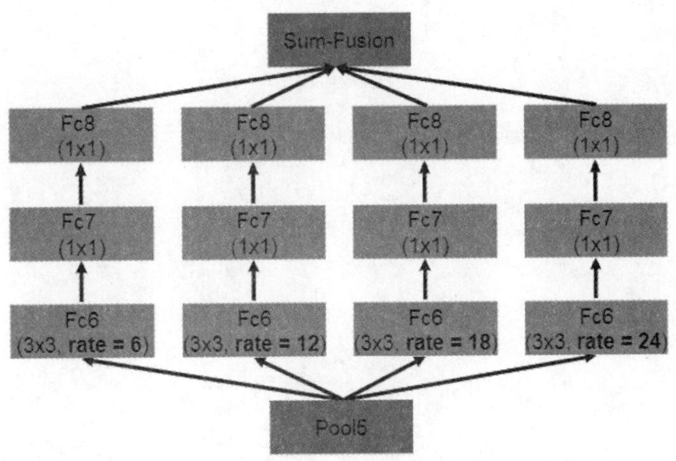

图 5-24 ASPP 详细结构图

构建 ASPP 模块的代码如下：

```
class _ASPP(nn.Module):
    """
    空洞空间金字塔池化(ASPP)
    """

    def __init__(self, in_ch, out_ch, rates):
        super(_ASPP, self).__init__()
        for i, rate in enumerate(rates):
            self.add_module(
                "c{}".format(i),
                nn.Conv2d(in_ch, out_ch, 3, 1, padding=rate, dilation=rate, bias=True),
            )

        for m in self.children():
            nn.init.normal_(m.weight, mean=0, std=0.01)
```

```
                nn.init.constant_(m.bias, 0)

    def forward(self, x):
        return sum([stage(x) for stage in self.children()])
```

DeepLab-v2 整体结构构建代码如下：

```
class _ConvBnReLU(nn.Sequential):
    """
    2D 卷积、批归一化和 ReLU 的级联
    """

    BATCH_NORM = _BATCH_NORM

    def __init__(
        self, in_ch, out_ch, kernel_size, stride, padding, dilation, ReLU=True
    ):
        super(_ConvBnReLU, self).__init__()
        self.add_module(
            "conv",
            nn.Conv2d(
                in_ch, out_ch, kernel_size, stride, padding, dilation, bias=False
            ),
        )
        self.add_module("bn", _BATCH_NORM(out_ch, eps=1e-5, momentum=1 - 0.999))

        if ReLU:
            self.add_module("relu", nn.ReLU())


class _Bottleneck(nn.Module):
    """
    MSRA ResNet 的主干网络
    """

    def __init__(self, in_ch, out_ch, stride, dilation, downsample):
        super(_Bottleneck, self).__init__()
        mid_ch = out_ch // _BOTTLENECK_EXPANSION
        self.reduce = _ConvBnReLU(in_ch, mid_ch, 1, stride, 0, 1, True)
        self.conv3x3 = _ConvBnReLU(mid_ch, mid_ch, 3, 1, dilation, dilation, True)
        self.increase = _ConvBnReLU(mid_ch, out_ch, 1, 1, 0, 1, False)
```

```
        self.shortcut = (
            _ConvBnReLU(in_ch, out_ch, 1, stride, 0, 1, False)
            if downsample
            else nn.Identity()
        )

    def forward(self, x):
        h = self.reduce(x)
        h = self.conv3x3(h)
        h = self.increase(h)
        h += self.shortcut(x)
        return F.relu(h)


class _ResLayer(nn.Sequential):
    """
    具有多网格的残差层
    """

    def __init__(self, n_layers, in_ch, out_ch, stride, dilation, multi_grids=None):
        super(_ResLayer, self).__init__()

        if multi_grids is None:
            multi_grids = [1 for _ in range(n_layers)]
        else:
            assert n_layers == len(multi_grids)

        #只在第一层进行下采样
        for i in range(n_layers):
            self.add_module(
                "block{}".format(i + 1),
                _Bottleneck(
                    in_ch=(in_ch if i == 0 else out_ch),
                    out_ch=out_ch,
                    stride=(stride if i == 0 else 1),
                    dilation=dilation * multi_grids[i],
                    downsample=(True if i == 0 else False),
                ),
            )
```

```
class _Stem(nn.Sequential):
    """
    第一个卷积层
请注意，最大池化与 MSRA 和 FAIR ResNet 都不同
 """

    def __init__(self, out_ch):
        super(_Stem, self).__init__()
        self.add_module("conv1", _ConvBnReLU(3, out_ch, 7, 2, 3, 1))
        self.add_module("pool", nn.MaxPool2d(3, 2, 1, ceil_mode=True))


class ResNet(nn.Sequential):
    def __init__(self, n_classes, n_blocks):
        super(ResNet, self).__init__()
        ch = [64 * 2 ** p for p in range(6)]
        self.add_module("layer1", _Stem(ch[0]))
        self.add_module("layer2", _ResLayer(n_blocks[0], ch[0], ch[2], 1, 1))
        self.add_module("layer3", _ResLayer(n_blocks[1], ch[2], ch[3], 2, 1))
        self.add_module("layer4", _ResLayer(n_blocks[2], ch[3], ch[4], 2, 1))
        self.add_module("layer5", _ResLayer(n_blocks[3], ch[4], ch[5], 2, 1))
        self.add_module("pool5", nn.AdaptiveAvgPool2d(1))
        self.add_module("flatten", nn.Flatten())
        self.add_module("fc", nn.Linear(ch[5], n_classes))


class DeepLabV2(nn.Sequential):
    """
    DeepLab v2：膨胀 ResNet + ASPP
    输出步幅固定为 8
    """
    def __init__(self, n_classes, n_blocks, atrous_rates):
        super(DeepLabV2, self).__init__()
        ch = [64 * 2 ** p for p in range(6)]
        self.add_module("layer1", _Stem(ch[0]))
        self.add_module("layer2", _ResLayer(n_blocks[0], ch[0], ch[2], 1, 1))
        self.add_module("layer3", _ResLayer(n_blocks[1], ch[2], ch[3], 2, 1))
```

```
        self.add_module("layer4", _ResLayer(n_blocks[2], ch[3], ch[4], 1, 2))
        self.add_module("layer5", _ResLayer(n_blocks[3], ch[4], ch[5], 1, 4))
        # ASPP 模块放置在 ResNet 网络最后一层，取代了原来的空洞卷积层
        self.add_module("aspp", _ASPP(ch[5], n_classes, atrous_rates))

    def freeze_bn(self):
        for m in self.modules():
            if isinstance(m, _ConvBnReLU.BATCH_NORM):
                m.eval()
```

从上述代码可知，ASPP 模块放置在 ResNet 网络的最后一层，取代了原本的空洞卷积层。

5.4.2　网络模型训练

本节网络模型训练使用的数据集为进行数据增强后的 VOC2012 数据集，其文件列表如下：

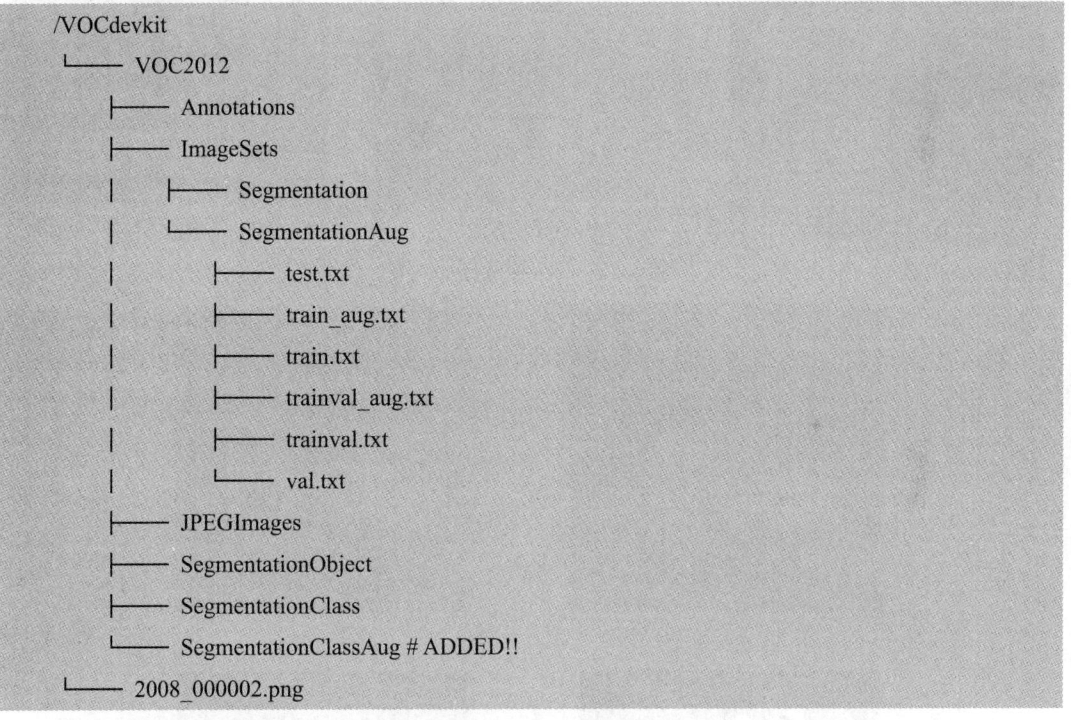

```
/VOCdevkit
└─── VOC2012
    ├─── Annotations
    ├─── ImageSets
    │    ├─── Segmentation
    │    └─── SegmentationAug
    │         ├─── test.txt
    │         ├─── train_aug.txt
    │         ├─── train.txt
    │         ├─── trainval_aug.txt
    │         ├─── trainval.txt
    │         └─── val.txt
    ├─── JPEGImages
    ├─── SegmentationObject
    ├─── SegmentationClass
    └─── SegmentationClassAug # ADDED!!
└─── 2008_000002.png
```

使用 VOC2012 数据集进行网络模型训练的步骤如下：

(1) 设置数据集路径，在 congfigs 文件夹中找到 voc12.yaml，修改其中 dataset root 为存放数据集路径。

(2) 下载 ResNet 预训练模型 caffemodel，运行 scripts/setup_caffemodels.sh 文件。

(3) 由于 ResNet 预训练模型是在 TensorFlow 下得到的，所以需要将其转换成 PyTorch 下也能使用的格式，在终端输入“python convert.py --dataset voc12”，即可生成 deeplabv2_resnet101_msc-vocaug.pth 文件。

(4) 在终端输入“python main.py train --config-path configs/voc12.yaml”，即可开始训练。

5.4.3 网络模型测试

由于训练模型需要耗费大量的显存和时间，读者可以通过下载预训练模型进行测试。预训练模型是在 VOC2012 数据集下训练得到的。

在终端输入“Python main.py test--config-path configs/voc12.yaml--model-path data/models/voc12/deeplabv2_resnet101_msc/train_aug/checkpoint_final.pth”，可得到测试结果。

在需要测试自己图片时，可运行 demo.py 文件，具体命令如下：

```
python demo.py single --config-path configs/voc12.yaml --model-path deeplabv2_ resnet101_ msc-vocaug-20000.pth --image-path image.jpg
```

测试结果如图 5-25 和图 5-26 所示。

(a) 输入图像

(b) 背景图像

(c) 分割结果

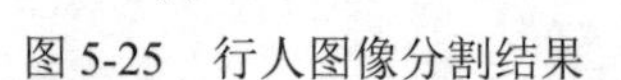

图 5-25 行人图像分割结果

(a) 输入图像

(b) 背景图像

(c) 小猫图像分割结果

(d) 小狗图像分割结果

图 5-26 小狗、小猫图像分割结果

本 章 小 结

本章在阐述图像分割概念的基础上，着重介绍了几类传统的图像分割方法和基于深度学习的图像分割方法，对每一类方法中的代表性算法进行了研究和分析，并对基于深度学习的图像分割方法进行了实现。

第6章 目标检测

6.1 概述

在日常生活中智能电子设备的应用越来越广泛，其获取的许多信息都是以图像的形式存储的。虽然采用图像的方式存储信息有许多方便之处，但是在信息搜索方面却存在诸多不足。目标检测是一种与计算机视觉和图像处理有关的计算机技术，常用于检测一张图像或一段视频中人们所关注的对象(如建筑物或汽车)实例。现今生活中很多领域都用到了目标检测技术，例如过安检时验证身份信息的人脸识别技术、在智慧交通系统中对机动车和行人做检测和跟踪的技术等。硬件设备性能的不断提高、基础数据库数据量的不断增加为卷积神经网络成为目标检测的主流算法提供了条件。

目标检测问题可表述为：对于一张图像或者一段视频而言，假设其中包含一个感兴趣的对象类，目标检测的任务就是设计一个算法或系统来找到具体对象实例以及其在图像上的位置。目标检测从本质上来说可以理解为一个多任务学习，即分类和位置。换句话说，第一个任务是找到用于描述图像区域的信息表示，即特征向量或描述符；第二个任务是在特征提取后，应用机器学习的分类算法对上一个阶段找到的区域进行分类。

传统的目标检测算法主要分为区域选择、特征提取和分类 3 个步骤，但是这类算法的通用性差、复杂程度过高且实时性效果也不能满足应用要求。由于传统算法是人工提取特征，没有针对性，而且没有应对变化的能力，模型缺乏健壮性，就会存在“准确度差、效率低”的缺点。在深度学习还没有被普遍使用之前，Lowe 于 1999 年提出尺度不变特征变换(SIFT)来检测图像特征。SIFT 方法通过提取一组图像中的关键点，并与数据库中已有的特征进行比较，根据特征向量之间的 Euclidean 距离找到与其相似的特征，据此来检测图片。PViola 和 M Jones 于 2001 年提出 Haar-like 特征作为人类面部特征的提取方式。Navneet Dalal 等人于 2006 年提出的方向梯度直方图(HOG)特征，能够更有效地提取特征，被很多人使用。Pedro F.Felzenszwalb 于 2008 年提出了可变形部件模型(DPM)，它在 HOG 的基础上进行改进，解决了 HOG 难以处理遮挡物体的问题。

随着 2012 年深度学习和卷积神经网络的提出，人们处理计算机视觉问题有了新的工具。深度卷积神经网络能够学习图像的高级且健壮的特征表示，因此不少研究者将其应用于目标检测。

一种先进行区域选择再利用 CNN 做特征筛选的方法被尝试使用，该方法被称为“两阶段目标检测”(Two-stage Object Detection)。Ross Girshick 等人于 2014 年首次把目标检测和 CNN 结合起来提出了 R-CNN(Region-CNN)。R-CNN 以选择性搜索(Selective Search)作为主要思想。通过选择性搜索提取一组对象候选框，然后将每个框缩放到相同大小，运用 CNN 模型(如 AlexNet)进行特征提取，最后用线性 SVM 分类器进行类别识别。何凯明于 2014 年提出了空间金字塔池化网络(SPP-Net)，在该网络被提出之前，输入都是固定大小的，而何凯明等人通过 SPP-Net 来去除这个限制，对于候选区域的选择不需要重新缩放到相同大小。为了克服 R-CNN 中提取特征操作的冗余，Ross Girshick 于 2015 年提出 Fast R-CNN，并在特征提取阶段加入 RoI Pooling 层来固定特征图尺度。随后，何凯明于 2015 年提出 Faster R-CNN，在其网络结构中使用区域建议网络 RPN 来选择候选区域(Region Proposal)。

随着时代发展，计算机的计算能力也得到了一定的增强。“两阶段”目标检测器需要先划分候选区域再进行特征筛选，因此不能达到实时检测的效果。考虑到模型的简洁以及运算速度的提升，“单阶段”目标检测被提出。深度学习时代第一个被提出的单阶段目标检测方法是 YOLO，它由 Joseph Redmon 等人于 2016 年提出，作者放弃了两阶段“区域检测+验证”的思想，取而代之的是将单个神经网络作用于整个完整图像。YOLO 的运行速度非常快，但缺点是检测精确度不如“两阶段”目标检测。之后，Jeseph Redmon 对 YOLO 的网络结构进行了改进，并分别于2017年和2018年提出了YOLO的后续版本YOLOv2 和 YOLOv3，它们在提高检测精度的同时保持了很高的检测速度。Alexey Bochkovskig 于 2020 年在 YOLOv3 的基础上加以改进，提出了新的版本 YOLOv4；同年，来自 Ultralytics 团队的 Glenn Jocher 于 2020 年在 YOLOv3 的基础上提出 YOLOv5 模型。该模型运行准确度高于以往的两阶段目标检测模型，且模型运行速度快，可以很好地应用于嵌入式设备和移动端进行检测，因此，YOLOv5 成为目前目标检测表现最好的网络模型之一。SSD(Single Shot Multibox Detector)由 Liu Wei 等人于 2016 年提出，它的主要贡献是引入了新的检测技术。Lin Tsung-Yi 等人于 2017 年找出了单阶段目标检测器准确率低的原因并提出了 RetinaNet。Tan Mingxing 等人于 2020 年提出了 EfficientDet，该网络基于特征金字塔网络 FPN 提出用双向特征金字塔网络 BiFPN 和混合缩放去融合不同尺度下的特征，做到不同尺度下的权值共享，在网络参数量、检测精度和运行速度上都得到了较大的提升。

可以看出，目标检测的发展历程经历了从传统的数字图像信号处理到深度学习的转变。在传统的目标检测中，人们的研究着重于数字图像自身的特征，然而现实生活的图像中目标形态各异、光照强度不均、背景变化多样，导致传统方法难以提取健壮的特征，进而导致检测效果不准确。基于卷积神经网络的算法很好地解决了这个问题。而在深度学习阶段，目标检测又经历了从两阶段到单阶段的转变。正如其名称所说，两阶段目标检测算法将目标检测大致分为两个阶段，即提取特征和分类，但由于两阶段的网络结构导致模型收敛难度大大上升，因此两阶段目标检测随着研究的深入慢慢被单阶段目标检测取代。单阶段目标检测算法仅仅通过一个深度神经网络结构就完成了提取特征和分类这两个阶段，经若干年的研究，现已发展到了可以兼顾精度与速度的程度。随着研究的深入，越来越多复杂的网络结构被提出，目标检测算法的性能也越来越完善。

6.2 常用数据集

常用数据集如下：

(1) COCO：该数据集是于 2015 年发布的一种基于日常复杂场景的常见目标数据库，该数据集包含了各种特点的目标，包括小目标和多目标，并包含了 30 多万张完全分割的照片，平均每张图像含有 7 个目标实体，共标注出 250 万个目标对象，包括 91 种类别。

(2) TinyPerson：中国科学院提交的一种只包含人类的数据集，其中训练集与测试集各包括近 800 张图像。

(3) ImageNet：2010 年首次推出，之后增加了目标的类别和数量，提高了目标检测任务评价标准，可用于目标定位、场景分类、目标检测、图像分类和场景解释等任务。目前该数据集中的图像数超过 1200 万张，类别增加了 2.2 万个，并对约 103 万张照片进行了目标物体的类别标注，对于目标检测任务，共包含 200 个类别。

(4) UCAS-AOD：一种远程目标检测数据集，只包含车辆、飞机两个类别。其中飞机小目标样本 7482 个，汽车小目标样本 7114 个。

(5) RSOD：由武汉大学发布的航空遥感图像，包括飞机、操场、桥和油罐 4 个类别。其中桥类图像 176 张，飞机类图像 446 张，操场类图像 189 张，油罐类图像 165 张。

(6) OpenImagesv4：包含 9203 张图像，训练集包含 1460 万个边界框，是谷歌开源大型数据集。

(7) OICOD：基于 OpenImagesv4 的最大公用数据集，包括更多的类别、图像、边界框、实例分割和海量的注释处理，OICOD 还为目标实例提供了可以手动验证的标签。

(8) URPC2018：水下物体数据集，共包含近 2900 张训练图像和近 800 张测试图像，类别包括海参、海星、海胆和贝类。

6.3 目标检测常用方法介绍

目标检测常用方法有基于特征分类的传统目标检测算法和基于深度学习的目标检测算法。基于深度学习的目标检测算法是深度学习在机器视觉领域取得重大突破以后，使用 CNN 提取图像和视频特征来进行分析和处理的。其中基于深度学习的目标检测算法可以分为基于回归方法的 One-stage 类算法和基于候选区域的 Two-stage 类算法，本节将对这两大类目标检测算法进行简要的分析。图 6-1 简单列举了一些常用的目标检测算法。

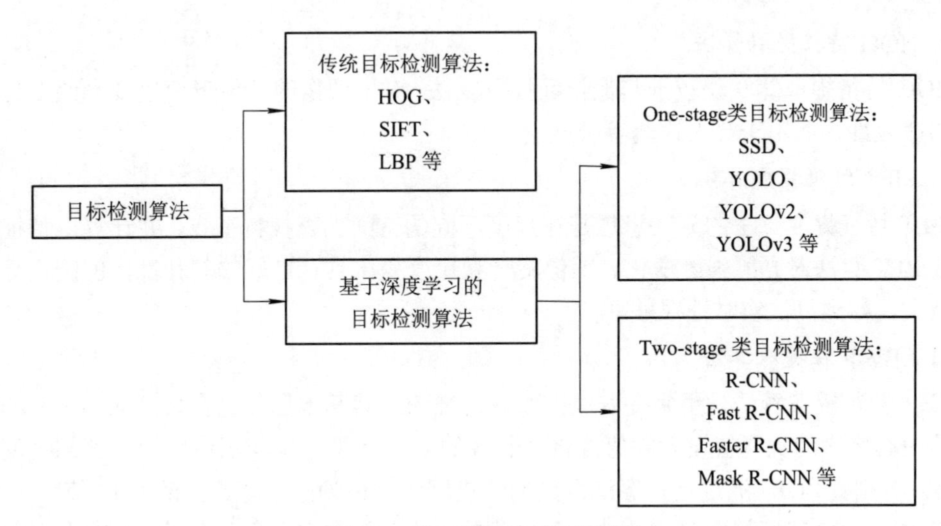

图 6-1　常用的目标检测算法

6.3.1　传统的目标检测算法

1. 传统的目标检测算法流程

传统的目标检测算法基于特征分类，其流程如图 6-2 所示，算法的检测过程可分为 3 个步骤：

(1) 区域选择，即用滑动窗口在给定的图像上选出候选区域或感兴趣区域。

(2) 特征提取，即根据特定的任务，在候选区域或感兴趣区域上提取目标对象所需要的特征。

(3) 分类，即使用 SVM、随机森林等分类器，对提取到的特征进行处理。

图 6-2　传统目标检测算法流程

在特征提取阶段，通常通过人工从原始图像中获得与检测目标相关的特征信息，进而在获取的特征上进行分类器的训练，提取的特征信息的质量将直接影响后续分类器的训练。由于目标的形态各异、背景繁杂、旋转角度和光照的影响等，提取具有健壮性的特征信息是一件困难的工作。

2. 特征提取算法

计算机视觉领域经过近几十年的发展，已经推出了许多特征提取算法，在这里将简要介绍传统目标检测技术中最为常用的 3 种特征提取算法，包括 HOG(Histogram of Oriented Gradient，方向梯度直方图)特征提取算法、SIFT(Scale-invariant Feature Transform，尺度不变特征转换)特征提取算法和 LBP(Local Binary Pattern，即局部二值模式)特征提取算法。

1) HOG 特征提取算法

HOG 特征提取算法相较于其他特征提取算法，对于图像的几何形变以及光照变化具有更好的适应性，适用于行人检测等领域。

2) SIFT 特征提取算法

SIFT 特征提取算法的算法思想是在尺度不同的空间上查找特征点，并计算出特征点的方向。SIFT 算法对光照强度变化、图像旋转和尺度变化具有良好的健壮性，但因该算法计算量较大，导致算法实时性很差。

3) LBP 特征提取算法

LBP 特征提取算法是用来提取局部纹理特征的，其基本思想是在尺度为 3 × 3 的窗口中，将中心像素的灰度值设为阈值，将其邻域的 8 个像素分别与阈值比较，若超过阈值则置为 1，否则置为 0。通过这种算法得到的二进制组合称为中心像素点的 LBP 值。

基本的 LBP 特征提取算法的特点是产生的二进制模式多且不具备随机旋转性的缺陷。该算法通过一系列的改进：将 3 × 3 窗口改为以中心像素点为圆心的圆形窗口；通过旋转不变的圆形邻域提取 LBP 值，并选取其中最小的值作为该邻域的 LBP 值以实现旋转不变性。改进后的 LBP 特征提取算法的旋转不变性和灰度健壮性能够得到极大的改善，在人脸识别和日标检测等领域有广泛应用。

传统的目标检测算法相较于基于深度学习的目标检测算法，在小样本数据的检测上具有明显优势，且对设备的计算力要求较小、训练时间较短，节省了硬件和时间成本。但是在处理大批量的数据样本时，传统的目标检测算法需要处理的数据量更大，并且精度较低。

6.3.2 基于深度学习的目标检测算法

随着图像数据的海量增长，其数据量也越来越大，传统的目标检测算法在处理海量数据时已日益困难。随着计算机硬件设备的迅猛发展，设备的计算力得到了极大提升，尤其是近几年 GPU(Graphics Processing Unit，图形处理器)设备的提升为图像处理提供了更强的效能，其强大的计算力直接促进了深度学习在目标检测领域的应用。基于深度学习的目标检测算法根据结构可大致分为两类，即 One-stage 类目标检测算法和 Two-stage 类目标检测算法。近年来，在 One-stage 检测算法基础上引入的 transformer 编码-解码构架的目标检测方法也成为主流算法之一。

1. Two-stage 类目标检测算法

Two-stage 类目标检测算法为基于候选区域提出的算法，该类算法可分为两个步骤：第一步，提取可能包含目标的候选区域；第二步，对选出的候选区域进行分类。Two-stage 类目标检测算法的大致流程如图 6-3 所示。其中，提取候选区域的方法大致可分为两类：第一类是采用 Selective Search 等传统目标检测算法的候选区域提取方法，这一类方法产生的候选窗口数量较少、召回率较高，使用这种候选区域提取的算法主要有 R-CNN、Fast R-CNN 等；第二类是使用区域选择网络(Region Proposal Network，RPN)进行候选区域选择的方法，该类方法使用滑动窗口将卷积神经网络产生的特征结果映射到输入图像上产生候选区域，典型代表为 Faster R-CNN 算法。

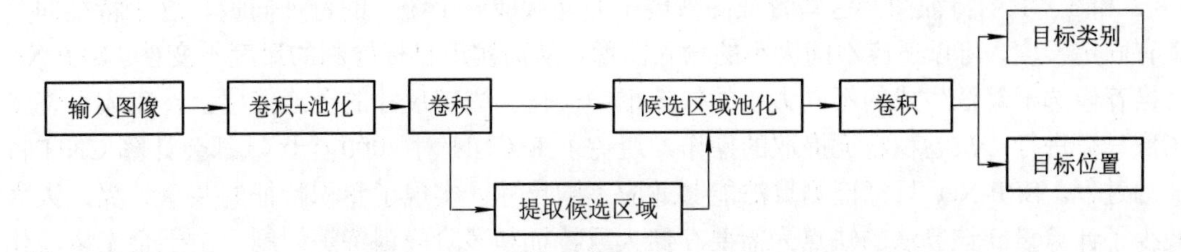

图 6-3　Two-stage 类目标检测算法流程图

下面简要介绍几种 Two-stage 类目标检测算法。

1) R-CNN 模型

Ross Girshick 等人提出的 R-CNN 模型使目标检测取得了巨大突破，成为后续 R-CNN 系列两阶段目标检测的开山之作。R-CNN 的框架流程如图 6-4 所示，首先使用 SS(Selective Search)算法提取大约 2000 个候选框；然后将提取到的候选框做预处理统一到固定尺寸，送入 AlexNet 网络进行区域特征提取；最后对 CNN 提取的区域特征使用 SVM 进行分类与边框校准。R-CNN 算法的性能较传统算法有很大的提升，但还存在着 SS 算法产生候选框耗时严重、裁剪会导致信息丢失或引入过多背景、卷积特征重复计算量大和网络训练需要分步骤进行等缺点。

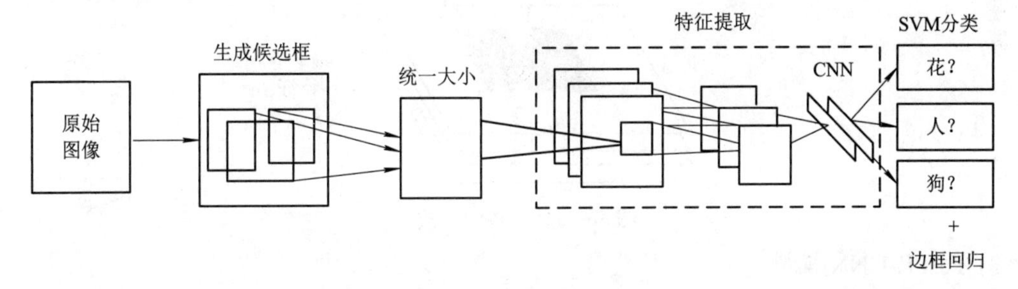

图 6-4　R-CNN 框架流程

2) SPP-Net 模型

为了任意大小的图像能够输入网络，何凯明等人提出 SPP-Net 目标检测模型，如图 6-5 所示。

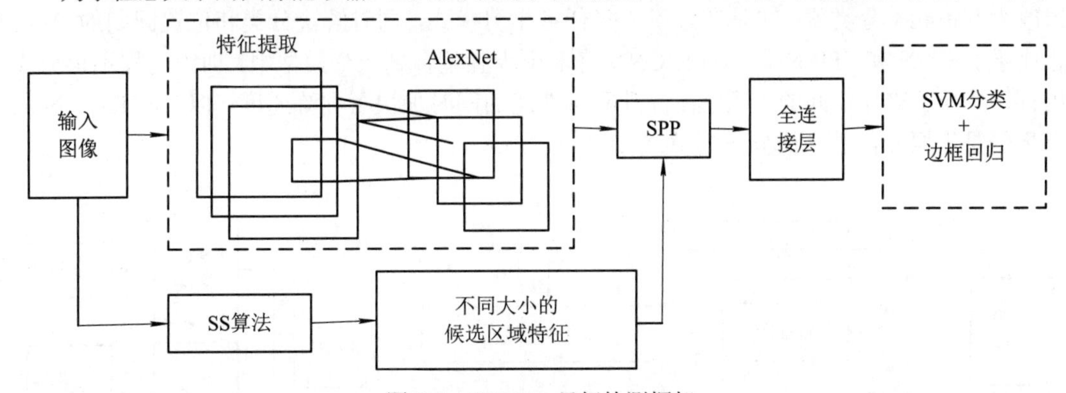

图 6-5　SPP-Net 目标检测框架

SPP-Net 通过在最后一个卷积层与全连接层间加入金字塔池化层，结构如图 6-6 所示。卷积层生成的特征图通过 SPP 层进行多尺度池化，生成多个不同尺度的特征表示，如 4 × 4、

2×2 和 1×1 的特征图，这些特征图被展平并连接成一个统一的特征向量。这个特征向量具有固定长度，可以适应不同大小的输入图像，从而实现目标检测的尺度不变性。SPP-Net 将推荐候选框算法生成的不同大小的候选框归一化到固定尺寸的全连接层上，完成对整张图像只需进行一次卷积特征提取的操作，避免了 R-CNN 对 2000 个区域都会计算 CNN 特征的过程。SPP-Net 目标检测算法能够适应不同尺寸，实现了卷积特征的共享计算，大大减少了计算量。该算法的缺点为需要存储大量特征和多阶段训练等问题；由于金字塔池化层的多尺度，增加了在金字塔池化层之前的所有卷积层不能微调的新问题。

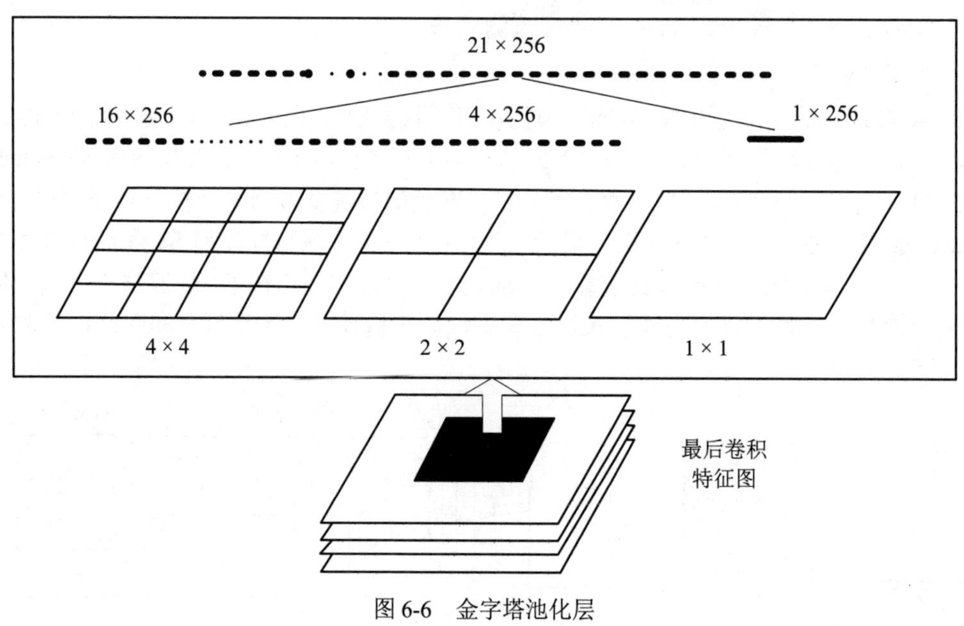

图 6-6 金字塔池化层

3) Fast R-CNN 模型

2015 年 Ross Girshick 等人提出了 Fast R-CNN 目标检测算法，该模型的流程结构如图 6-7 所示。该模型的特点有：一是通过结合 SPP-Net 改进了 R-CNN，使用 VGG16 代替 AlexNet 网络，简化 SPP 算法中的金字塔池化层为单尺度使得所有层参数可以微调，将 SVM 分类器改为 Softmax 分类器；二是通过引入多任务学习模式，同时解决分类和位置回归的问题。相比于 R-CNN 和 SPP-Net，Fast R-CNN 将多个步骤整合到一个模型中，训练过程不再分步进行，减少了磁盘空间的占用，在提升网络性能的同时加快了训练速度。但 Fast R-CNN 的不足仍是需要专门的生成候选框算法。

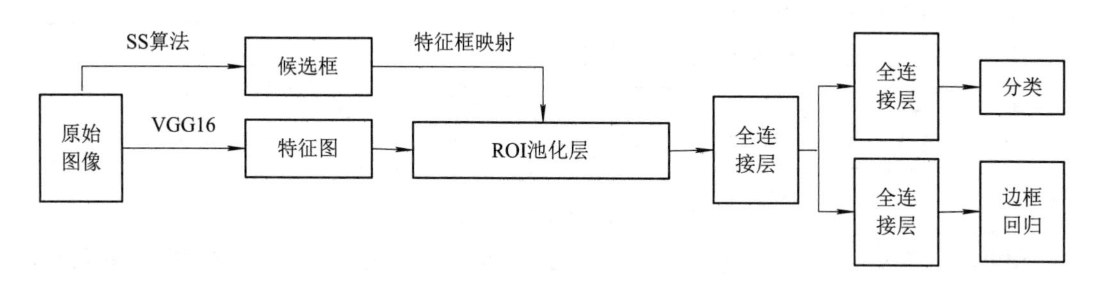

图 6-7 Fast R-CNN 流程图

4) Faster R-CNN 模型

使用SPP-Net与Fast R-CNN进行检测的时间消耗主要集中在使用专门的候选框生成算法的阶段。为了解决此问题，Ren Shaoqing 等人又提出了 Faster R-CNN 目标检测框架，如图 6-8 所示。

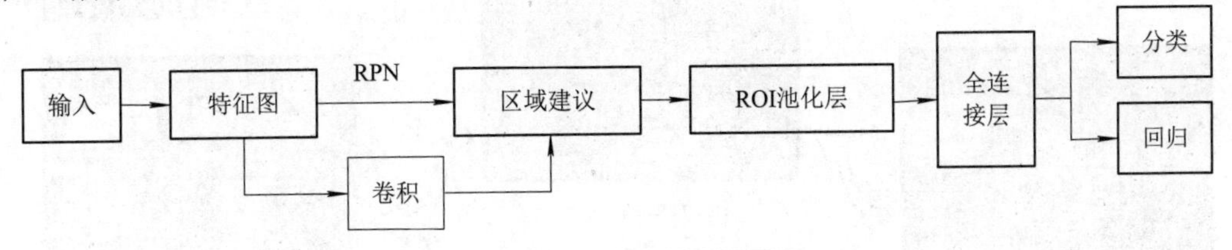

图 6-8 Faster R-CNN 框架

该算法引入 RPN(Region Proposal Networks)代替专门的生成候选窗口算法，通过对特征图上的每个点进行滑窗操作，将不同尺寸的锚点框映射到原始图像，得到候选区域，完成前景背景的粗分类和粗定位。使用 RPN 使 Faster R-CNN 能够将网络中的区域建议、特征提取、分类及定位等多个步骤整合到一起，真正成为端到端的训练。Faster R-CNN 特征图上的一个锚点框对应于原图中一块较大区域，因此 Faster R-CNN 对小目标检测效果不是很好。

2. One-stage 类目标检测算法

One-stage 类目标检测算法为基于回归的深度学习目标检测算法，其中常用的单目标检测算法有 SSD、RetinaNet、YOLO、YOLOv2、YOLOv3、YOLOv4、YOLOv5 等。相较于 Two-stage 类目标检测算法，One-stage 类目标检测算法无需候选区域提取这一过程，能够直接回归物体的类别概率和位置坐标。One-stage 类目标检测算法的核心组件是卷积神经网络和回归网络，其基本流程如图 6-9 所示。下面简要介绍 One-stage 目标检测算法最具代表性的 YOLO 系列算法。

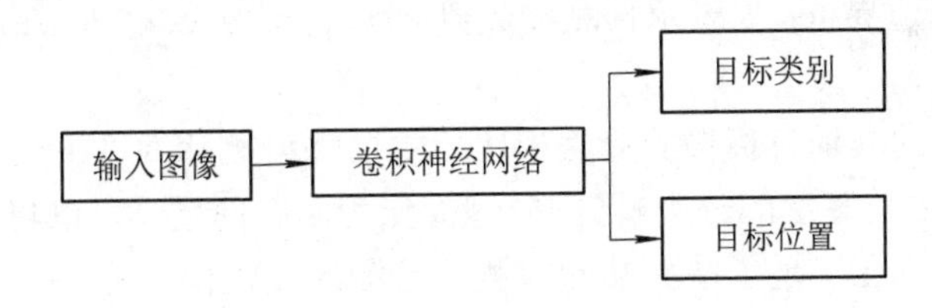

图 6-9 One-stage 类目标检测算法流程图

1) YOLOv1 算法

YOLOv1 算法通过 CNN 直接在一张完整的图像上实现物体类别概率和边界框回归的预测，其网络结构是在 GoogLeNet 模型的基础上建立的。YOLO 算法的实现过程如图 6-10 所示：首先，将输入图像固定为统一尺寸(448 × 448)，输入的图像划分为 $S \times S$ 个网格，每个网格负责检测一个物体中心落在其上的目标，并预测该物体的 Confidence(置信度)、类别及位置；其次，利用 CNN 对输入图像提取特征并进行物体检测；最后，通过非极大值抑制(Non-Maximum Suppression，NMS)处理边界框得到最优结果。YOLO 划分的每个网格检测一个物体，并将检测边界框转化为回归问题，以使该构架可以直接从输入图像中提取特征来预测物体边界框和类别概率。

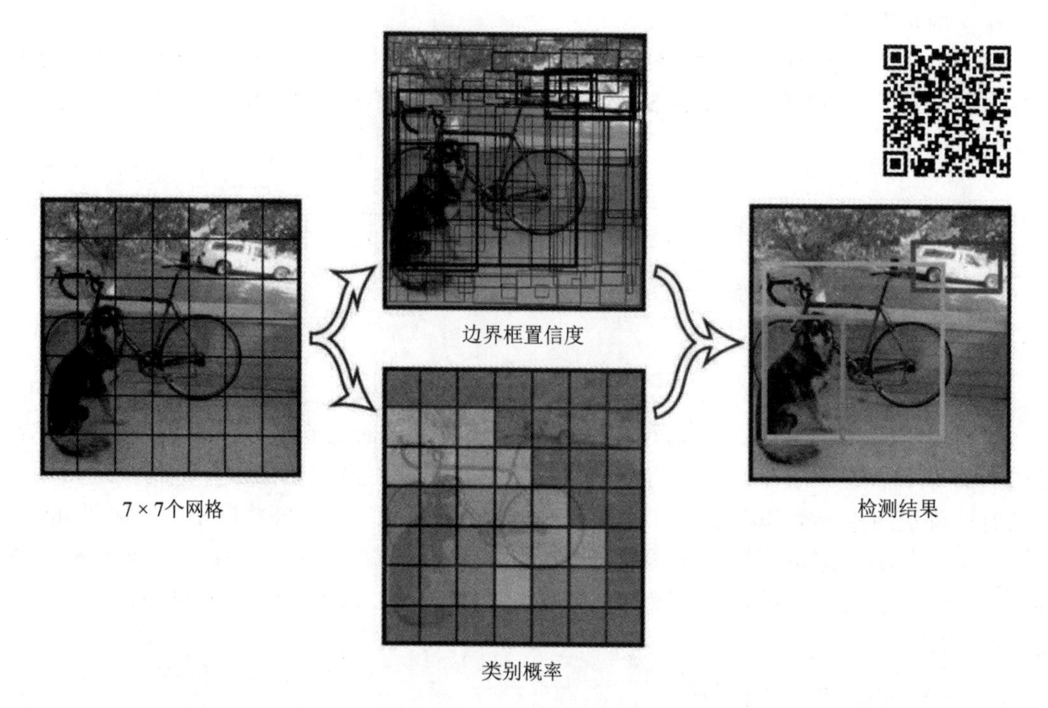

图 6-10 YOLO 算法实现流程

YOLO 检测系统的设计是将输入的 448×448×3 的图像划分为 7×7 的网格，其预测输出张量的计算表示为

$$O = S \times S \times \left(B \times 5 + C \right) \tag{6-1}$$

其中：O 为输出张量数；$S \times S$ 表示输入图像划分的网格数量，对应特征图的分辨率；B 表示每个网格生成 B 个边界框；5 表示预测参数数量(x, y, w, h, confidence)；C 表示能检测到识别的种类。

YOLOv1 与之前的其他目标检测算法相比，主要优势概括为以下几点：

(1) YOLOv1 将之前算法的分类+回归问题简化为回归问题，可以将物体类别检测与框坐标检测同时进行，真正实现了端到端的检测。检测速度较快，能够满足实时性要求。

(2) YOLOv1 训练数据时，输入的是整张图像，这在保证了数据信息的完整性同时能够更好地联系上下文语义。

同时，YOLOv1 也存在自身的限制性：

(1) 对于每一个网格，在检测时只能预测出两个框，且这两个框的物体属于同一类，所以在检测两个距离很近的物体时，检测效果不好，极易出现漏检的情况。

(2) 在检测长宽比罕见的同一物体时，泛化能力差。

(3) 因为 YOLOv1 仅仅对最后的卷积输出层做检测，所以对于尺寸较小的物体，由于经过了多次卷积，很难检测，检测效果不好。

2) YOLOv2 算法

YOLOv2 相对 YOLOv1 版本，主要从预测精度、速度和识别物体数目这 3 个方面进行了改进。YOLOv2 识别的物体变得更多，能够检测 9000 种不同物体，因此又称为 YOLO9000。该算法采用的主要技术有：采用更简单的特征提取网络 DarkNet19 来取代 GoogLeNet 网络；引入了批次归一化(Batch Normalization，BN)层来加强网络的收敛速度，增强了网络的泛化能力；训练高分辨率分类器以适应更高分辨率的图像；利用 WordTree 将 ImageNet 分类数据集和 COCO 检测数据集联合训练；除去全连接层并采用 K-means 聚类算法自动寻找先验框——锚框(anchor boxes)，从而提高检测性能。其中，锚框是为解决单窗口只能检测一个目标和无法进行多尺度检测问题所提出的一种先验框。

3) YOLOv3 算法

2018 年，Joseph Redmon 提出了 YOLOv3 算法，它继承了 YOLOv1 和 YOLOv2 的思想，实现了速度和检测精度的平衡。该算法采用的技术主要有：对 DarkNet19 再加以改进设计出了 DarkNet53 网络，其灵感来自 ResNet，在网络中加入直连通道，即允许输入的信息直接传到后面的层；引入了特征金字塔(Feature Pyramid Networks，FPN)来实现多尺度预测，通过这种新的特征连接方式能有效提高小物体的检测能力；引入残差结构并通过卷积层来实现特征图尺寸的修改。YOLOv3 网络结构如图 6-11 所示。

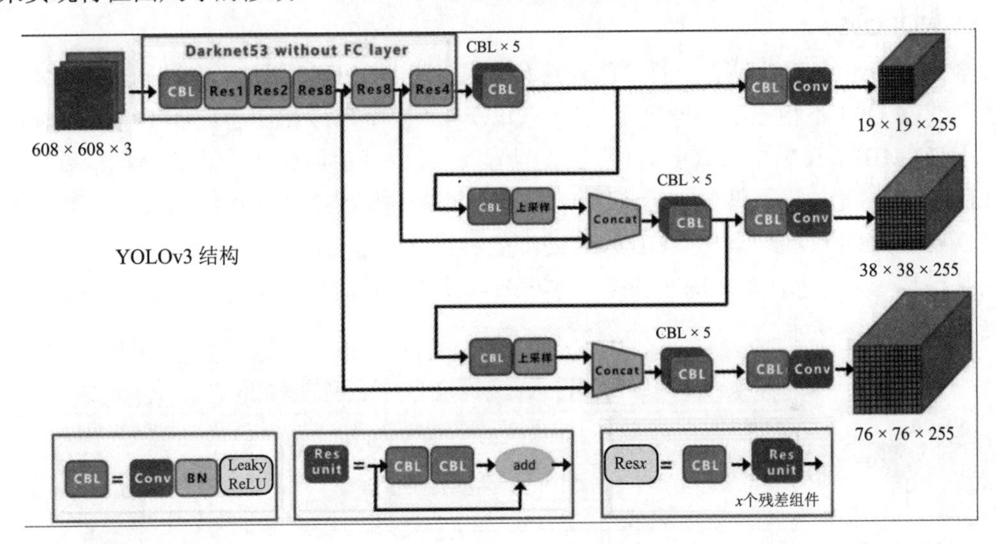

图 6-11 YOLOv3 网络结构图

4) YOLOv4

2020 年 4 月，Alexey Bochkovskiy 等人在 YOLOv3 的基础上在各方面进行了改进并提出了新的高效检测物体的算法——YOLOv4。其特点在于集成各个算法的优点，包括新的数据增强方法 Mosaic 法和自对抗训练(Self Adversarial Training，SAT)法，提出了改进的 SAM 和 PAN 以及交叉小批量标准化(Cross mini Batch Normalization，CmBN)。YOLOv4 的网络结构如图 6-12 所示。

YOLOv4 分成 3 个部分，即 BackBone 主干网络、Neck 部分和 Head 部分。其中，主干网络为 CSPDarkNet53 网络；Neck 部分包括 SPP 模块和 FPN+PAN 结构；Head 部分接收来自 Neck 部分的 3 种不同尺度(19 × 19、38 × 38、76 × 76)的特征图，并通过最后一层卷积层将其处理成目标的边界框和类别。

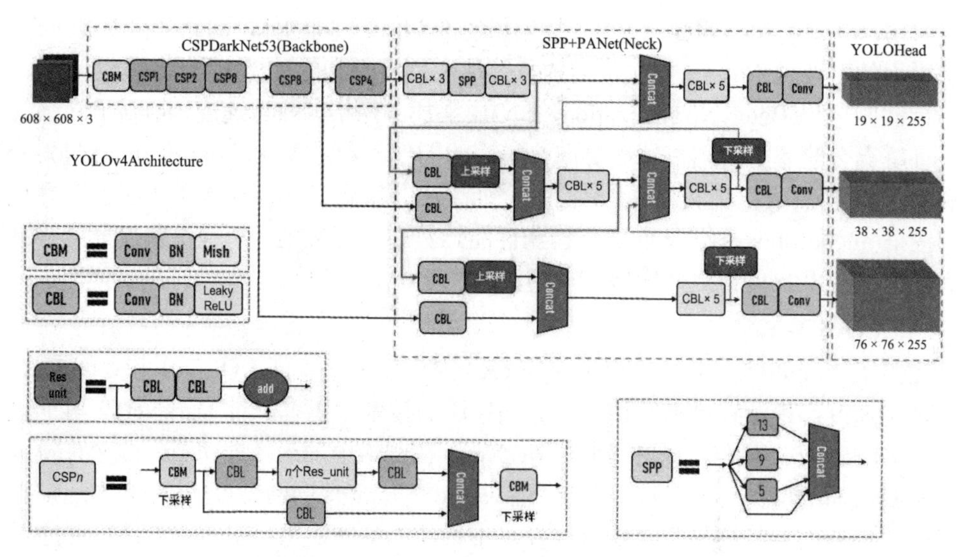

图 6-12　YOLOv4 网络结构图

5) YOLOv5

继 YOLOv4 之后时隔 2 个月，有研究人员推出了 YOLOv5 算法。在准确度指标上，其性能与 YOLOv4 不相上下，速度上远超 YOLOv4，模型尺寸相比于 YOLOv4(245 MB)也小很多(27 MB)，在模型部署上有极强的优势，同样也是目前比较先进的目标检测技术。YOLOv5 官方发布的代码中，检测网络共有 4 个版本，依次为 YOLOv5x、YOLOv5l、YOLOv5m、YOLOv5s。其中 YOLOv5s 是深度和特征图宽度均最小的网络，另外 3 种可以认为是在其基础上进行了加深、加宽。本小节以 YOLOv5s 为主线进行论述。YOLOv5s 网络结构图如 6-13 所示。

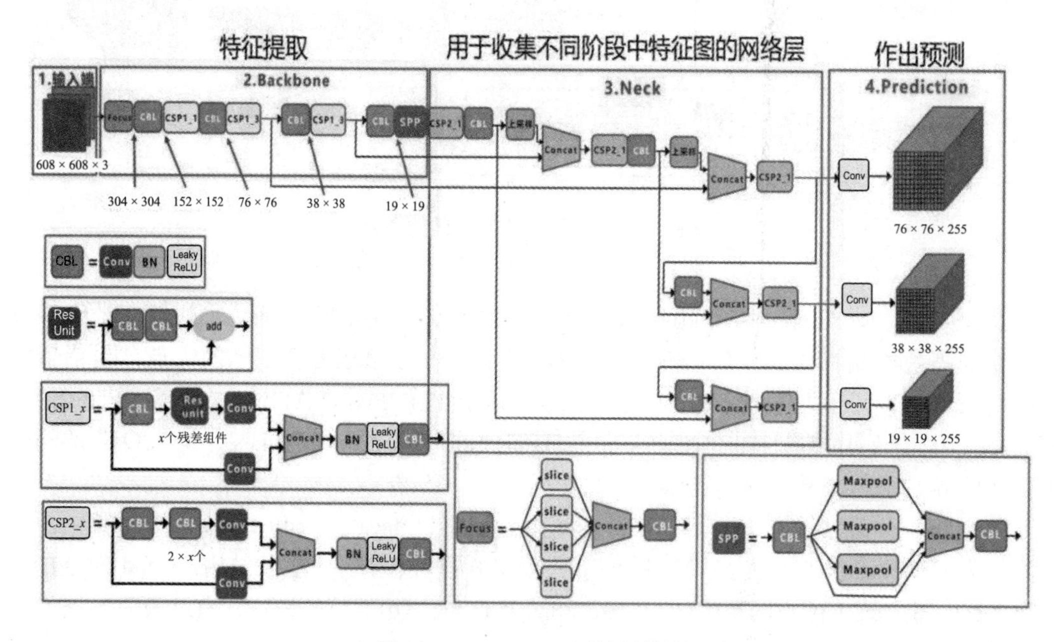

图 6-13　YOLOv5s 网络结构图

将图 6-12 与图 6-13 进行比较，可以发现 YOLOv5 结构与 YOLOv4 基本相似，只是在细节上稍有差异。

(1) 增加 Focus 结构。

Focus 结构的核心是通过间隔采样把每个通道的图像进行分割。对图像进行切片操作，具体细节见图 6-14。图 6-14 以一个简单的 3 × 4 × 4 输入图片为例。对 3 个通道都采取这样的切片操作，最后将所有的切片按照通道编号 Concat 在一起，得到一个 12 × 2 × 2 的特征图。

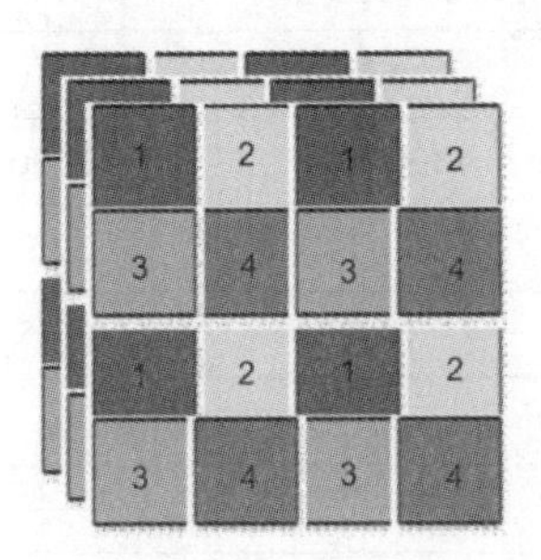

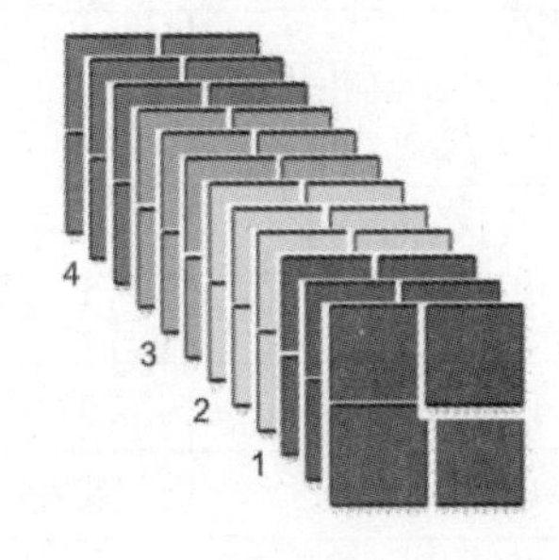

图 6-14 切片操作

YOLOv5s 以 3 × 608 × 608 的图片作为输入，经过切片操作后，变成 12 × 304 × 304 的特征图，最后使用 32 个卷积核进行一次卷积，变成 32 × 304 × 304 的特征图。

(2) CSP 结构。

YOLOv4 仅在 Backbone 中使用了 CSP 结构，而 YOLOv5 则在 Backbone 和 Neck 中使用了两种不同的 CSP 结构。

在 Backbone 中，使用带有残差结构的 CSP1_X，因为 Backbone 网络较深，残差结构的加入使得层和层之间进行反向传播时，梯度值得到增强，有效防止了网络加深时所引起的梯度消失，得到的特征粒度更细。

在 Neck 中使用 CSP2_X，将主干网络的输出分成了两个分支，经过不同卷积操作后再将其拼接，使网络对特征的融合能力得到加强，保留了更丰富的特征信息。

YOLOv5s、YOLOv5m、YOLOv5l、YOLOv5x 按照其所含的残差结构的个数依次增多，网络的特征提取、融合能力不断加强，检测精度得到提高，但相应的时间花费也在增加。表 6-1 为 YOLOv5 四种网络结构差异和在 COCO 目标检测数据集中输入图像为 640 × 640 的性能对比。

表 6-1 YOLOv5 四种网络结构和性能对比表

网络结构	残差组件数/个	卷积核数/个	mAP val 0.5:0.95	mAP val 0.5	模型推理耗时/ms
YOLOv5s	12	1001	37.0	55.9	2.6
YOLOv5m	24	1488	45.3	63.8	3.2
YOLOv5l	36	1984	48.6	66.9	5.2
YOLOv5x	48	2480	50.6	68.7	7.9

YOLOv5 不仅具有轻量级的模型，而且在 Tesla P100 上检测帧率达到 140 fps，检测准

确率与 YOLOv4 相当，可以称得上是当前目标检测算法中的佼佼者。

6) YOLO 系列算法对比

YOLO 系列算法因为具有比较简洁的结构，计算处理速度快，被广泛使用在一些比赛及项目中。YOLO 系列算法网络模型中的骨干网络及其在三大公开数据集 VOC2007、VOC 2012 和 COCO 上的检测速度和精度的对比数据如表 6-2 所示。YOLO 系列算法的优点、存在的不足归纳详情见表 6-3。

表 6-2　YOLO 系列算法对比

算　法	骨干网络	mAP/%			fps
		COCO	VOC2007	VOC2012	
YOLO	VGG16	—	63.4	57.9	45.0
YOLOv2	DarkNet19	21.6	78.6	73.5	40.0
YOLOv3	DarkNet53	57.9	—	—	51.0
YOLOv4	CSPDarkNet53	4305	—	—	23.0

表 6-3　YOLO 系列算法优缺点对比

算　法	优　　点	缺　　点
YOLO	图像划分为网格单元，模型检测速度快	对密集目标和小目标检测效果不佳
YOLOv2	使用聚类产生锚框，可提高分类精度	使用预训练，迁移较难
YOLOv3	借鉴残差网络，可实现多尺度检测	模型复杂，对中、大目标检测效果较差
YOLOv4	在检测精度与速度之间取得了权衡	精测精度有待提高
YOLOv5	模型尺寸小，部署成本低，灵活度高，检测速度快	性能有待提高

3. 基于 Transformer 的目标检测算法

对于目标检测任务而言，各个目标之间的关系是有助于提升目标检测效果的。尽管传统目标检测方法使用到了目标之间的关系，但是在基于 Transformer 的目标检测模型出现前，无论是单阶段还是双阶段目标检测，都未能充分地利用注意力机制来捕捉目标之间的关系。因为目标的位置、尺度、类别、数量都会因图像的不同而不同，导致目标与目标之间的关系难以建模。而现代基于 CNN 的方法大多只有一个简单、规则的网络结构，对于上述复杂问题有些无能为力。

针对这种情况，DETR(Detection Transformer)利用 Transformer 将注意力机制引入目标检测领域。DETR 利用 Transformer 对不同目标之间的关系建模，在特征之中融入了关系信息，实现了特征增强。DETR 基于 Transformer 提出了全新的目标检测架构，开启了目标检测的新时代。

1) DETR

DETR 将目标检测任务视为一个图像到集合(image-to-set)的问题，即给定一张图像，模型的预测结果是一个包含了所有目标的无序集合。整个 DETR 的算法流程如图 6-15 所示。

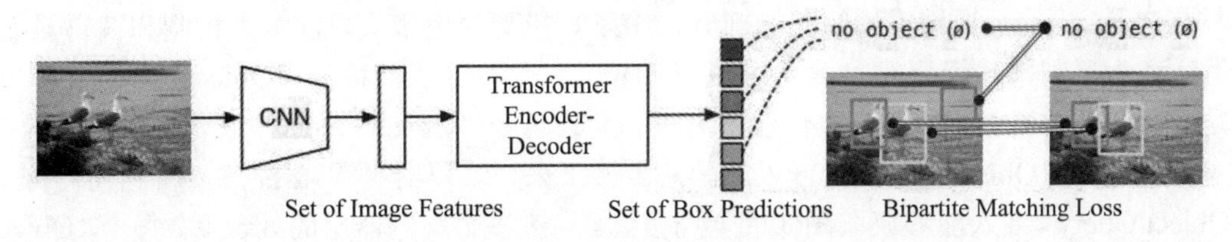

图 6-15 DETR 的算法流程

DETR 的算法流程非常的清晰简洁：首先将一张图像作为输入，通过一个 CNN 进行特征提取，得到一张特征图；随后将二维特征图拆成一维特征图，并当作序列数据输入具有 Encoder-Decoder 结构的 Transformer，得到若干个预测框，包括预测框的位置向量以及类别向量。最后在预测框与标签之间进行二分图匹配，利用匈牙利算法计算 loss，实现端对端的训练。损失函数如公式(6-2)所示。

$$L_{\text{Hungarian}}(y, \hat{y}) = \sum_{i=1}^{N} \left[-\log \hat{p}_{\hat{\sigma}(i)}(c_i) + 1_{\{c_i \neq \varnothing\}} L_{\text{box}}(b_i, \hat{b}_{\hat{\sigma}}(i)) \right] \tag{6-2}$$

式中，y 代表真实标签，$\hat{y}$ 代表模型的预测结果，N 是预测框的数量，c_i 和 b_i 均来自真实标签 y，$\hat{\sigma}(i)$ 和 $\hat{b}_{\hat{\sigma}}(i)$ 来自预测结果 $\hat{y}$。

DETR 的网络架构如图 6-16 所示。该网络架构主要包含 3 个部件：用于提取图像特征表示的 Backbone、Encoder-Decoder Transformer、用于执行最终检测预测的简单前馈网络(FFN)。

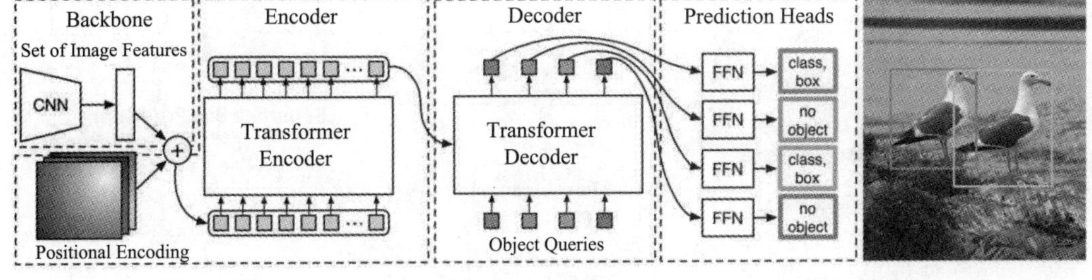

图 6-16 DETR 的网络架构

Backbone 是一个 CNN 网络，对输入图像进行提取特征，得到下采样的特征图，然后对特征图进行位置编码。

Transformer Encoder 是 DETR 模型中的关键组件，用于处理特征图并生成嵌入。首先，输入图像通过卷积神经网络(CNN)提取特征，生成一个下采样的特征图。然后，使用 1×1 卷积将特征图的通道数从 C 降到较小的维度 d，生成新的特征图 z_0，并将其空间维度折叠成一维，形成长度为 $H\times W$、每个元素大小为 d 的序列。每个编码器层包含多头自注意力机制和前馈网络(FFN)。多头自注意力机制允许模型在处理当前元素时，同时关注序列中的其他元素，从而捕获全局信息。FFN 包含两个线性变换和一个 ReLU 激活函数，进一步处理每个元素的表示。为了确保模型理解序列中每个元素的位置关系，编码器在特征图中添加了位置编码。通过这些步骤，Transformer Encoder 生成高质量的嵌入，为后续的解码器提供丰富的信息。

在 Transformer 架构中的解码器部分，DETR 模型使用多头自注意力机制和编码器-解码器注意力机制来并行处理 N 个大小为 d 的嵌入。这些嵌入被称为“Object Queries”，它们是学习到的位置编码。首先，自注意力机制允许每个“Object Query”嵌入在解码过程中考虑所有其他“Object Query”嵌入的信息。接下来，编码器-解码器注意力机制使得每个“Object Query”嵌入能够获取图像的全局信息。经过多个解码器层的处理后，每个“Object Query”嵌入最终被转换为输出嵌入，这些输出嵌入包含了目标检测所需的信息。最后，通过 FFN，每个输出嵌入被独立解码为边界框坐标和类别标签，从而生成准确的目标检测结果。与传统的自回归解码器不同，DETR 的解码器能够并行处理所有 N 个目标，使其在效率和性能上都有显著提升。

2) Deformable DETR

DETR 在小物体检测上性能较差。现存的检测器通常带有多尺度的特征，小物体目标通常在高分辨率特征图上检测。而 DETR 没有采用多尺度特征来检测，主要原因是高分辨率的特征图会给 DETR 带来不可接受的计算复杂度。

Deformable DETR 结合了 Deformable 的稀疏空间采样的优点和 Transformer 的关系建模能力。它考虑到在所有特征图像素中选择一个小的采样位置集，作为一种预先过滤器，以突出关键元素；该模块可以自然地扩展到聚合多尺度特征，而无需 FPN 的帮助；在 Deformable DETR 中，使用(多尺度)可变形注意模块替换处理特征图的 Transformer 注意模块，如图 6-17 所示。Deformable DETR 网络架构首先通过主干网络提取特征图，然后利用可变形卷积模块自适应地选择关键采样位置。经过处理的特征图通过检测头进行目标检测，输出最终检测结果。

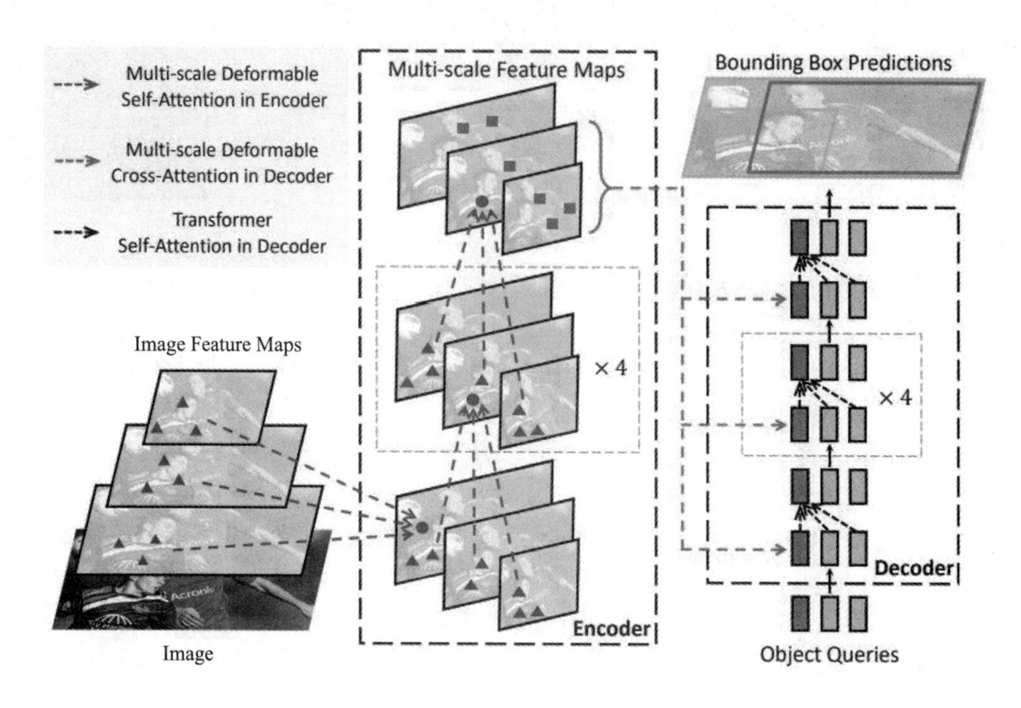

图 6-17 Deformable DETR 的网络架构

6.4 目标检测实现

本节主要内容是一个在 PyTorch 下训练/测试 YOLOv3 的目标检测实例，主要测试 YOLOv3 的效果，并基于 VOC2007 数据集训练 YOLOv3 模型。YOLOv3 的 PyTorch 实现代码网址为 https://github.com/bubbliiiing/yolo3-pytorch。

6.4.1 文件结构

YOLOv3 的 PyTorch 代码的结构如图 6-18 所示，主要包括以下文件夹和文件：

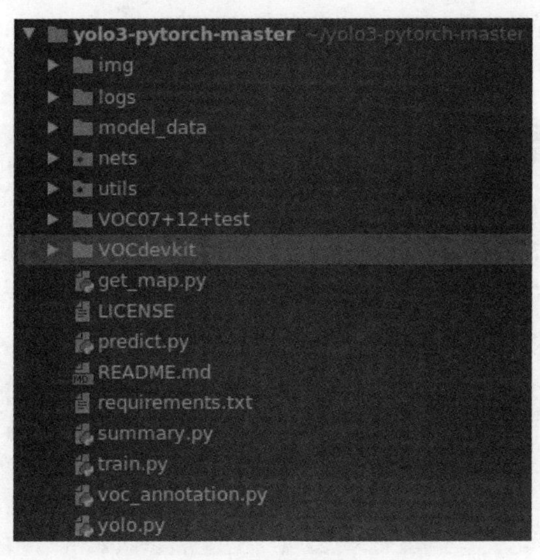

图 6-18　YOLOv3 代码结构图

(1) img：放置预测图像(测试单张图像)。

(2) logs：存放训练好的文件。

(3) model_data：存放训练好的模型。

(4) nets：定义基本网络结构。

(5) utils：一些小工具，如数据加载模块。

(6) VOC07+12+test/VOCdevkit：训练数据集。该数据集为VOC07+12的数据集，包括训练与测试用的数据集。为了训练方便，该数据集中val.txt与test.txt相同。

YOLOv3代码主要包括以下文件：

- get_map.py：测试数据集时，运行此文件即可获得评估结果。
- LICENSE：开源许可说明文件。
- predicted.py：预测网络的文件。
- README.md：代码使用说明文件。

- requirements.txt：Python 环境要求的说明文件。
- summary.py：可视化网络结构的文件。
- train.py：训练网络的文件。
- voc-annotation.py：数据集注释的文件(若训练自己的数据集，则需要使用此文件对数据集打标签。
- yolo.py：搭建 YOLOv3 网络的文件。

6.4.2 数据集的准备

1. VOC2007 数据集

VOC2007 数据集组成如图 6-19 所示。Annotations 文件夹中包含图片的标注信息，ImageSets 文件夹中包含数据集划分后保存的文本文件，JPEGImages 文件夹中包含图像文件。若使用 VOC2007 数据集，则由于此数据集已经完成标注，因此只需修改 voc_annotation.py 里面的 annotation_mode = 2，之后运行 voc_annotation.py 生成根目录下的 2007_train.txt 和 2007_val.txt 即可。

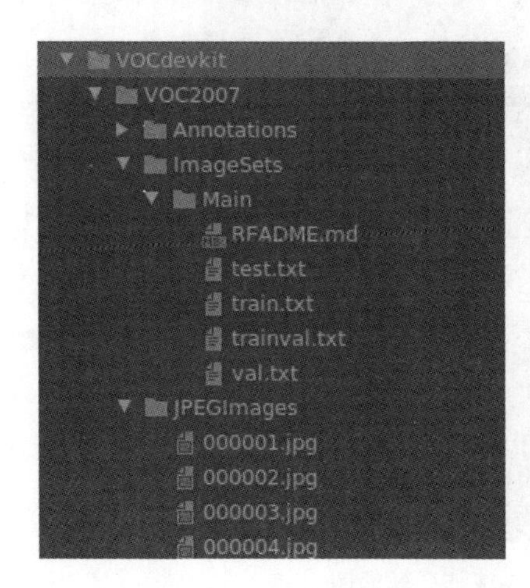

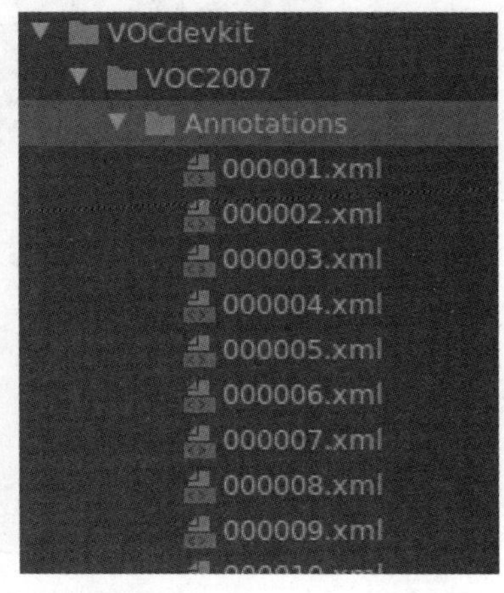

图 6-19 VOC2007 数据集

2. 自己的数据集

由于此模型数据使用 VOC 格式进行训练，所以在训练前需要将自己的数据集转换为 VOC 格式。首先需要对自己的数据集进行标注，标注的工具为 Labeling，示例如图 6-20 所示。

当完成标注后，将生成的标签文件放在文件夹 VOCdevkit/VOC2007/Annotations 中，将图像文件放在文件夹 VOCdevkit/VOC2007/JPEGImages 中。在文件放置完毕后，需要修改 voc_annotation.py 里面的参数，第一次训练可以仅修改 classes_path，classes_path 用于指向检测类别所对应的 txt。训练自己的数据集时，可以自己建立一个文件 cls_classes.txt，里面填写自己所需要区分的类别，即 model_data/cls_classes.txt 文件内容为设置所需分类标签。修改 voc_annotation.py 中的 classes_path，使其对应 cls_classes.txt，并运行 voc_annotation.py 获得训练用的 2007_train.txt 和 2007_val.txt。

(a) 图像示例


```xml
<annotation>
    <folder>VOC2007</folder>
    <filename>000001.jpg</filename>
    <source>
        <database>The VOC2007 Database</database>
        <annotation>PASCAL VOC2007</annotation>
        <image>flickr</image>
        <flickrid>341012865</flickrid>
    </source>
    <owner>
        <flickrid>Fried Camels</flickrid>
        <name>Jinky the Fruit Bat</name>
    </owner>
    <size>
        <width>353</width>
        <height>500</height>
        <depth>3</depth>
    </size>
    <segmented>0</segmented>
    <object>
        <name>dog</name>
        <pose>Left</pose>
        <truncated>1</truncated>
        <difficult>0</difficult>
        <bndbox>
            <xmin>48</xmin>
            <ymin>240</ymin>
            <xmax>195</xmax>
            <ymax>371</ymax>
        </bndbox>
    </object>
    <object>
        <name>person</name>
        <pose>Left</pose>
        <truncated>1</truncated>
        <difficult>0</difficult>
        <bndbox>
            <xmin>8</xmin>
            <ymin>12</ymin>
            <xmax>352</xmax>
            <ymax>498</ymax>
        </bndbox>
    </object>
</annotation>
```


(b) 标注示例

图 6-20　VOC 数据格式示例

6.4.3　训练网络模型

1. 基于 VOC2007 数据集训练

使用 train.py 文件中的默认参数用于训练 VOC 数据集，直接运行 train.py 开始训练。

2. 基于自己的数据集训练

训练的参数均在 train.py 文件中，最重要的部分是其中的 class_path 参数，此参数用于放置指向检测类别所对应的 txt，当训练自己的数据集时必须要修改。训练多个 Epoch 后，权值会保存在 logs 文件夹中。

6.4.4 测试网络模型

1. 使用已训练权重文件

训练模型需要耗费大量时间，若硬件设备不支持训练，可以使用预训练好的权重文件(文件地址见完整代码文件夹中的文件 Readme)。下载完成后把权重文件放入 model_data 文件夹，运行 predict.py，输入想要测试的图像。具体过程如下：

```
predict.py
```

运行结果如下：

```
model_data/yolo_weights.pth model, anchors, and classes loaded.
Input image filename:
```

输入想要测试的图像 street.jpg，如图 6-21 所示。

图 6-21　输入的测试图像

模型运行结果如图 6-22 所示。

图 6-22　模型运行结果

该模型成功检测出了图中的 8 个人、3 辆汽车和 1 辆自行车，共 12 个目标。

2. 使用自己训练的权重文件

当训练结束后，生成的权重文件模型会保存在 logs 文件夹中。在 yolo.py 文件中，需要修改 model_path 和 class_path 使其对应训练好的文件；model_path 对应 logs 文件夹下面的权值文件，class_path 是 model_path 对应的分类。设置完成上述路径后，运行 predict.py 文件，按上文中步骤操作即可。

6.4.5 评估网络模型

1. 基于 VOC2007 数据集评估模型

本书中使用的 VOC2007 数据集已经划分好测试集，无须利用 voc_annotation.py 生成 ImageSets 文件夹下的 txt 文件。在 yolo.py 里面修改 model_path 和 classes_path。model_path 指向 logs 文件夹里保存的用 VOC2007 数据集训练好的权值文件。classes_path 指向检测类别所对应的 txt。运行 get_map.py 即可获得模型在测试集中的评估结果，评估结果会保存在 map_out 文件夹中。map_out 文件夹中包含测试集中的评估结果，包括 loss 值的变化曲线等，界面显示结果如图 6-23 所示，可以看到模型在该数据中的重要指标，包括平均精度 mAP、召回率 Recall 等。

```
Load model.
model_data/yolo_weights.pth model, anchors, and classes loaded.
Load model done.
Get predict result.
100%|██████████| 2151/2151 [00:42<00:00, 50.25it/s]
  0%|          | 0/2151 [00:00<?, ?it/s]Get predict result done.
Get ground truth result.
100%|██████████| 2151/2151 [00:00<00:00, 10925.89it/s]
Get ground truth result done.
Get map.
93.25% = aeroplane AP   ||  score_threhold=0.5 : F1=0.89 ; Recall=83.12% ; Precision=94.81%
85.41% = bicycle AP     ||  score_threhold=0.5 : F1=0.79 ; Recall=75.51% ; Precision=82.84%
87.59% = bird AP    ||  score_threhold=0.5 : F1=0.85 ; Recall=77.35% ; Precision=94.76%
73.08% = boat AP    ||  score_threhold=0.5 : F1=0.69 ; Recall=57.37% ; Precision=86.51%
72.06% = bottle AP  ||  score_threhold=0.5 : F1=0.68 ; Recall=59.81% ; Precision=78.05%
95.53% = bus AP     ||  score_threhold=0.5 : F1=0.93 ; Recall=91.67% ; Precision=95.19%
84.54% = car AP     ||  score_threhold=0.5 : F1=0.82 ; Recall=80.47% ; Precision=82.78%
89.80% = cat AP     ||  score_threhold=0.5 : F1=0.88 ; Recall=84.62% ; Precision=91.08%
71.95% = chair AP   ||  score_threhold=0.5 : F1=0.66 ; Recall=64.21% ; Precision=67.11%
71.91% = cow AP     ||  score_threhold=0.5 : F1=0.68 ; Recall=56.80% ; Precision=83.53%
71.50% = diningtable AP     ||  score_threhold=0.5 : F1=0.71 ; Recall=69.31% ; Precision=72.92%
90.62% = dog AP     ||  score_threhold=0.5 : F1=0.84 ; Recall=86.38% ; Precision=81.62%
91.03% = horse AP   ||  score_threhold=0.5 : F1=0.87 ; Recall=89.33% ; Precision=85.35%
91.93% = motorbike AP   ||  score_threhold=0.5 : F1=0.88 ; Recall=86.43% ; Precision=89.63%
90.89% = person AP  ||  score_threhold=0.5 : F1=0.85 ; Recall=87.60% ; Precision=82.57%
63.22% = pottedplant AP     ||  score_threhold=0.5 : F1=0.61 ; Recall=48.80% ; Precision=80.20%
71.74% = sheep AP   ||  score_threhold=0.5 : F1=0.72 ; Recall=68.22% ; Precision=75.86%
79.51% = sofa AP    ||  score_threhold=0.5 : F1=0.72 ; Recall=78.29% ; Precision=67.33%
92.29% = train AP   ||  score_threhold=0.5 : F1=0.87 ; Recall=86.41% ; Precision=87.25%
84.06% = tvmonitor AP   ||  score_threhold=0.5 : F1=0.81 ; Recall=72.39% ; Precision=91.51%
mAP = 82.60%
Get map done.
```

图 6-23 运行结果图

2. 用自己的数据集评估模型

使用自己的 VOC 格式数据集进行模型评估时，如果在训练前已经运行过 voc_annotation.py 文件，则代码会自动将数据集划分成训练集、验证集和测试集。但如果想要修改测试集的比例，则可以通过修改 voc_annotation.py 文件下的 trainval_percent 指定(训练集+验证集)与测试集的比例，利用 voc_annotation.py 划分测试集后，前往 get_map.py 文件修改 classes_path，classes_path 用于指向检测类别所对应的 txt 文件，这个 txt 文件和训练时类别的 txt 文件一致。最后在 yolo.py 中调整 model_path 和 classes_path 的设置。运行 get_map.py 即可获得评估结果，结果保存在 map_out 文件夹中。

本 章 小 结

本章介绍了目标检测中的一些基础概念和发展过程，并指导读者如何利用 YOLOv3 实现目标检测。

第7章 人脸识别

7.1 概述

20 世纪 60 年代末，人们对人脸识别技术开展了广泛的研究，之后的短短几十年，这一技术取得了巨大的进展。近几年，大量的研究人员、国内外知名院校、研究所以及各类以计算机技术为主的企事业单位都开展了这方面的技术研究。人脸识别技术的重要性众所周知，其应用主要表现在生物特征识别领域中，给其他学科也带来了促进作用。

提到身份的识别与验证，很多人会联想到身份证、驾驶证以及医疗保障卡等一系列能够证明公民身份的证件，由于身份的验证每时每刻都会发生，因此随身携带一些能够证明自己身份的证件是十分必要的。但是通过这种方式进行身份验证也有其自身的弊端。例如，出门忘记携带、不小心遗失或者证件被不法之徒伪造等，都使得这种利用证件进行标识公民身份的方式变得十分被动。除此之外，另一种传统身份验证方式也在大众生活中广泛使用，即利用钥匙或者密码验证自己的身份。例如：进入房间需要使用钥匙；在 ATM 上办理业务需要输入密码；设置计算机开机密码，保证他人不会随便入侵。这一系列的操作都需要进行身份验证。然而与使用证件进行身份识别相同，这种方式也具有不安全、不可靠、不方便等缺点。传统的身份验证技术不能满足社会的发展，因此需要更有效、更安全、更实用的身份识别方式——生物特征识别方式。利用生物特征进行身份验证不仅能够满足公民的基本安全需求，还能够对国家信息安全起到至关重要的作用。

生物特征识别(Biometrics)是一种有效的身份验证技术，它主要利用人本身具有的生理特征来识别人的身份。生理特征是指人类固有的、唯一的且不会轻易改变的特征，如指纹、掌纹、虹膜、人脸、DNA 等。这些生理特征往往能够唯一标识公民的特征，具有唯一性；不容易被别人盗取，具有安全性；是人身体固有的，因此兼具便携性；一般情况下，这些特征不会被轻易地盗取及伪造，并且每个人的生理特征都不相同，因此具有很高的可靠性。人们对通过生物特征进行身份验证的方法寄予很大的期望，希望这种方式能够满足个人、社会以及国家的安全需求。

生物特征识别技术主要集中在指纹识别、虹膜识别以及人脸识别等领域。人脸识别是一种非接触性的识别技术，主要通过面部特征以及眼睛、鼻子和嘴的位置进行识别。人脸识别与其他生物特征识别相比，具有更高的自然性、可接受性和唯一性。目前的人脸识别技术已经应用到各个行业。

7.2 人脸识别常用方法介绍

随着计算机视觉与深度学习的迅速发展，相关研究人员与开发者也提出了许多关于人脸识别实现的方法。但人脸识别技术的关键步骤大体一致，人脸识别的流程如图 7-1 所示。

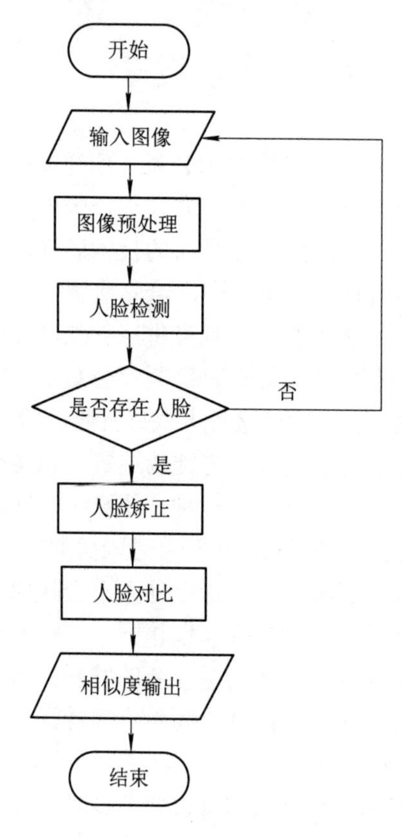

图 7-1 人脸识别流程图

人脸识别的主要流程为：首先对输入图像进行预处理，然后通过人脸检测对人脸区域进行定位，再对检测到的人脸进行矫正对比，最后输出检测结果。

1. 图像预处理

在很多计算机视觉项目中，往往需要进行图像的预处理操作。当输入的图像不合规范时，会干扰系统的后续工作。如图像带有噪声，或者图像尺寸不符合系统要求等，这些都是预处理这一步需要做的事。而对应的处理方法是对图像进行滤波等操作，从而使图像符合系统的要求。

2. 人脸检测

人脸检测即判断一张图像中是否存在人脸的操作。如果图像中存在人脸，则定位该人脸在图像中的位置；如果图像中不存在人脸，则返回图像中不存在人脸的提示信息。对于人脸识别应用，人脸检测是必不可少的一个重要环节。人脸检测效果的好坏，将直接影响整个系统的性能优劣。

3. 人脸校正

人脸校正又可以称为人脸矫正、人脸扶正、人脸对齐等。图像中的人脸图像往往都不是“正脸”，有的是侧脸，有的是带有倾斜角度的人脸。这种在几何形态上似乎不是很规整的面部图像，可能会对后续的人脸相关操作带来不利影响。人脸校正就是对图像中人脸图像的一种几何变换，目的是减少倾斜角度等几何因素给系统带来的影响。因此，人脸校正一般也被认为是对人脸图像的几何归一化操作。人脸校正一般被用在人脸对比等存在后续人脸特征提取的应用场景中。随着深度学习技术的广泛应用，人脸校正并不是被绝对要求存在于系统中。这是因为深度学习模型以大数据样本训练取胜，其预测能力相对于传统的人脸识别方法要强得多。也正因如此，有的人脸识别系统中有人脸校正这一步，而有的模型中则没有。

4. 人脸特征点定位

人脸特征定位是指在检测到图像中人脸位置之后，在图像中定位能代表图像中人脸的关键位置点。常用的人脸特征点是由左右眼、左右嘴角、鼻子这5个点组成的5点人脸特征点以及68点人脸特征点等。

下面介绍几种主流的人脸识别方法。

7.2.1 特征脸法

特征脸法是一种相对“古老”的人脸识别算法，该算法进行人脸识别的依据是特征脸(eigenface)。使用特征脸进行人脸识别首先是由Sirovich and Kirby提出的，比较成熟的人脸识别方法由Matthew Turk和Alex Pentland提出，该方法通常被认为是第1种有效的人脸识别方法。

特征脸法的核心算法是PCA算法，这是一种线性降维算法。图像数据、文本数据等非结构化数据其实是具有很高维度的数据。以64像素×64像素的RGB图像为例，该图像的维度可以达到$64 \times 64 \times 3 = 12\ 288$维，而实际上该图像的大小很小。直接对高维度数据进行操作很困难，也不能作为具有典型意义的特征。

特征脸法是指将图像数据集进行降维，即通过降低图像的维度来抽取图像的特征。这个过程的整体思路如下：

(1) 对图像进行预处理，即将图像灰度化，调整到统一的尺寸，进行光照归一化等。

(2) 将图像转换为一个向量。经过灰度化处理的图像是一个矩阵，将这个矩阵中的每一行连到一起，则可以变为一个向量，将该向量转换为列向量。

(3) 将数据集中的所有图像都转换为向量后，这些数据可以组成一个矩阵。在此基础上进行零均值化处理，就是将所有人脸在对应的维度上求平均值，得到一个平均脸(average face)向量，每一个人脸向量减去该向量，从而完成零均值化处理。

(4) 将经过零均值化处理的图像向量组合在一起，可以得到一个矩阵。通过该矩阵可以得到PCA算法中的协方差矩阵。

(5) 计算协方差矩阵的特征值和特征向量。每一个特征向量的维度与原始图像向量的维度是一致的，因此这些特征向量可以看作一张图像，这些特征向量就是所谓的特征脸。

(6) 将待识别的人脸图像投影到特征脸空间，得到其投影系数向量，然后计算该向量与数据库中已知人脸投影系数向量之间的距离，找到距离最小的已知人脸投影系数向量，对应的人脸即为识别结果。

7.2.2 OpenCV 方法

OpenCV 是一个功能非常强大的计算机视觉库，使用该库可以实现人脸的检测与识别。OpenCV 库在人脸识别阶段可以使用自带的 Haar 级联分类器，该分类器是使用 Haar 特征识别人脸的检测方法。其主要思路如下：

(1) 使用一个检测窗口在图像上滑动并提取图像特征。

(2) 使用分类器判断人脸。

(3) 如果存在人脸则返回人脸坐标，不存在则重复之前的步骤。

(4) 当图像区域全部被扫描完毕后结束检测。

Haar 特征又称为 Viola-Jones 识别器，是目标识别中常用的方法，由 Paul Viola 和 Michael Jones 最先应用于人脸识别部分。Haar 特征通过不同行的矩形特征来对图像进行特征提取，最后筛选出比较具有代表性的特征进行分类器的分类。

Haar 特征反映的是图像的灰度变化，是将像素分模块运算差值的一种特征方法。该特征主要分为边缘特征、线性特征、中心特征和对角特征等几类。其中边缘特征可分为 4 种 (x 方向、y 方向、x 倾斜方向、y 倾斜方向)；线性特征可分为 8 种；中心特征可分为 2 种；对角特征仅有 1 种。图 7-3 所示为 Haar 特征常用的特征模板。

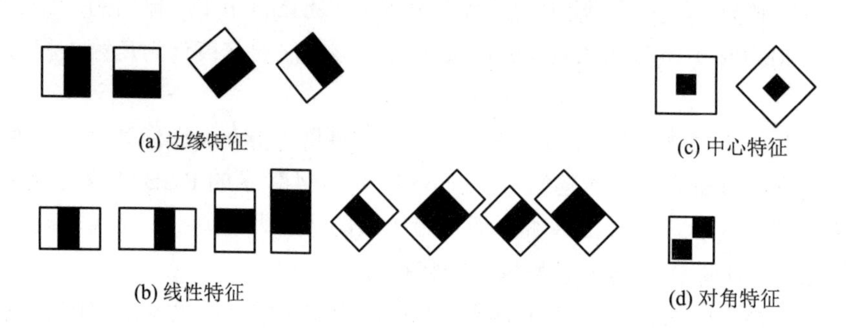

图 7-2 Haar 特征模板

使用这些特征模板便可以计算出大量的 Haar 特征值。根据模板计算特征值的方法是：将模板中黑色区域和白色区域内像素点的灰度值之和做差，即特征模板遍历图像的白色矩形区域的像素之和减去黑色矩形区域的像素之和。

如图 7-3 所示，脸部的部分特征可以由 Haar 特征来描述。该图中便使用了常用的边缘特征模块和线性特征模块来对图像的面部进行描述。Haar 特征可以在遍历图像时进行自由的平移、放大与旋转，并计算相应的特征数值。在该图像中，眼部区域的颜色明显深于脸颊部分区域，鼻梁的颜色比鼻梁两侧更亮。同理，采用相同的方法也可以对脸部其他区域的特征值进行表示与计算。相比于传统的像素点使用方法，Haar 特征在计算速度上提升明显。

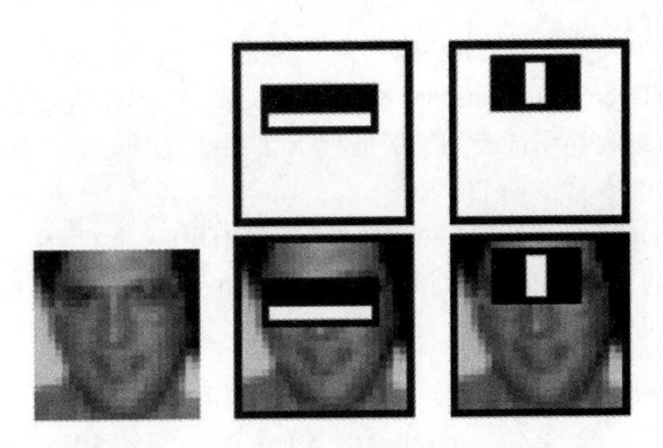

图 7-3 Haar 特征对人脸图像特征的提取过程

在提取到图像特征后使用自适应增强算法构筑分类器。OpenCV 已经包含许多用于面部、眼睛和笑脸等的预训练分类器。首先加载所需的 XML 预训练分类器，然后以灰度模式加载输入图像(或视频)。如果找到面部，则它会以 Rect(x，y，w，h)的形式返回检测到的面部的位置。一旦获得了这些位置，就可以为脸部创建 ROI，并在此 ROI 上应用眼部检测。

7.2.3 基于深度学习的方法

本节主要介绍几种深度学习人脸识别方法中常用的模型。

1. DeepID2

度量学习(Metric Learning)是一种机器学习方法，专注于学习如何在特征空间中度量样本之间的相似度或距离。在识别人脸时，希望能够实现一次训练就可以获得通用的模型，即不论备选人群是什么样的，模型总是能返回一个最准确的结果。这时候就需要使用度量学习。

DeepID2 网络是基于深度学习的人脸识别较早使用度量学习的模型之一，在该网络中人脸的特征向量称为 DeepID Vector。DeepID2 在该网络中同时训练“验证”和“分类”，也就是说，DeepID2 有两个监督信号，对应两个损失函数，这样能够同时训练人脸对比和人脸识别。其中，训练“验证”过程的损失函数引入了对比损失(Contrastive Loss)，该损失函数被用在著名的孪生神经网络(Siamese Network)中。孪生神经网络是一种用于度量学习的神经网络，由 Yann LeCun 早年在贝尔实验室提出。2005 年，Yann LeCun 用该种结构的网络训练人脸对比模型，取得了不错的效果。

孪生神经网络是一种度量学习网络，任意一种度量方式都可以表示为

$$d(x,\ y) = |f(x) - f(y)| \tag{7-1}$$

式中，$f()$代表一种变换方式，它可以是线性的，也可以是非线性的变换，不过非线性变换往往可以取得更好的拟合效果。因此，孪生神经网络通常使用的损失函数是对比损失函数，它可以使属于同一类别的样本在特征空间上的距离更近，不同类别的则更远。既然 DeepID2 采用孪生神经网络这种结构，这就使得网络在训练时输入的训练样本不是单张图像，而是一对图像，这是因为 DeepID2 的任务是学习衡量这两个图像之间的距离。DeepID2 在人脸验证过程中，模型认为属于相同的人脸输出 1，不同的人脸则输出 −1。

2. DCNN

2013 年，Sun Yi 等人首次将 CNN 应用到人脸关键点检测，提出一种级联的 CNN(拥有 3 个层级)——DCNN(Deep Convolutional Network)方法，此种方法属于级联回归方法。通过设计拥有 3 个层级的级联卷积神经网络对面部 5 个关键点即左眼、右眼、鼻子、左右嘴角进行检测。

如图 7-4 所示，DCNN 由 3 个 Level 构成：Level1 由 3 个 CNN 组成；Level2 由 10 个 CNN 组成(每个关键点采用两个 CNN)；Level3 同样由 10 个 CNN 组成。

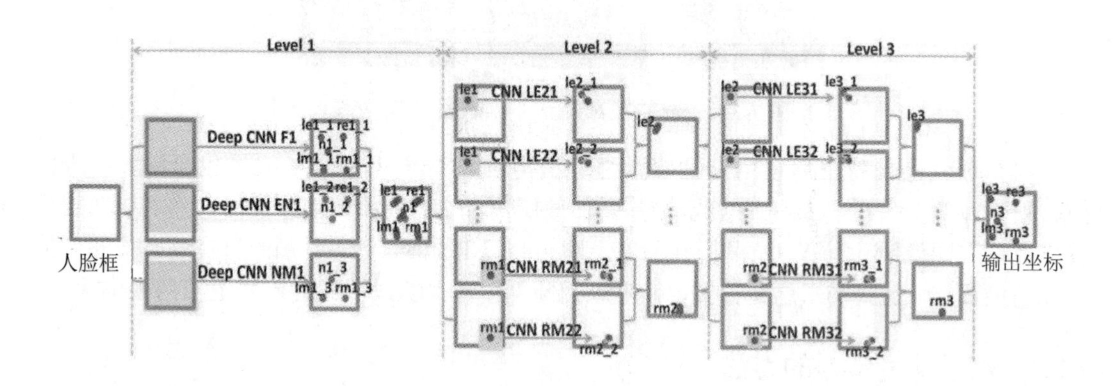

图 7-4 DCNN 结构示意图

图 7-4 中，Level1 分为 3 个 CNN，分别是 F1(Face1)、EN1(Eye，Nose)、NM1(Nose，Mouth)。F1 输入尺寸为 39 × 39，输出是 5 个关键点的坐标；EN1 输入尺寸为 39 × 31，输出是 3 个关键点的坐标；NM11 输入尺寸为 39 × 31，输出是 3 个关键点坐标。Level-1 的输出是由 3 个 CNN 输出取平均值得到的。Level2 由 10 个 CNN 构成，输入尺寸均为 15 × 15，每两个组成一对，一对 CNN 对一个关键点进行预测，预测结果同样采取平均值。Level3 与 Level2 一样，由 10 个 CNN 构成，输入尺寸均为 15 × 15，每两个组成一对。Level2 和 Level3 可对 Level1 得到的粗定位进行微调，得到精细的关键点定位。

Level1 之所以比 Level2 和 Level3 的输入尺寸要大，是因为人脸检测器的因素，人脸边界框的相对位置可能会在大范围内变化，加上面部姿态的变化，会导致输入图像的多样性，在 Level1 上的输入应该需要有足够大的输入尺寸。Level1 与 Level2 和 Level3 还有一点不同之处在于，Level1 采用的是局部权值共享(Locally Sharing Weights)策略。

DCNN 结构存在以下几种特性：

(1) 从大的输入区域中预测关键点是一个高级任务，更深的结构有利于形成全局的高级特征。在低层，由于局部感受野，神经元提取的特征是局部的。通过结合空间上相邻的低层特征，高层的神经元能从更大的区域提取特征。此外高层的特征是高度非线性的，增加额外的层增强了从输入到输出的非线性，更有可能代表输入和输出的关系。

(2) 卷积层上的神经元在采用双曲正切激活函数后进行绝对值校正能有效提高效果。

(3) 局部共享权值有利于提升识别效果。

脸部检测器具有不稳定性和姿态的多样性，所以第一级的输入区域应该足够大，以覆盖所有可能的预测。但大的输入区域是导致输出不准确的原因，因为不相关的区域可能退化为网络最后的输出。

第一级的网络输出为接下来的检测提供了一个强大的先验知识。真实的脸部特征点分布在第一级预测的一个小领域内，所以第二级的检测可以在一个小范围内完成。但没有上下文信息，局部区域的表现是不可靠的。为了避免发散，不能级联太多层，或者过多信任接下来的层。这些网络只能在一个小范围内调整初始预测。

为了更好地提高检测精度和可靠性，每一级都有多个网络共同预测每一个点。这些网络的不同在于输入区域。最后的预测如公式(7-2)所示。

$$x = \frac{x_1^{(1)} + \cdots + x_{l_1}^{(1)}}{l_1} + \sum_{i=2}^{n} \frac{\Delta x_1^{(i)} + \cdots + \Delta x_{l_1}^{(i)}}{l_i} \tag{7-2}$$

式中，$x_1^{(1)},\cdots,x_{l_1}^{(1)}$ 表示第一级(Level1)中每个 CNN 对关键点的初始预测结果，l_1 是第一级 CNN 的数量。

使用级联回归的 CNN 网络，可以改善初始设置不当导致陷入局部最优的问题，同时借助于 CNN 强大的特征提取能力，获得更为精准的关键点检测。但是该方法也存在一定的缺点：一是只有 5 个关键点检测，二是网络结构复杂，3.3 GHz 的 CPU 单张图像检测时间需 0.12 s。

3. ASM

ASM(Active Shape Model，主动形状模型)是由 Timothy F. Cootes 于 1995 年提出的经典的人脸关键点检测算法。主动形状模型即通过形状模型对目标物体进行抽象。ASM 是一种基于点分布模型(Point Distribution Model，PDM)的算法。在 PDM 中，外形相似的物体，如人脸、人手、心脏、肺部等的几何形状可以通过若干关键点(Landmarks)的坐标依次串联形成一个形状向量来表示。ASM 算法则需要通过人工标定的方法先标定训练集，经过训练获得形状模型，再通过关键点的匹配实现特定物体的匹配。

ASM 主要分为以下两步：

(1) 训练。首先构建形状模型：搜集 n 个训练样本；手动标记脸部关键点；将训练集中关键点的坐标串成特征向量；对形状进行归一化和对齐(对齐采用 Procrustes 方法)；对对齐后的形状特征做 PCA 处理。然后为每个关键点构建局部特征，目的是在每次迭代搜索过程中每个关键点可以寻找新的位置。局部特征一般使用梯度特征，以防止光照变化。有的方法沿着边缘的法线方向提取，有的方法在关键点附近的矩形区域提取。

(2) 搜索。首先计算眼睛(或者眼睛和嘴巴)的位置，做简单的尺度和旋转变化，对齐人脸；然后在对齐后的各个点附近搜索，匹配每个局部关键点(常采用马氏距离)，得到初步形状；再用平均人脸(形状模型)修正匹配结果；最后进行迭代直到收敛。

ASM 算法的优点在于模型简单直接、架构清晰明确、易于理解和应用、对轮廓形状有着较强的约束，但是其近似于穷举搜索的关键点定位方式在一定程度上限制了其运算效率。

4. AAM

1998 年，Timothy F. Cootes 对 ASM 进行了改进，不仅采用了形状约束，而且加入了整个脸部区域的纹理特征，提出了 AAM(Actire Appearance Model)算法。AAM 主要分为两个阶段，即模型建立阶段和模型匹配阶段。其中，模型建立阶段即对训练样本分别建立形状模型(Shape Model)和纹理模型(Texture Model)，然后将这两个模型结合起来，形成AAM 模型。

5. CPR

2010 年，Piotr Dollar 提出 CPR(Cascaded Pose Regression，级联姿势回归)。CPR 通过一系列回归器将一个指定的初始预测值逐步细化，每一个回归器都依靠前一个回归器的输出来执行简单的图像操作，整个系统可自动地从训练样本中学习。人脸关键点检测的目的是估计向量公式(7-3)实现的。

$$\boldsymbol{S} = (x_1, y_1, x_2, y_2, \cdots, x_k, y_k) \in \boldsymbol{R}^{2k} \tag{7-3}$$

式中，K 表示关键点的个数，因为每个关键点有横、纵两个坐标，所以 $\boldsymbol{S}$ 的长度为 $2K$。CPR 一共有 T 个阶段，在每个阶段中首先进行特征提取，这里使用的是 shape-indexed features，也可以使用 HOG、SIFT 等人工设计的特征或者其他可学习特征(Learning Based Features)；然后通过训练得到回归器来估计增量 $\Delta\boldsymbol{S}$，把 $\Delta\boldsymbol{S}$ 加到前一个阶段的 $\boldsymbol{S}$ 上得到新的 $\boldsymbol{S}$，这样通过不断的迭代即可以得到最终的 $\boldsymbol{S}$。

6. DCNN(Face++)

2013 年，Face++ 在 DCNN 模型上进行改进，提出从粗到精的人脸关键点检测算法，实现了 68 个人脸关键点的高精度定位。该算法将人脸关键点分为内部关键点和轮廓关键点，内部关键点包括眉毛、眼睛、鼻子、嘴巴等共计 51 个关键点，轮廓关键点包括 17 个关键点。

针对内部关键点和外部关键点，该算法并行地采用两个级联的 CNN 进行关键点检测，网络结构如图 7-5 所示。

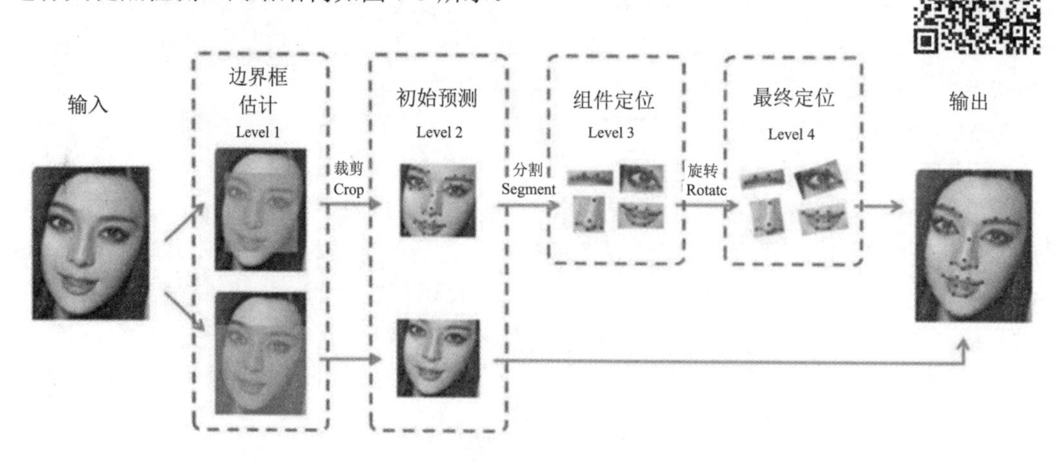

图 7-5 DCNN(Face++)网络结构图

针对内部 51 个关键点，采用 4 个层级的级联网络进行检测：Level1 的主要作用是获得面部器官的边界框；Level2 的输出是 51 个关键点预测位置，这里起到一个粗定位作用，目的是对 Level3 进行初始化；Level3 会依据不同器官进行从粗到精的定位；Level4 的输入是将 Level3 的输出进行一定的旋转，最终将 51 个关键点的位置进行输出。针对外部 17 个关键点，仅采用两个层级的级联网络进行检测：Level1 与内部关键点检测的作用一样，主要是获得轮廓的边界框；Level2 直接预测 17 个关键点，没有从粗到精定位的过程，因为轮廓关键点的区域较大，若加上 Level3 和 Level4，会比较耗费时间。最终面部 68 个关键点由两个级联 CNN 的输出进行叠加得到。

该算法的主要创新点如下：

(1) 把人脸的关键点定位问题划分为内部关键点和轮廓关键点分开预测，有效地避免了损失函数值不均衡问题；

(2) 在内部关键点检测部分，并未像 DCNN 那样每个关键点采用两个 CNN 进行预测，而是每个器官采用一个 CNN 进行预测，从而减少计算量；

(3) 相比于 DCNN，没有直接采用人脸检测器返回的结果作为输入，而是增加一个边界框检测层(Level1)，可以大大提高关键点粗定位网络的精度。

Face++版的 DCNN 首次利用卷积神经网络进行 68 个人脸关键点检测。针对以往人脸关键点检测受人脸检测器影响的问题，设计了 Level1 卷积神经网络提取人脸边界框，为人脸关键点检测获得了更为准确的人脸位置信息，该设计最终在当年 300-W 挑战赛上获得了领先的成绩。

7.3　人脸识别实现

本节的人脸识别方法使用 Haar 特征进行人脸检测，使用卷积神经网络方法提取图像特征并生成模型。下面介绍具体实现过程。

7.3.1　数据集获取

数据集可来源于一段视频或者使用 USB 摄像头直接获取。下面是为数据集获取的具体代码。

```
import cv2
import sys
import os
def CatchPICFromVideo(path_name, window_name="GET_FACE", camera_idx=0, catch_pic_num=500):
    cv2.namedWindow(window_name)
    #视频可以来自一段已存好的视频，也可以直接来自 USB 摄像头
    cap = cv2.VideoCapture(camera_idx)          #如果使用摄像头则用此代码
    #open video
    #cap = cv2.VideoCapture("/home/ BED629A414E8E1BD5C88EB8C7854FA23.mp4")
    #使用视频获取数据则用此代码
    #告诉 OpenCV 使用人脸识别分类器
    classfier = cv2.CascadeClassifier("haarcascade_frontalface_alt2.xml")
```

```
    #识别出人脸后要确定边框的颜色(RGB 格式)
    color = (0, 255, 0)
    num = 0
    while cap.isOpened():
        ok, frame = cap.read()          #读取一帧数据
        if not ok:
            break
        grey = cv2.cvtColor(frame, cv2.COLOR_BGR2GRAY)     #将当前帧图像转换成灰度图像
        #人脸检测，1.2 和 2 分别为图像缩放比例和需要检测的有效点数
        faceRects = classfier.detectMultiScale(grey, scaleFactor=1.2, minNeighbors=3, minSize=(32, 32))
        if len(faceRects) > 0:                        #大于 0 则检测到人脸
            for faceRect in faceRects:                #单独框出每一张人脸
                x, y, w, h = faceRect
                #将当前帧保存为图像
                img_name = '%s/%d.jpg' % (path_name, num)
                image = frame[y - 10: y + h + 10, x - 10: x + w + 10]
                cv2.imwrite(img_name, image)
                num += 1
                if num > (catch_pic_num):   #如果超过指定最大保存数量，则退出循环
                    break
                #画出矩形框
                cv2.rectangle(frame, (x - 10, y - 10), (x + w + 10, y + h + 10), color, 2)
                #显示当前捕捉到了多少人脸图像
                font = cv2.FONT_HERSHEY_SIMPLEX
                cv2.putText(frame, 'num:%d' % (num), (x + 30, y + 30), font, 1, (255, 0, 255), 4)
                #超过指定最大保存数量，结束程序
        if num > (catch_pic_num): break
        #显示图像
        cv2.imshow(window_name, frame)
        c = cv2.waitKey(10)
        if c & 0xFF == ord('q'):
            break
            #释放摄像头并销毁所有窗口
    cap.release()
    cv2.destroyAllWindows()
if __name__ == '__main__':
    os.makedirs("data",exist_ok=True)
```

```
    if len(sys.argv) != 1:
    #使用摄像头获取数据
        print("Usage:%s camera_id face_num_max path_name\r\n" % (sys.argv[0]))
    else:
    #使用视频获取数据
        CatchPICFromVideo("data")
#括号内为数据保存路径
```

7.3.2 图像预处理部分

读取文件夹中的图像后，使用 OpenCV 对图像进行裁剪，所有图像尺寸被调整为 227 像素 × 227 像素，通过统一图像尺寸，从而避免了由于尺寸不一致引起的像素信息丢失问题。

```
import os
import numpy as np
import cv2
import random

TRAIN_RATE = 0.8
VALID_RATE = 0.1
SAMPLE_QUANTITY = 2000
IMAGE_SIZE = 227
MYPATH = "data"

#读取训练数据
images = []
labels = []
def read_path(path_name):
    for dir_item in os.listdir(path_name):
        #从初始路径开始叠加，合并成可识别的操作路径
        full_path = os.path.abspath(os.path.join(path_name, dir_item))
        if os.path.isdir(full_path):  #如果是文件夹，则继续递归调用
            full_path = os.path.join(path_name, dir_item)
            read_path(full_path)
        else:  #文件
            if dir_item.endswith('.jpg'):
                image = cv2.imread(full_path)
                image = cv2.resize(image, (IMAGE_SIZE, IMAGE_SIZE),
```

```
                        interpolation=cv2.INTER_AREA)   #修改图像的尺寸为 227 像素 × 227 像素
                images.append(image)
                labels.append(path_name)
    return images, labels

def load_dataset(path_name):
    images, labels = read_path(path_name)
    SAMPLE_QUANTITY=len(images)
    #共 2000 张图像，IMAGE_SIZE 为 227，故尺寸为 2000 像素 × 227 像素 × 227 像素 × 3
    #图像为 227 像素 × 227 像素，一个像素 3 个通道(RGB)
    #标注数据
    labels = np.array([0 if label.endswith('pic') else 1 for label in labels])
    #简单交叉验证
    images = list(images)
    for i in range(len(images)):
        images[i] = [images[i], labels[i]]
    random.shuffle(images)
    train_data = []
    test_data = []
    valid_data = []
    #训练集
    for i in range(int(SAMPLE_QUANTITY * TRAIN_RATE)):
        train_data.append(images[i])
    #验证集
    for i in range(int(SAMPLE_QUANTITY * TRAIN_RATE), int(SAMPLE_QUANTITY *
        (TRAIN_RATE + VALID_RATE))):
        valid_data.append(images[i])
    #测试集
    for i in range(int(SAMPLE_QUANTITY * (TRAIN_RATE + VALID_RATE)),
        SAMPLE_QUANTITY):
        test_data.append(images[i])
    return train_data, test_data, valid_data
```

7.3.3 卷积神经网络搭建

卷积神经网络选择 AlexNet，并且将最后一层全连接层的输出维度改为 2。

具体代码如下：

```
import torch
#定义网络结构
```

```
class AlexNet(torch.nn.Module):
    def __init__(self):
        super(AlexNet,self).__init__()
        self.conv = torch.nn.Sequential(
            torch.nn.Conv2d(in_channels=3,
                            out_channels=96,
                            kernel_size=11,
                            stride=4),
            torch.nn.BatchNorm2d(96),
            torch.nn.ReLU(),
            torch.nn.MaxPool2d(3, 2),
            torch.nn.Conv2d(96, 256, 5, padding=2),
            torch.nn.BatchNorm2d(256),
            torch.nn.ReLU(),
            torch.nn.MaxPool2d(3, 2),
            torch.nn.Conv2d(256, 384, 3, padding=1),
            torch.nn.ReLU(),
            torch.nn.Conv2d(384, 384, 3, padding=1),
            torch.nn.ReLU(),
            torch.nn.Conv2d(384, 256, 3, padding=1),
            torch.nn.ReLU(),
            torch.nn.MaxPool2d(3, 2),
        )
        self.fc = torch.nn.Sequential(
            torch.nn.Linear(256*6*6, 4096),
            torch.nn.ReLU(),
            torch.nn.Linear(4096, 4096),
            torch.nn.ReLU(),
            torch.nn.Linear(4096, 2),          #全连接层输出维度改为2
            torch.nn.Softmax(dim=1)
        #dim=1是按行Softmax——降到(0,1)区间内相当于概率
        )
    def forward(self, x):
        x = self.conv(x)
        #print(x.size())
        x = x.contiguous().view(-1, 256*6*6)
        #使用.contiguous()防止用多卡训练时Tensor不连续，即Tensor分布在不同的内存或显存中
        x = self.fc(x)
        return x
```

7.3.4 模型训练

搭建好模型后，可以开始训练。具体代码如下：

```
import torch
import numpy as np
from torch.autograd import Variable
from prepare import load_dataset, MYPATH
from alexnet import AlexNet
from torch import nn, optim
#定义学习率
learning_rate = 0.001
#是否使用 GPU 训练
device = torch.device("cuda" if torch.cuda.is_available() else"cpu")
model = AlexNet().to(device)
#定义交叉熵损失函数与 SGD 随机梯度下降
criterion = nn.CrossEntropyLoss()
optimizer = optim.SGD(model.parameters(), lr=learning_rate)
#数据载入
train_data, test_data , valid_data = load_dataset(MYPATH)
epoch = 0
for data in train_data:
    img, label = data
    img = torch.LongTensor(img)
    #升维，因为 PyTorch 规定输入卷积层的张量至少为四维，因此需在此加一个 batch 的维度
    img = Variable(torch.unsqueeze(img, dim=0).float(), requires_grad=False)
    #改变张量维度的顺序，PyTorch 规定卷积层的张量为[batch_size, channel, image_height,
     image_width]，即此处要求 2000 × 3 × 64 × 64，而原来为 2000 × 64 × 64 × 3。
    img= np.transpose(img, (0,3,1,2))
    #label 不能直接转换为 LongTensor，否则会报错
    label = torch.tensor(label)
    label = label.long()
    #转换为向量，否则无法进行比较
    label = torch.flatten(label)
    label = Variable(label)
    img = img.to(device)
    label = label.to(device)
    out = model(img)
```

```
        loss = criterion(out, label)
        optimizer.zero_grad()
        loss.backward()
        optimizer.step()
        epoch+=1
        if epoch%50 == 0:
            print('epoch: {}, loss: {:.4}'.format(epoch, loss.data.item()))
    model.eval()
    eval_loss = 0
    eval_acc = 0
    for data in valid_data:
        img, label = data
        img = torch.LongTensor(img)
        img = Variable(torch.unsqueeze(img, dim=0).float(), requires_grad=False)
        img= np.transpose(img, (0,3,1,2))
        label = torch.tensor(label)
        label = label.long()
        label = torch.flatten(label)
        label = Variable(label)
        img = img.to(device)
        label = label.to(device)
        out = model(img)
        loss = criterion(out, label)
        eval_loss += loss.data.item()*label.size(0)
        _, pred = torch.max(out, 1)
        num_correct = (pred == label).sum()
        eval_acc += num_correct.item()
        print('Test Loss: {:.6f}, Acc: {:.6f}'.format(
        eval_loss / (len(test_data)),
        eval_acc / (len(test_data))
    ))
    #保存训练好的模型
    torch.save(model, 'net.pkl')
```

7.3.5 模型测试

训练好模型后开始测试模型性能。具体代码如下：

```
import numpy as np
import cv2
import sys
import torch
from torch.autograd import Variable
if __name__ == '__main__':
    if len(sys.argv) != 1:
        print("Usage:%s camera_id\r\n" % (sys.argv[0]))
        sys.exit(0)
    #加载模型
    device = torch.device("cuda" if torch.cuda.is_available() else"cpu")
    model = torch.load('net.pkl').to(device)
    #框住人脸的矩形边框颜色
    color = (0, 255, 0)
    #捕获指定摄像头的实时视频流
    cap = cv2.VideoCapture(0)
    #使用给定的视频进行测试
    #cap = cv2.VideoCapture("/home/ BED629A414E8E1BD5C88EB8C7854FA23.mp4")
    #人脸识别分类器本地存储路径
    cascade_path = haarcascade_frontalface_alt2.xml"
    #循环检测识别人脸
    while True:
        ret, frame = cap.read()    #读取一帧视频
        if ret is True:
            #图像灰化，降低计算复杂度
            frame_gray = cv2.cvtColor(frame, cv2.COLOR_BGR2GRAY)
        else:
            continue
        #使用人脸识别分类器，读入分类器
        cascade = cv2.CascadeClassifier(cascade_path)
        #利用分类器识别出哪个区域为人脸
        faceRects = cascade.detectMultiScale(frame_gray, scaleFactor = 1.2, minNeighbors = 3, minSize =
(32, 32))
        if len(faceRects) > 0:
            for faceRect in faceRects:
                x, y, w, h = faceRect

                #截取脸部图像提交给模型识别出人物
```

```
            img = frame[y - 10: y + h + 10, x - 10: x + w + 10]
            img = cv2.resize(img, (227, 227), interpolation=cv2.INTER_AREA)
            img = torch.from_numpy(img)
            img = Variable(torch.unsqueeze(img, dim=0).float(), requires_grad=False)
            img = np.transpose(img, (0, 3, 1, 2))
            img = img.to(device)
            faceID = model(img)
            ACC = str(faceID[0][0].item())
            cv2.putText(frame,"ACC:" + ACC[:6],
          (x - 40, y - 40),                          #坐标
          cv2.FONT_HERSHEY_SIMPLEX,                  #字体
          1,                                         #字号
          (255,0,255),                               #颜色
          2)                                         #字的线宽

            #如果是“我”
            if faceID[0][0] > faceID[0][1] and faceID[0][0] > 0.9:
                cv2.rectangle(frame, (x - 10, y - 10), (x + w + 10, y + h + 10), color, thickness = 2)
                #文字提示是谁
                cv2.putText(frame,'It\'s me!',
                            (x + 30, y + 30),                  #坐标
                            cv2.FONT_HERSHEY_SIMPLEX,          #字体
                            1,                                 #字号
                            (255, 0, 255),                     #颜色
                            2)                                 #字的线宽
            else:
                pass
    cv2.imshow("me", frame)
    #等待 10 ms 看是否有按键输入
    k = cv2.waitKey(10)
    #如果输入 q，则退出循环
    if k & 0xFF == ord('q'):
        break
#释放摄像头并销毁所有窗口
cap.release()
cv2.destroyAllWindows()
```

测试结果如图 7-6 所示，识别到了图像中的两张人脸。

图 7-6 模型测试结果

本 章 小 结

本章主要介绍了计算机视觉与深度学习任务中一个重要的问题——人脸识别问题。首先介绍了人脸识别任务的主体流程；然后介绍了目前实现人脸识别问题的一些常用方法以及这些方法的原理；最后实现了基于卷积神经网络的人脸识别。

第 8 章　图像风格迁移

8.1　概　　述

在当今飞速发展的信息时代，数字图像作为一种常见且有效的信息载体已渗透到社会生活的每一个角落。在动画制作领域，日本知名动画导演新海诚动画作品中的很多动画形象都是基于现实自然场景创作的，其动画场景具有与现实实景高度相似、色彩风格显著的特点，深受人们好评。然而，动画风格手绘重现现实世界的场景是一个成本非常高的工作。为了获得精致的画面需要很多专业的绘画技能，而专业的绘画技能通常需要经过长期的练习才能掌握，因此这种创作方式效率低下。如果有专业技术能够高效率、智能化地简化这一烦琐的过程，同时将自然场景中的图像转换为高质量的动画风格图像，将极大地提高工作效率，还可以让创作者把更多的精力集中在创作上，进而提高动画作品的质量。

随着计算机视觉技术的兴起，科学家们开始研究如何利用计算机技术将普通图像转换为艺术画作，风格迁移技术应运而生。风格迁移是一种图像处理技术，它的核心概念是将一个图像的艺术风格、色彩和纹理应用到另一个图像上，同时保留目标图像的内容。这意味着可以将不同的艺术风格、情感和视觉效果融合在一起，创造出独特的图像。风格迁移通常使用深度学习技术如生成对抗网络(GAN)或卷积神经网络(CNN)来实现，在图像处理领域具有广泛的应用。例如，为艺术家提供创作的灵感和工具，使图像编辑更加具有创意和趣味，为影视制作提供引人注目的特效，帮助研究人员了解不同艺术风格的影响，同时也用于图像增强，提高图像的质量。

图像风格化算法有两个输入——内容图和风格图以及一个输出——风格迁移后的结果图。如图 8-1 所示，输入一张海边的照片作为内容图，凡·高的星空作为风格图，经过卷积神经网络迁移生成效果图，效果图将海边的内容保留，风格替换成凡·高星空的风格，成为一件新的艺术作品。

(a) 内容图

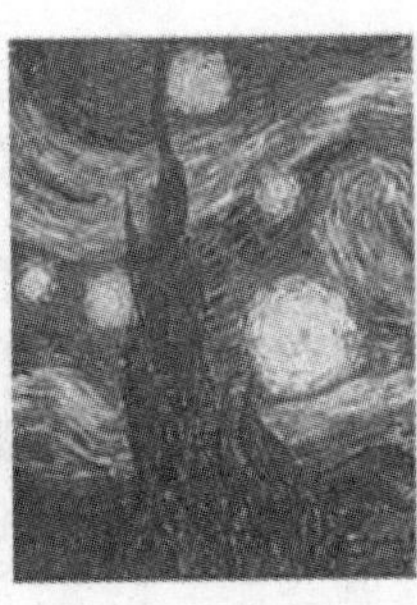

(b) 风格图

(c) 效果图

图 8-1　神经网络风格迁移效果图

8.2 图像风格迁移常用方法介绍

本节以基于神经网络的图像风格迁移的主要原理为出发点，从基于 CNN 和基于 GAN 这两类图像风格迁移方法中，归纳和整理图像风格迁移现有的研究工作，并对它们进行对比分析。

8.2.1 基于 CNN 的图像风格迁移

基于 CNN 的图像风格迁移是以特征提取器为核心，通过特征统计来近似度量风格损失。基于 CNN 的风格迁移基本框架如图 8-2 所示。图中的 VGG 网络模型提取图像特征，L_c 为内容损失度量(内容图像与生成图像特征差)，L_s 为风格损失度量(风格图像与生成图像的特征差)。根据度量风格损失的统计量不同，基于 CNN 的方法可归纳为基于特征分布的二阶统计量和基于特征分布的一阶统计量。下面对这两类方法进行介绍。

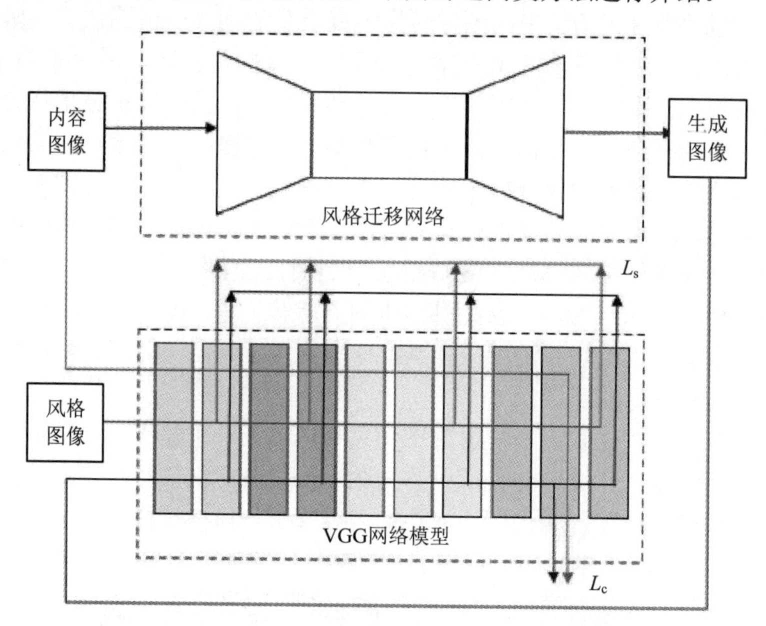

图 8-2 基于 CNN 的图像风格迁移基本框架图

1. 基于特征分布的二阶统计量

最具有代表性的基于图像迭代的图像风格迁移方法，也是最原始的图像风格迁移方法，是由 Leon A. Gatys 等人在 *A Neural Algorithm of Artistic Style* 一文中提出的。该方法采用了一种基于图像迭代的风格迁移技术，通过上千次的迭代，能够生成出色的效果图，完美地将原始图像的内容与油画的艺术风格融合在一起。Leon A.Gatys 在论文中的主要发现是 CNN 可以将图像的内容和风格分开提取出来。该方法的核心思想包括使用 CNN 进行特征提取，随后进行纹理合成，计算内容损失和风格损失，并通过梯度下降法来优化总损失，反复迭代图像以生成具有艺术风格的图像。

如图 8-3 所示，该方法采用了 VGG19 卷积神经网络，但去除了全连接层，主要使用了 16 个卷积层和 5 个池化层的特征空间。这些卷积层用于提取内容图像的内容特征以及油画图的风格特征，并将这些特征分别保存在 conv1～conv5 的不同层次中。这种分层特征提取方式捕捉了图像在不同抽象层次的信息，低层次特征描述了小范围的边缘和曲线，中层次特征描述了方块和螺旋，高层次特征描述了图像的内容。

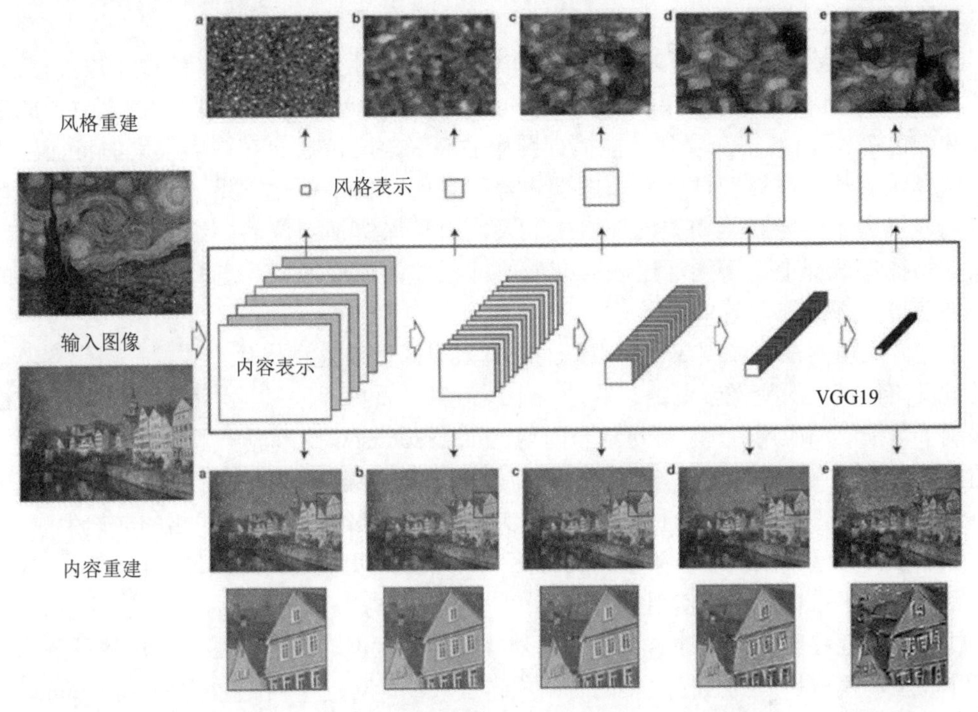

图 8-3　A Neural Algorithm of Artistic Style 算法框图

给定内容图像 I_c、风格图像 I_s 和生成图像 I，基于 CNN 的图像风格迁移总损失函数如下：

$$L_{total}(I_c, I_s, I) = \alpha L_c(I_c, I) + \beta L_s(I_s, I) \tag{8-1}$$

式中：L_c 为内容损失函数，度量给定内容图像和生成图像之间内容表示的差异；L_s 为风格损失函数，度量给定风格图像和生成图像之间风格表示的差异；系数 α 和 β 分别为内容损失函数和风格损失函数的权重值，用于平衡生成图像中内容和风格的比重。

在风格迁移任务中，内容损失往往不使用逐像素求差的损失函数，而是使用图像特征表示求差的损失函数。内容损失函数的表示如公式(8-2)所示。

$$L_c(I_c, I) = \sum_{l \in \{l_s\}} \left\| \boldsymbol{F}^l(I_c) - \boldsymbol{F}^l(I) \right\|_2 \tag{8-2}$$

式中：$\boldsymbol{F}^l(I)$表示图像 I 在 VGG 网络中第 l 层的特征表示；$\{l_s\}$表示在 VGG 网络中用来计算内容损失的特征层集合，即内容损失函数定义为图像的特征重建损失。

对于风格损失，则使用图像特征表示的 Gram 矩阵对图像风格进行建模。风格损失函数的表示如下：

$$L_s(I_s,I)=\sum_{l\in\{l_s\}}\left\|\boldsymbol{G}^l(I_c)-\boldsymbol{G}^l(I)\right\|_2 \tag{8-3}$$

$$\boldsymbol{G}^l(I)=[\boldsymbol{F}^l(I)][\boldsymbol{F}^l(I)]^{\mathrm{T}} \tag{8-4}$$

式中：$\boldsymbol{G}^l(I)\in\mathbf{R}^{N_l\times N_l}$ 表示图像 I 在 VGG 网络中第 l 层特征的 Gram 矩阵，Gram 矩阵是给定矩阵和它的转置矩阵的乘积，N_l 为第 l 层特征图的通道数；$\{l_s\}$表示在 VGG 网络中用来计算风格损失的特征层集合。

图像特征表示的 Gram 矩阵是特征分布的二阶统计量，通过图像特征之间的相关性来描述图像的风格。在预训练 VGG 模型中，浅层特征表示图像的低级语义信息(如图像的边缘和颜色等)，而网络深层特征能捕捉图像的高级语义信息。在内容损失的特征层选择上，选择浅层特征往往会过多保留图像内容信息而影响风格化效果，所以选择深层特征计算内容损失不仅能获得期望的风格化效果，而且保留了图像的高级语义信息。在风格损失的特征层选择上，不同深度的层有着不同粒度的风格效果，选择多个不同深度的特征层能获得更好的视觉效果。

上述方法虽然在合成图像上有很好的视觉效果，但是这种优化方式是在图像各像素点上通过反向传播来改变像素值的，这是一个缓慢且耗费内存的过程，在计算效率方面极大地限制了其推广和应用。为了解决这个问题，Justin Johnson 等人提出了快速风格迁移方法，快速风格方法与上述方法相比在速度上提高了 3 个数量级，是一种基于模型迭代的风格迁移方法。基于模型迭代的风格迁移方法通过大量图像来训练一个特定风格的前馈生成网络，将计算工作转移到模型的学习阶段，训练后的模型可以实现实时的快速风格迁移，这种方法也是目前应用市场上主要使用的方法。

快速风格迁移虽然有效地解决了计算效率的问题，但这种方法需要为每种风格单独训练一个模型，使得扩展到其他风格的时间成本过大。针对这个问题，Chen Dongdong 等人提出了一种在单个模型上生成多种风格的方法，将每种风格分别绑定为一组卷积层参数，通过联合学习可以得到一个存储不同风格的风格库。Zhang Hang 等人在生成网络中引入一个新的互匹配层，它能在生成网络中学习直接匹配风格特征的二阶统计量，构建一个多风格生成网络。Li Yijun 等人设计了一个纹理选择网络来生成相应纹理的风格特征，分别与内容图像的特征进行结合实现多风格迁移。他们还发现使用特征的协方差矩阵代替 Gram 矩阵来表征风格能够改善生成图像中出现的伪影和混色问题。

2. 基于特征分布的一阶统计量

Li Yanghao 等人启发性地从领域自适应的角度理解图像风格迁移。他们发现批量归一化层(Batch Normalization，BN)中的统计量(如均值和方差)包含不同域的特征，通过简单地调整匹配图像特征在通道方向上的均值和方差也能实现风格迁移。他们认为图像特征分布的一阶统计量也能作为风格表征，因此构造了另一种风格损失函数，如公式(8-5)所示。最优图像风格迁移效果是通过最小化风格损失函数得到的。

$$L_s(I_s,I)=\sum_{l\in\{l_s\}}\frac{1}{N_l}\sum_{i=1}^{N_l}\left(\|\mu(\boldsymbol{F}_i^l(I_s))-\mu(\boldsymbol{F}_i^l(I))\|_2+\|\sigma(\boldsymbol{F}_i^l(I_s))-\sigma(\boldsymbol{F}_i^l(I))\|_2\right) \tag{8-5}$$

式中：$\mu(\boldsymbol{F}_i^l(I))$和$\sigma(\boldsymbol{F}_i^l(I))$分别表示图像$I$在 VGG 网络中第$l$层特征图第$i$个通道上的均值和方差，$\{l_s\}$表示 VGG 网络中用来计算风格损失的特征层集合。

Dimitry Ulyanov 等人发现在快速风格迁移网络中使用实例归一化层(Instance Normalization，IN)代替 BN 不仅能加快网络的收敛速度，并且允许在训练过程中得到更低的风格损失，获得了更好的视觉效果。他们认为，IN 的优越性在于它能在网络中削弱内容图像之间的对比度信息，从而使网络的学习更简单。Huang Xun 等人通过实验对此提出了另一种解释，即 IN 本身具有风格归一化能力，可以将每种风格归一化为目标风格，使网络其他部分可以专注内容信息的学习。在 IN 的基础上，Vincent Dumoulin 等人发现在风格迁移网络中的归一化层使用不同仿射系数能训练一个多风格生成网络。他们提出了条件实例归一化层(Conditional Instance Normalization，CIN)，网络中所有的卷积参数在多种风格之间共享，具有不同仿射参数的归一化层可以将输入内容图像转换为不同的风格。每种风格通过与网络中的归一化层参数绑定，使模型能扩展到多种风格上，但受限于覆盖的风格数量有限，无法推广到未经训练的风格上，而且模型附加的参数量与风格的数量呈线性比例增长。为摆脱这种限制，Golnaz Ghiasi 等人设计了一个风格预测网络，通过训练大量的图像来预测生成网络中 CIN 的仿射参数，这种数据驱动的方式为模型提供了预测其他未经训练的风格的能力。同样受 IN 的启发，Huang Xun 等人提出了一个简单有效的自适应实例归一化层(Adaptive Instance Normalization，AdaIN)，该层中并没有需要学习的参数，它通过输入的风格图像自适应地计算归一化层的仿射参数，实现了实时的任意风格转换。AdaIN 的表示如公式(8-6)所示。

$$\text{AdaIN}(\boldsymbol{F}(I_c),\boldsymbol{F}(I_s))=\sigma\left(\boldsymbol{F}(I_s)\right)\left(\frac{\boldsymbol{F}(I_c-\mu\left(\boldsymbol{F}\left(I_c\right)\right)}{\sigma\boldsymbol{F}\left(I_c\right)}\right)+\mu\left(\boldsymbol{F}(I_c)\right) \tag{8-6}$$

式中：$\boldsymbol{F}(I_c)$和$\boldsymbol{F}(I_s)$分别是内容图像和风格图像经预训练 VGG 模型得到的特征，$\mu(\boldsymbol{F}(I_c))$和$\sigma(\boldsymbol{F}(I_c))$分别是对应图像特征在通道方向上的均值和方差。给定一个内容输入和一个风格输入，该方法使用 VGG 网络作为固定的编码器，经过 AdaIN 调整内容图像特征在通道方向上的均值和方差以匹配风格图像特征对应通道的均值和方差，最后解码器学习将匹配后的内容特征转到图像空间完成图像的风格迁移。这与领域自适应中的 AdaBN (Adaptive Batch Normalization)方法有着类似的操作。AdaIN 通过匹配对齐内容和风格图像特征的一阶统计量，能有效地结合前者的内容和后者的风格，但是简单地匹配特征分布的均值和方差难以合成具有丰富细节和局部结构的复杂化风格。为了提升 Huang Xun 等人提出的风格迁移方法的效果，Dae Young Park 等人引入了一种新颖的风格注意力网络，通过学习内容特征和风格特征之间的语义相关性，能有效地平衡局部和全局的风格。

Shen Falong 等人将元学习引入风格迁移领域，使用了元学习中的 Hyper Network 方法。Hyper Network 的思想是用一个网络去生成另一个网络的参数，通过学习输入风格图像特征分布的一阶统计信息动态地生成风格转换网络的参数。他们的方法为实时的任意风格迁移提供了一个有效的解决方案，而且元学习生成的模型大小仅几百千字节(KB)，能够在移动设备上实时运行。Jing Yongcheng 等人指出，基于特征分布的一阶统计量的方法都需要使用

VGG 网络进行特征的提取，由于 VGG 网络参数规模庞大导致这些方法无法在资源受限的环境中部署。他们提出了一种基于 MobileNet 轻量级架构实现任意风格迁移的方法，引入一个动态实例归一化模块(Dynamic Instance Normalization，DIN)将风格编码为可学习的卷积参数，与轻量级的内容编码器结合实现快速风格转换，其 DIN 模块如图 8-4 所示。DIN 模块包含归一化实例和动态卷积，其参数根据不同的风格自适应地改变，DIN 操作学习到的权重矩阵是风格的标准差，偏置向量是风格的均值，能更精确地对齐复杂风格的特征统计信息，允许更灵活的任意风格迁移的同时保持较低的计算成本。

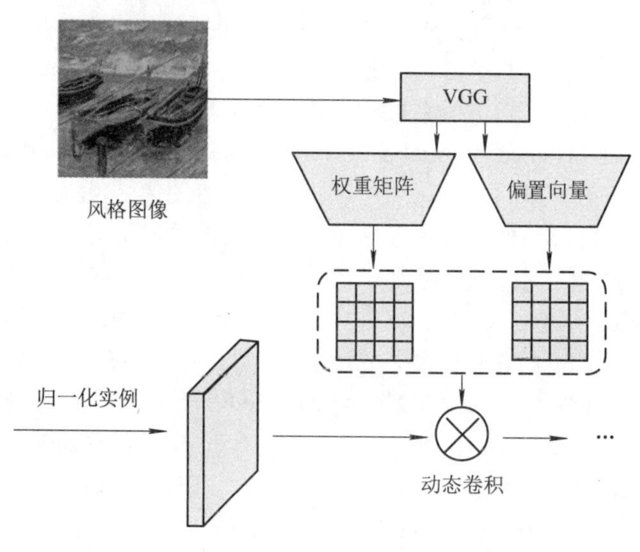

图 8-4 DIN 模块框架图

8.2.2 基于 GAN 的图像风格迁移

基于 CNN 的图像风格迁移通过在深层 CNN 中提取高级抽象特征来实现特征空间的分布匹配，基于 GAN 的图像风格迁移则通过生成器与判别器之间的对抗博弈来实现图像空间的分布匹配。在 2014 年，Ian J. Goodfellow 等人提出了一种独具一格的生成对抗网络，该模型中包含一个生成式网络和一个判别式网络通过两个网络间的对抗训练达到均衡状态，实现数据分布散度的拟合。GAN 的损失函数表示如下：

$$L_{\mathrm{GAN}}(G,D)=E_{x\sim P_{\mathrm{data}}(x)}[\lg D(x)]+E_{z\sim P_z(z)}[1-\lg D(G(z))] \tag{8-7}$$

式中：G 和 D 分别为生成式网络和判别式网络，z 表示输入生成式网络的随机噪声，x 表示真实样本，真实数据概率分布为 $P_{\mathrm{data}}(x)$。GAN 的损失函数由两个部分相加：第一部分 $E_{x\sim P_{\mathrm{data}}(x)}[\lg D(x)]$ 表示真实样本 x 在判别器 D 中的输出概率的对数期望值；第二部分 $E_{z\sim P_z(z)}[1-\lg D(G(z))]$ 表示生成器 G 伪造的样本 $G(z)$ 在判别器 D 中被识别为假时的对数期望值。在 GAN 的训练过程中，通过生成式网络和判别式网络之间的交替优化形成一个对抗过程，随着判别式网络判别能力的增强，使生成式网络具备生成与真实数据分布相似的假数据的能力。如图 8-5 所示，基于 GAN 的风格迁移基本框架包括生成器和判别器两个主要部分，生成器将输入的内容图像转换为生成图像，判别器的任务是区分生成图像和真实风格图像，并输出一个概率值，表示输入样本是真实风格图像的概率，生成器的目标是最小化损失 $L_{\mathrm{GAN}}(G,D)$，使生成图像能够骗过判别器，而判别器的目标是最大化损失 $L_{\mathrm{GAN}}(G,D)$，使其能够准确地区分真实图像和生成图像。正是因为 GAN 这种巧妙的对抗设计，生成式网络比其他生成模型拥有更强大的数据生成能力，也成为近些年学术界重点关注的模型之一。

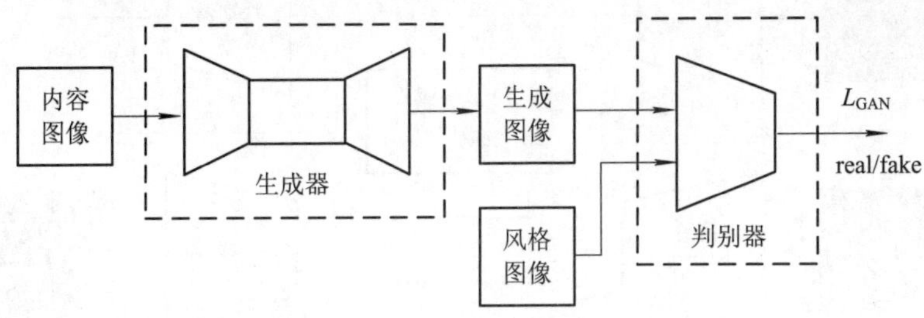

图 8-5　基于 GAN 的图像风格迁移基本框架图

在 GAN 中，图像风格迁移被认为是一类图像到另一类图像的转换过程。Phillip Isola 等人提出的 pix2pix 模型使用大量成对的图像进行监督训练，得到一个一对一的图像翻译网络，该网络能出色地完成图像风格迁移任务。尽管 pix2pix 能实现逼真的图像转换，但是该模型的训练需要大量成对的图像数据，这极大地限制了其推广和应用。为打破这个限制，Zhu Junyan 等人提出了一种无监督对抗网络 CycleGAN，该网络中包含两对生成对抗网络以实现双向的域转换，引入循环一致性消除了域之间的配对约束，并且能更好地保留图像内容结构。CycleGAN 中使用循环一致损失和图像空间的逐像素差作为图像内容损失，使生成图像的内容信息被过度保留，导致无法很好地迁移抽象的风格，如艺术风格等。

为了更好地学习艺术风格，Artsiom Sanakoyeu 等人在 GAN 中引入了一种风格感知的内容损失，能够学习同一类艺术风格而不仅限于一种风格中的一个实例。Ma Zhuoqi 等人在投影空间观察内容图像和风格图像的特征向量，发现初始状态下内容图像和风格图像的特征基本上是可分的，他们提出的双重一致性损失能在保持语义和风格一致性的情况下，学习内容图像和风格图像之间的关系。基于图像的内容和风格感知，Dmytro Kotovenko 等人在对抗网络中设计了一个内容转换模块，在具有相似内容信息的风格迁移过程中，学习如何改变内容的细节。Yunjey Choi 等人提出了 StarGAN 模型，能在单个 GAN 中实现一对多的图像风格转换，其文章中以人脸图像为例，实现了多种人脸表情的转换。Chen Xinyuan 等人设计了一个门控网络，利用门控切换的思想在单一对抗网络中实现了不同风格的转换。为探索任意风格迁移的对抗性训练，Xu Zheng 等人在对抗网络中加入了 AdaIN 模块，结合 GAN 和神经网络风格迁移的优点，实现了 GAN 的任意风格迁移。同样地，Wonwoong Cho 等人将 WCT(Whitening-and-Coloring Transformation)引入到图像风格迁移网络中，提出的 GDWCT(Group-wise Deep Whitening-and-Coloring Transformation)利用正则化和分组计算的方式来近似 WCT，有效地减少了参数数量且提高了计算效率。图 8-6 为使用 GDWCT 进行风格迁移的框架图。与 Li Yanghao 等人的思想一致，该方法利用学习的方式构建变换矩阵，并结合 GDWCT 和 GAN 完成图像的风格迁移。具体来说，风格图像通过风格编码器提取风格特征，内容图像通过内容编码器提取内容特征。这些提取的内容特征和经过变换参数生成网络的风格特征通过 GDWCT 进行处理。最终由生成器生成风格迁移图像。生成图像和真实风格图像一起被送入判别器，判别器的任务是区分生成图像和真实风格图像，并输出一个概率值，通过调整生成器和判别器的参数，生成图像逐渐变得更加逼真，符合风格图像的特征。损失函数 L_{GAN} 在此过程中确保生成器生成能够骗过判别器的图像。

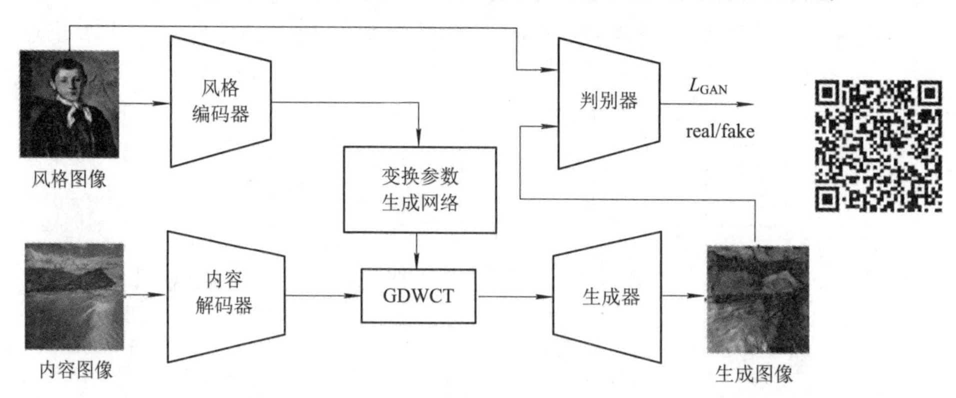

图 8-6 GDWCT 风格迁移算法框架

基于 GAN 的图像风格迁移方法都需要预先收集足够数量的风格图像，这实际上是个比较困难的问题。Zheng Zhentan 等人提出了一种方法，仅使用一张风格图像就能训练 GAN 完成风格迁移。这种方法在原始图像空间上将图像切分为许多小图像块，通过对这些小图像块进行重新排序组合来构建风格图像训练集，这为缺少风格图像样本的训练提供了一个解决方案。

8.2.3 图像风格迁移的发展和挑战

对于图像风格迁移任务来说，如何描述和计算风格是一个关键性问题。得益于深度卷积神经网络的特征提取能力，基于 CNN 的图像风格迁移方法通过提取图像的抽象特征表达，利用特征分布的统计量作为图像风格的描述，能灵活高效地实现图像风格迁移。这种描述方法虽然能很好地表征风格，但依赖于参数庞大的特征提取网络，这也是目前亟待解决的问题。不同于上述方法，基于 GAN 的图像风格迁移方法通过对抗学习的机制为风格描述带来了新的途径。在 GAN 中，不需要任何预先设计的描述计算风格，判别器能通过拟合图像数据分布隐式地计算风格，实现图像的风格迁移。通过对抗训练拟合图像数据的分布可以使图像的风格迁移效果更加逼真，这体现了 GAN 对图像数据的理解能力和感知能力。相比基于 CNN 的风格迁移方法，GAN 在生成图像上的质量更佳，但是风格迁移过程的可控性不高，而且对抗网络的训练容易出现梯度消失和模型崩溃，存在训练困难的缺点。

基于卷积神经网络的图像风格迁移算法经过大约 5 年的发展，基本框架已经趋于完善。然而，在研究方向上大多数学者都选择在性能上进行考量而忽视了迁移质量。首先，这主要是由于风格迁移结果的优劣本身是一个不完全定义的问题，对其的评判大多是经验性的，不存在一个界定明确的标准来评判各迁移结果孰优孰劣。相比之下，性能的优化作为可测量的结果却吸引了更多学者进行研究。针对这一问题，学术界目前亟须制定一个能够被普遍承认的风格迁移结果评判标准，从而促进对优化迁移结果的研究。其次，大多数模型存在特异性，即对于某些风格图像模型能够很好迁移，对另外一些风格图像则有较大的差异。在图像存在特定形态的噪声时，许多模型也会受到不同程度的干扰。因此，要实现普适性强、迁移性稳定的模型还有很长的路要走。再者，目前的工作仍局限于单张风格图像的风格迁移，其语义层次还可以进一步提高。每个画家虽然有风格各异的作品，但各画作间有作者更为抽象的风格特征。如何从一个作者的多幅画作中提取出其更高层的特征，并对结果图像进行风格迁移，是当前值得探索的一个方向。另外，当前的风格迁移算法依然注重于如何从现有的画作中提炼出风格特征并进行迁移融合，如何使神经网络通过大规模的学习创造出一种新的、独特的风格特征也是未来令人关注的研究方向。

8.3　图像风格迁移实现

本节主要介绍 Neural-Style 算法的实现过程。Neural-Style 算法需输入两张图像，一张为风格图像，另一张为内容图像，经过算法处理后，输出的风格迁移效果图像在保留内容图像基础上体现了风格图像的效果。

8.3.1　加载数据

加载提供风格和内容的图像需要使用 PIL(Python Imaging Library)库，并将其转换为模型所需的张量格式。导入提供风格和内容的图像的代码如下：

```
import torch
import torch.nn as nn
import torch.nn.functional as F
import torch.optim as optim
from PIL import Image
import matplotlib.pyplot as plt
import torchvision.transforms as transforms
import torchvision.models as models
import copy
import warnings
warnings.filterwarnings("ignore")
device = torch.device("cuda" if torch.cuda.is_available() else "cpu")
torch.set_default_device(device)
#所需的输出图像大小
imsize = 512 if torch.cuda.is_available() else 128          #当数据大小较小时不使用 GPU
loader = transforms.Compose([
    transforms.Resize(imsize),                               #改变输入图像的分辨率
    transforms.ToTensor()])                                  #把输入数据转化为张量
def image_loader(image_name):
    image = Image.open(image_name)
    #确保输入数据维度与模型维度一致
```

```
        image = loader(image).unsqueeze(0)
        return image.to(device, torch.float)
    style_img = image_loader("./data/images/neural-style/picasso.jpg")      #导入风格图像
    content_img = image_loader("./data/images/neural-style/dancing.jpg")  #导入内容图像
    #确保内容和样式图像的尺寸一致
    assert style_img.size() == content_img.size(), \
        "we need to import style and content images of the same size"
```

因为 Tensor 是四维的，不能直接展示，所以需要创建一个 imshow 函数，重新将图像转换成标准的三维数据来展示，这样也可以确认图像是否被正确加载。把四维张量转换为三维数据并展示的代码如下：

```
    #将数据转换为 PIL 格式
    unloader = transforms.ToPILImage()
    plt.ion()
    def imshow(tensor, title=None):
        image = tensor.cpu().clone()          #复制张量保证原张量不被改变
        image = image.squeeze(0)              #去掉 0 维度
        image = unloader(image)
        plt.imshow(image)
        if title is not None:
            plt.title(title)
        plt.pause(1)
    plt.figure()
    imshow(style_img, title='Style Image')          #显示风格图像

    plt.figure()
    imshow(content_img, title='Content Image')     #显示内容图像
```

图 8-7 显示了示例中的风格图，图 8-8 是内容图。

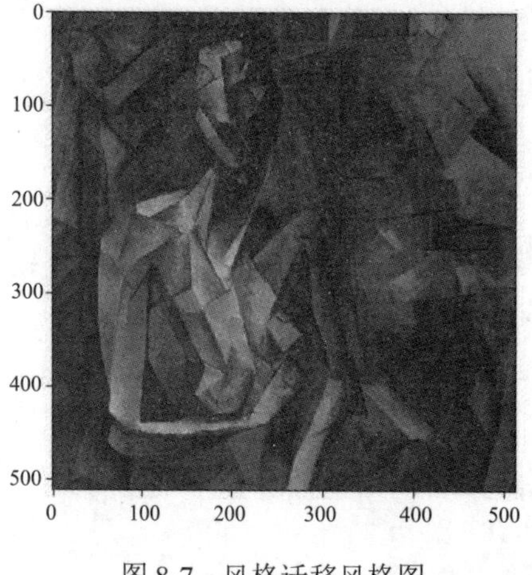

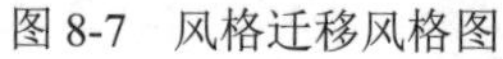

图 8-7　风格迁移风格图

图 8-8　图像迁移内容图

8.3.2　损失函数

1. 内容损失

内容损失是一种用于衡量网络中不同层次的内容之间的差异的方法。该方法使用网络的第 L 层特征映射 $\boldsymbol{F}_L$，其中网络输入为内容图像 X，并计算内容图像 X 在 L 层的特征 $\boldsymbol{F}_{XL}$ 与生成图像 C 在 L 层的特征 $\boldsymbol{F}_{CL}$ 之间的内容差异。内容差异 $\|\boldsymbol{F}_{XL}-\boldsymbol{F}_{CL}\|^2$ 是两个特征映射集合之间的平均方差，可以使用 nn.MSELoss 来计算。

内容损失模型将直接添加到用于计算内容间距的卷积层之后。这意味着每次将输入图像传递到网络中时，内容损失都会在目标层进行计算。现在为了使内容损失层透明化，须定义一个 forward 方法来计算内容损失，同时返回该层的输入。计算的损失作为模型的参数被保存。内容损失函数的代码如下：

```
class ContentLoss(nn.Module):
    def __init__(self, target):
        super(ContentLoss, self).__init__()
        #必须要用 detach 来分离出 target，这时 target 不再是一个 variable
        #这是为了动态计算梯度，否则 forward 会出错，不能向前传播
        self.target = target.detach()
    def forward(self, input):
        self.loss = F.mse_loss(input, self.target)
        return input
```

ContentLoss 类没有定义 backward 方法无法直接求导，如果需要自动求导，则需要补充 backward 方法实现梯度的计算。

2. 风格损失

风格损失模型与内容损失模型的实现方法类似。它可作为一个网络中的透明层来计算相应层的风格损失。为了计算风格损失，需要计算 Gram 矩阵。Gram 矩阵是给定矩阵和它的转置矩阵的乘积。在计算风格损失时给定的矩阵是 L 层特征映射的更新，即 $\boldsymbol{F}_{XL}$ 更新后为 $\hat{\boldsymbol{F}}_{XL}$。这是一个 $K \times N$ 的矩阵，其中 K 是 L 层特征映射的数量，N 是任何向量化特征映射的长度。

最后，Gram 矩阵必须通过将每一个元素除以矩阵中所有元素的数量进行标准化。标准化是为了消除 Gram 矩阵中产生的很大的值。这些很大的值将在梯度下降时对第一层(在池化层之前)产生很大的影响。风格特征往往在网络中更深的层，所以标准化步骤是很重要的。风格损失函数的代码如下：

```
def gram_matrix(input):
    a, b, c, d = input.size()   # a=batch size(=1)
    #特征映射 b=number
    # (c,d)=dimensions of a f. map (N=c*d)
    features = input.view(a * b, c * d)          #将 F_XL 更新为 F̂_XL
    G = torch.mm(features, features.t())         #Gram 矩阵计算
    #通过除以每个特征映射中的元素数来“标准化”Gram 矩阵的值
    return G.div(a * b * c * d)
class StyleLoss(nn.Module):
    def __init__(self, target_feature):
        super(StyleLoss, self).__init__()
        self.target = gram_matrix(target_feature).detach()
    def forward(self, input):
        G = gram_matrix(input)
        self.loss = F.mse_loss(G, self.target)
        return input
```

8.3.3 导入 VGG 模型

这里导入预训练好的 VGG19 模型。在 Torch Vision 中，VGG 的实现由两个 nn.Sequential 对象组成的：第一个是 features，包含卷积层、激活层和池化层，用来提取图像特征；另一个是 classifier，包含全连接层，用来分类。这里将使用 features 模型，因为需要每一层卷积层的输出来计算内容和风格损失。在训练时需要将模型设置成 eval 模式，已训练完成的模型直接使用可以节省所搭建网络的总耗时。VGG19 模型导入代码如下：

```
cnn = models.vgg19(pretrained=True).features.to(device).eval()
print(cnn)
```

此外，VGG 网络通过使用 mean = [0.485, 0.456, 0.406]和 std = [0.229, 0.224, 0.225]参数

来规范化图像的每一个通道。因此，在把图像输入神经网络之前，需先使用这些参数对图像进行规范化。规范化代码如下：

```
cnn_normalization_mean = torch.tensor([0.485, 0.456, 0.406]).to(device)
cnn_normalization_std = torch.tensor([0.229, 0.224, 0.225]).to(device)
#创建一个模块来规范化输入图像，可以轻松地将它放入 nn.Sequential 中
class Normalization(nn.Module):
    def __init__(self, mean, std):
        super(Normalization, self).__init__()
        self.mean = torch.tensor(mean).view(-1, 1, 1)
        self.std = torch.tensor(std).view(-1, 1, 1)
    def forward(self, img):
        # 规范化图像
        return (img - self.mean) / self.std
```

一个 Sequential 模型包含一个顺序排列的子模型序列。例如，vgg19.features 包含一个以正确的深度顺序排列的序列(Conv2d，ReLU，MaxPool2d，Conv2d，ReLU，…)。我们需要在感知卷积层之后，将内容损失和风格损失添加到这个序列中。因此必须创建一个新的 Sequential 模型，并正确地插入内容损失和风格损失模型。Sequential 模型代码如下：

```
#期望计算内容/风格损失的卷积层深度
#在第四个卷积层后计算内容损失
content_layers_default = ['conv_4']
#在每个卷积层后计算风格损失
style_layers_default = ['conv_1', 'conv_2', 'conv_3', 'conv_4', 'conv_5']

def get_style_model_and_losses(cnn, normalization_mean, normalization_std,
                               style_img, content_img,
                               content_layers=content_layers_default,
                               style_layers=style_layers_default):
    cnn = copy.deepcopy(cnn)

    #规则化模块
    normalization = Normalization(normalization_mean, normalization_std).to(device)

    #可以迭代访问内容/风格损失列表
    content_losses = []
    style_losses = []

    #创建一个新的 nn.Sequential
```

```
#用于顺序激活需要的模块
model = nn.Sequential(normalization)        #先在 model 中加上标准化层

i = 0  #每遇到一个卷积层就递增
for layer in cnn.children():
    if isinstance(layer, nn.Conv2d):
        i += 1
        name = 'conv_{}'.format(i)
    elif isinstance(layer, nn.ReLU):
        name = 'ReLU_{}'.format(i)
        layer = nn.ReLU(inplace=False)
    elif isinstance(layer, nn.MaxPool2d):
        name = 'pool_{}'.format(i)
    elif isinstance(layer, nn.BatchNorm2d):
        name = 'bn_{}'.format(i)
    else:
        raise RuntimeError('未识别的层：{}'.format(layer.__class__.__name__))

    model.add_module(name, layer)        #每遇到一个层就加到 model 中

    if name in content_layers:
        #添加内容损失：
        target = model(content_img).detach()
        content_loss = ContentLoss(target)
        model.add_module("content_loss_{}".format(i), content_loss)
        content_losses.append(content_loss)
    if name in style_layers:
        #添加风格损失
        target_feature = model(style_img).detach()
        style_loss = StyleLoss(target_feature)
        model.add_module("style_loss_{}".format(i), style_loss)
        style_losses.append(style_loss)

#删除最后一个内容和风格损失之后的层
for i in range(len(model) - 1, -1, -1):
    if isinstance(model[i], ContentLoss) or isinstance(model[i], StyleLoss):
        break
model = model[:(i + 1)]
return model, style_losses, content_losses
```

8.3.4　选择输入图像

输入图像可以使用内容图像或者白噪声(随机噪声)，其代码如下：

```
input_img = content_img.clone()
#如果使用白噪声的方法增强图像，则可以取消注释以下行
# input_img = torch.randn(content_img.data.size(), device=device)
#显示输入图像
plt.figure()
imshow(input_img, title='Input Image')
```

显示结果如图 8-9 所示。

图 8-9　输入图像

8.3.5　梯度下降

BFGS(Limited-memory Broyden-Fletcher-Goldfarb-Shanno)是一种用于解决大规模优化问题的准牛顿优化算法。它通过近似计算 Hessian 矩阵(即二阶导数矩阵)来实现高效的梯度下降，在不需要存储完整的 Hessian 矩阵的情况下，利用历史信息来更新优化步骤。使用 L-BFGS 算法来实现梯度下降。与训练一般网络不同，训练输入图像是为了最小化内容和风格损失，因此要创建一个 PyTorch 的 L-BFGS 优化器 optim.LBFGS，并传入图像，作为张量去优化。梯度优化的代码如下：

```
def get_input_optimizer(input_img):
    #输入图像是模型参数
    optimizer = optim.LBFGS([input_img.requires_grad_()])
    return optimizer
```

8.3.6 风格迁移网络模型训练

前面几个步骤实现后可以获得构建风格迁移网络。搭建好网络后需要对网络进行训练，通过如下代码即可训练出最终的网络模型。

```
def run_style_transfer(cnn, normalization_mean, normalization_std,
                    content_img, style_img, input_img, num_steps=600,
                    style_weight=1000000, content_weight=1):
    """返回风格"""
    print('Building the style transfer model..')
    model, style_losses, content_losses = get_style_model_and_losses(cnn,
        normalization_mean, normalization_std, style_img, content_img)
    optimizer = get_input_optimizer(input_img)
    print('Optimizing..')
    run = [0]
    while run[0] <= num_steps:
        def closure():
            input_img.data.clamp_(0, 1)
            optimizer.zero_grad()
            model(input_img)
            style_score = 0
            content_score = 0
            for sl in style_losses:
                style_score += sl.loss
            for cl in content_losses:
                content_score += cl.loss
            style_score *= style_weight
            content_score *= content_weight
            loss = style_score + content_score
            loss.backward()
            run[0] += 1
            if run[0] % 50 == 0:
                print("run {}:".format(run))
                print('Style Loss: {:4f} Content Loss: {:4f}'.format(
                style_score.item(), content_score.item()))
                print()
            return style_score + content_score
        optimizer.step(closure)
```

```
        input_img.data.clamp_(0, 1)
    return input_img
```

风格迁移模型训练输出结果如下：

```
Building the style transfer model..
Optimizing..
run [50]:
Style Loss: 4.144559 Content Loss: 4.305715

run [100]:
Style Loss: 1.085818 Content Loss: 3.243603

run [150]:
Style Loss: 0.682910 Content Loss: 2.878726

run [200]:
Style Loss: 0.456675 Content Loss: 2.716176

run [250]:
Style Loss: 0.334674 Content Loss: 2.634491

run [300]:
Style Loss: 0.256367 Content Loss: 2.581152

run [350]:
Style Loss: 0.205068 Content Loss: 2.547956

run [400]:
Style Loss: 0.175509 Content Loss: 2.522736

run [450]:
Style Loss: 0.160029 Content Loss: 2.503151

run [500]:
Style Loss: 0.150985 Content Loss: 2.487772

run [550]:
Style Loss: 0.146437 Content Loss: 2.474760
```

```
run [600]:
Style Loss: 0.142245 Content Loss: 2.466250
```

通过以下代码即可使用训练好的模型对输入图像完成图像风格迁移过程。

```
output = run_style_transfer(cnn, cnn_normalization_mean, cnn_normalization_std,
                content_img, style_img, input_img)
plt.figure()
plt.xticks([])
plt.yticks([])
plt.axis('off')
imshow(output, title='Output Image')
plt.ioff()
plt.show()
```

训练好的模型对图 8-9 的风格迁移结果如图 8-10 所示。

图 8-10　风格迁移结果图

本 章 小 结

本章主要介绍了如何实现图像风格迁移、图像风格迁移的原理和主要方法，以及风格损失和内容损失函数定义与实现，最后用 PyTorch 实现了图像风格迁移。

第9章　图像描述

9.1　概　　述

随着数据规模的扩大和计算机技术的发展，机器学习、深度学习在各个应用领域得到了迅速的发展，越来越多的学者投身于相关问题的研究，在大家共同不断努力下，深度学习逐渐体现出其价值与意义。各种不同的神经网络结构相继被提出，尽管其在各个领域中都有着重要的研究意义，但是目前以神经网络为结构的深度学习对于人类来说仍然是一个"黑箱"，人们对其掌握的程度有限，成功应用于生活中的也只有简单的功能和情形，如语音识别、人脸识别等。意识到生活场景的复杂性，部分学者开始致力于复杂的、不同形式的情景研究，即多模态数据相互结合，以期使得机器在人机交互等方面更加方便与成熟。目前，多模态数据信息处理应用包括视觉问答系统(VQA)、视频文本描述(Video Caption)、相册故事生成、图像文本描述(Image Caption)、视觉导航以及文本到图像的自动生成等。这些多模态任务需要处理来自不同媒体的数据，如图像、文本和语音等，以实现各种交叉媒体的信息处理和理解任务。在多模态数据研究领域中，图像文本描述是最为常见的任务，也是较早提出的研究方向。

图像文本描述即看图说话，就是对于给定的图像，用尽可能准确的语言对其进行描述，包括其中的物体、物体属性和物体之间的关系。图9-1就是图像文本描述的一个例子，可以看出图像文本描述是将计算机视觉和自然语言处理相结合，并且运用了机器学习的一个多领域问题。如果说机器学习是在教计算机如何像人类一样处理问题，那么计算机视觉就是教计算机如何看见，自然语言处理就是教计算机如何表达。将两者结合起来，通过计算机看见图像进而表达出来就是图像文本描述。

柜台上有一个木制的碗碟架，上面放着盘子、碟子、碗、杯子和玻璃杯

图9-1　图像文本描述

图像文本描述的实现过程较为复杂，需要识别并准确理解图像中包含的内容，最终用生动形象的自然语言描述出来。图像文本描述具有重要意义并得到广泛应用，例如可用于编辑程序的推荐、虚拟助手的使用，在帮助视觉障碍者理解场景和图像、帮助用户在海量图像中完成搜索以及幼儿语言辅助教育娱乐方面也有广泛应用。

图像文本描述有较大的研究意义和研究价值，同时也具有较大的挑战性。图像文本描述是一种跨模态领域研究，有助于人类真正走向强人工智能。

9.2 数据集介绍

当前图像的文本描述数据集主要包括英文、德文、日文和中文数据集。英文数据集包括 IAPR-TC12、PASCAL、Flickr8k、SBU、MS COCO、Visual Genome、Multi30k、TextCaps 和 ImageNet-A；德文数据集包括 IAPR-TC12 和 Multi30k；日文数据集有 STAIR；中文数据集有 Flickr8kCN 和 AI Challenger。数据集的发表年份如图 9-2 所示，从发表年份来看，首先出现英文数据集，然后其他研究者逐渐开始构建德文数据集、日文数据集以及中文数据集。

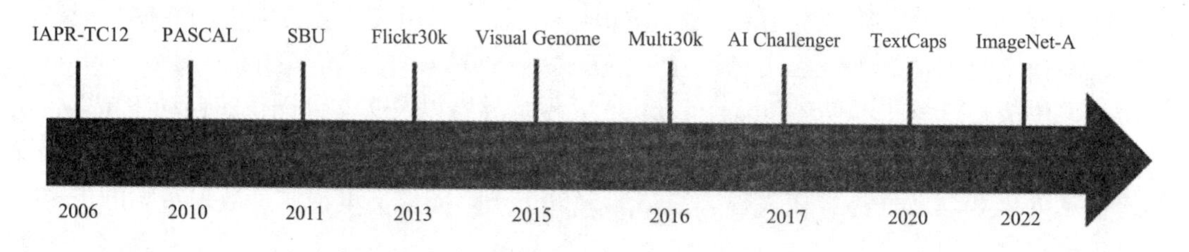

图 9-2 各图像文本描述数据集发表年份

数据集的具体统计情况如表 9-1 所示。

表 9-1 图像文本描述数据集的统计信息

数据集	规　模	语　言	年　份
IAPR-TC12	20 000	英语、德语	2006
PASCAL	1000	英语	2010
SBU	1000	英语	2011
Flickr30k	30 000	英语	2014
Visual Genome	108 077	英语	2016
Multi30k	31 014	英语、德语	2016
AI Challenger	300 000	中文	2017
TextCaps	145 000	英语	2020
ImageNet-A	200 000	英语	2022

9.3　图像描述常用方法介绍

图像文本描述作为跨模态实际应用的主要技术之一，极具挑战性，近年来成为研究热点。早期图像文本描述的方法大多是建立图像文本库，经过一系列的相关处理得到图像特征的向量表示，最后根据相似度度量方式或者某种特定的规则产生最终的描述。这种建立模板库的方法大多表示的信息有限，无法满足更加丰富以及多样的文本描述的要求。随着人工智能技术的不断更新，大量的标注图像使得深度学习被广泛应用在图像文本描述中成为可能，图像文本描述的语言不再局限于模板，且更加准确和多样化。图像文本描述实现方法可以分为以下三大类：

(1) 基于生成的方法。该方法分为检测过程和生成过程。检测过程基于图像特征检测出现的对象、对象属性、图像表达内容的场景和行为等信息；生成过程使用这些信息驱动自然语言输出图像的文本描述。

(2) 基于搜索的方法。为了生成图像的文本描述，该方法搜索数据库中与输入图像相似的图像集，基于搜索到的相似图像集的文本描述，用最相似的搜索结果合理组织生成图像的文本描述。

(3) 基于编码器-解码器结构的方法。该方法以深度学习为基础，采用编码器-解码器的方式直接生成文本描述。这种方法需要大规模的训练语料支撑，生成的文本描述形式多种多样，不受限于固定的语言模板。

9.3.1　基于生成的方法

基于生成的方法用计算机视觉技术检测出图像中的对象，预测对象的属性和相互关系，识别图像中可能发生的行为，然后用特定的模板、语言模型或句法模型生成图像的文本描述句子。

该方法依赖于预先设定的场景对象、对象属性以及行为等语义类别，根据句子生成方法的不同又可分为基于模板的方法、基于句法分析的方法和基于语言模型的方法。

1. 基于模板的方法

图 9-3 所示为基于模板方法的图像文本描述流程图，该方法主要利用某种特定的语法规则生成语言描述。其主要步骤为：首先输入图像，利用图像检测方法提取图像中的主要物体区域，对提取到的区域图像进行特征提取并利用分类器得到图像中物体的所属类别；然后根据物体类别和人工制定好的属性介词短语预测表对检测得到的物体进行属性预测，得到匹配好的短语；最后根据指定的某些规则组合成最终的语句描述。

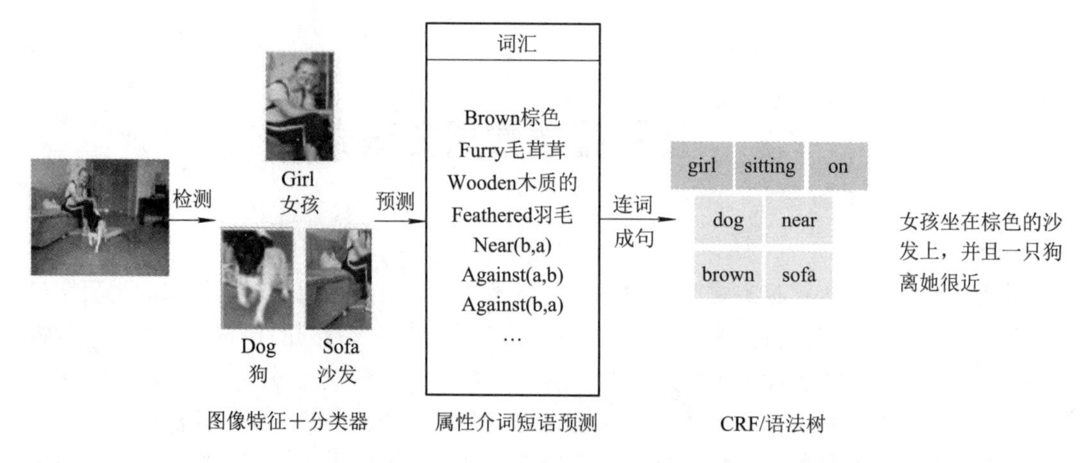

图 9-3 基于模板方法的图像文本描述流程图

基于模板的方法是图像文本描述领域最早使用的研究方法，该方法的重点是特征提取部分，语句的描述结果主要依赖于设定的短语模块。以图 9-3 为例，首先对输入的图像中的物体进行检测并提取该区域图像特征，经过分类器得到图中的主要物体为“Girl(女孩)”“Dog(狗)”“Sofa(沙发)”等；然后利用属性介词短语预测主要物体的属性，如“Brown(棕色)”“Furry(毛茸茸)”“Wooden(木质的)”等；最后根据语言模型形成一系列的关系短语，连词成句得到最终的语言描述结果。Ali Farhadi 等人利用该方法生成描述语句，但是生成的物体描述语句缺少流畅度。Alex Krizhevsky 等人提出 Baby Talk 模型，该模型使用检测器识别对象、属性和相互关系，采用条件随机场模型 CRF 算法预测标签，最后使用模板生成文本描述。Polino Kuznetsova 等人学习训练集已有的句子描述产生树形句子片段，测试时与新生成的文本描述再组合，产生最终的图像文本描述。

2. 基于句法分析的方法

基于句法分析的方法首先检测对象、对象属性、对象之间的空间关系、图像场景类型、对象行为等，然后使用依存句法树/图驱动句子的各个部件逐步生成完整的描述句子。Desmond Elliott 等人提出首个基于句法分析的方法 VDR(Visual Dependency Representation)，该方法用依存图表示对象之间的关系，将图像解析为 VDR，然后遍历 VDR 并考虑 VDR 与依存句法树的约束关系填充句子模板的空槽，从而生成图像的文本描述。Desmond Elliot 等人进一步改进了 VDR 方法，提出了从数据自动生成依存图的方法，该方法通过使用图像和文本数据自动学习图像中对象的颜色、纹理和形状等属性，并对各属性按打分进行排序。该方法的优势是解决了 VDR 方法对大量人工标注数据的依赖问题。Margaret Mitchell 等人把图像文本描述问题看作是 VDR 句子的机器翻译问题，执行显式的图像内容选择和语法约束，用带约束的整数规划方法得到图像的文本描述。

3. 基于语言模型的方法

基于语言模型的方法首先生成若干句子中可能出现的短语，然后依赖语言模型对这些短语片段进行组织，从而生成图像的文本描述。Girisb Kulkarni 等人首先确定图像中的对象、属性和介词等相关信息，将其表示为成员组，然后使用预先训练好的 N-gram 语言模型生成流畅的文本描述句子。Fang Fang 等人提出基于最大熵语言模型生成图像文本描述的方法，该方法首先使用多实例学习的方法生成若干单词，然后使用最大熵语言模型确定已知若干单词的条件下最可能产生的文本描述句子。

基于生成的方法在检测过程中依赖于概念检测的质量，在生成过程中受限于人工设计的模板、不完备的语言模型以及有限的句法模型，因而该方法生成的文本描述句子单一，不具有多样性。

9.3.2 基于搜索的方法

图 9-4 所示为基于搜索方法的图像文本描述流程图。该方法主要是计算待描述图像与图像库图像特征的相似度，进行特征度量匹配从而获得最为相似的文本描述。该方法首先提取待描述图像和图像库中所有图像的特征向量，然后利用不同的特征度量方法进行相似度计算，最终得到的图像描述为与图像库中特征向量最相似的图像所对应的图像描述。Jacob Devlin 等人利用该方法得到最终描述，由于特征提取的好坏以及度量器的质量决定着度量的准确性，因此该类方法主要依赖于预先设定好的图像库，如果图像库中存在与待描述图像相似的图像，那么可以对待描述图像进行准确的描述，但若图像库中不存在与待描述图像相似的图像，那么待描述图像的描述语句将会是与图像库特征最相近的图像描述，会存在较大的描述误差，甚至描述错误，图 9-4 给出了图像描述错误的示例。

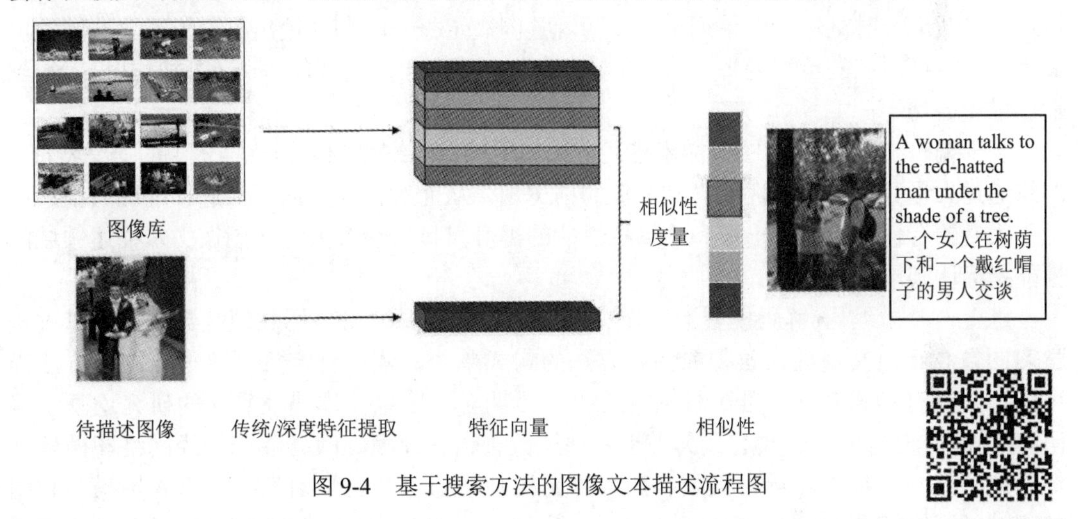

图 9-4 基于搜索方法的图像文本描述流程图

在图 9-4 中，待描述图像为“These two people are holding a wedding(这两个人正在举办婚礼)”，但图像库中不存在与其相似的场景，那么经过特征相似度测量得到与其特征层面最相近的描述为“A woman talks to the red-hatted man under the shade of a tree(一个女人在树荫下和一个戴红帽子的男人交谈)”，可以看出这与图像内容不符。

9.3.3 基于编解码的方法

图 9-5 所示为基于编码-解码模型的图像文本描述方法流程图。该类方法随着深度学习技术的发展逐渐呈现出其优势所在。基于编码-解码的图像文本描述方法已经成为目前图像文本描述领域最常使用的方法。

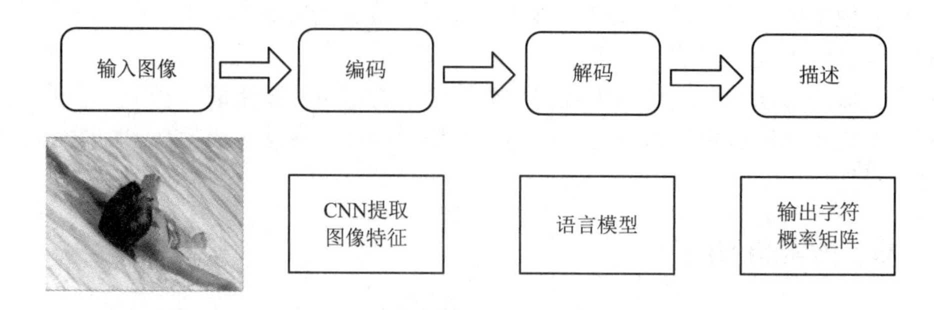

图 9-5 基于编码-解码模型的图像文本描述流程图

编码-解码模型是基于卷积神经网络和循环神经网络级联的方法，也是机器翻译中的常见方法。首先编码器提取输入图像特征，解码器将提取到的图像特征转化为字符概率矩阵，然后根据字符概率矩阵输出最终的语句描述。编码器一般为 CNN，主要对图像进行卷积，并利用多层卷积后的特征作为包含图像语义内容的信息；解码器一般为 RNN，将编码器得到的特征转化成语句描述。该类方法将任务分为两部分：第一部分利用 CNN 提取图像特征向量，得到编码后的特征向量，一般情况下提取的为高层图像语义特征；第二部分根据句子单词的序列特性，大部分情况利用 RNN 进行序列特征的输出，输入为编码部分提取的图像特征以及上一时刻输出的单词特征，两者共同决定下一时刻的输出单词特征。选取输出概率最大特征对应的单词为每一时刻的单词，最终将得到一系列单词按输出时刻拼接得到输出描述语句。

基于编码-解码模型的图像文本描述方法利用神经网络来学习训练样本中的语义特征。网络通过大量数据的学习训练得到一般的描述规律从而对待描述的图像进行准确的描述。由于大量的有标签数据的出现和计算机性能的提升，目前该类方法在图像文本描述领域的性能指标达到最佳。

综上，基于编码-解码模型的图像文本描述方法需要大量地标注训练数据，通过大量学习图像高级语义特征来改善前两种方法的句式单一、依赖特定规则等缺点。该方法描述的语句具有句式多样、准确性高等特点。后期对于图像文本描述算法的研究均基于编码-解码模型结构来进行改进。另外也有通过改善语言模型、改善卷积神经网络和循环神经网络的结构、加入注意力机制、加入语义机制、加入强化学习训练、引入场景图和图卷积神经网络(Graph Convolutional Network，GCN)等高效的改进方案来提升图像文本描述的性能。

9.4 图像描述实现

本节基于编码-解码模型方法实现图像描述，数据集使用的是 AI Challenge。该数据集分为两部分：第一部分是图像，总共 20 万张；第二部分是 json 文件，此文件保存每张图像的描述，每个样本的格式如图 9-6 所示，总共 20 万条这样的样本。图像描述的 Pytorch

实现开源代码网址为 https://github.com/CaptainEven/VideoCaption。


```
{"url": "http://m4.biz.itc.cn/pic/new/n/71/65/Img8296571_n.jpg",
 "image_id": "8f00f3d0f1008e085ab660e70dffced16a8259f6.jpg",
 "caption": ["\u4e24\u4e2a\u8863\u7740\u4f11\u95f2\u7684\u4eba\u5728\u5e73
\u6574\u7684\u9053\u8def\u4e0a\u4ea4\u8c08", "\u4e00\u4e2a\u7a7f\u7740\
u7ea2\u8272\u4e0a\u8863\u7684\u7537\u4eba\u548c\u4e00\u4e2a\u7a7f\u7740\
u7070\u8272\u88e4\u5b50\u7684\u7537\u4eba\u7ad9\u5728\u5ba4\u5916\u7684\
u9053\u8def\u4e0a\u4ea4\u8c08", "\u5ba4\u5916\u7684\u516c\u56ed\u91cc\
u6709\u4e24\u4e2a\u7a7f\u7740\u957f\u88e4\u7684\u7537\u4eba\u5728\u4ea4\
u6d41", "\u8857\u9053\u4e0a\u6709\u4e00\u4e2a\u7a7f\u7740\u6df1\u8272\
u5916\u5957\u7684\u7537\u4eba\u548c\u4e00\u4e2a\u7a7f\u7740\u7ea2\u8272\
u5916\u5957\u7684\u7537\u4eba\u5728\u4ea4\u8c08", "\u9053\u8def\u4e0a\
u6709\u4e00\u4e2a\u8eab\u7a7f\u7ea2\u8272\u4e0a\u8863\u7684\u7537\u4eba\
u5728\u548c\u4e00\u4e2a\u62ac\u7740\u5de6\u624b\u7684\u4eba\u8bb2\u8bdd
"]},
```


图 9-6 样本格式图

示例图像如图 9-7 所示，每张图像对应 5 句描述：

(1) 两只长颈鹿站在草堆里。

(2) 两只长颈鹿在吃草。

(3) 两只长颈鹿站在一棵树旁边。

(4) 两只长颈鹿在嬉戏玩耍。

(5) 两只长颈鹿在交谈。

图 9-7 长颈鹿图像

9.4.1 数据处理

数据处理主要是图像预处理和文字描述预处理。图像预处理相对比较简单，只需将图像送入 RestNet 网络中，获得指定层的输出并保存即可。文字描述预处理相对比较麻烦，可分为以下几步：

(1) 对中文数据进行分词。“jieba”是专门用于中文文本分词的 Python 库，功能强大，通过输入 pip install jieba 安装后即可使用。

(2) 将词用序号表示，并过滤低频词。过滤低频词，即通过统计每个词出现的次数，删除频次低的词。

(3) 将所有描述补齐到等长。通过 pad 函数即可补长描述至同等长度。

9.4.2 ResNet 网络的修改

利用 ResNet 网络进行图像特征提取，需要使用 ResNet 网络倒数第二层的 2048 维度的输出向量。为了得到这一层输出，需要把最后一层全连接层删除并替换成一个恒等映射。替换成恒等映射是因为删除全连接层后，ResNet 模型没有了全连接层属性，在 forward 函数中会报错。具体代码如下：

```
import torch
import torch as t
import torchvision.models as models
import torchvision.transforms as transforms
import torchvision.datasets as datasets
from torch.utils.data import DataLoader
import tqdm
from torch import nn
from torch.nn.utils.nn import pack_pudded_sequence

#定义数据加载器函数
def get_dataloader(opt, shuffle=False):
    transform = transforms.Compose([
        transforms.Resize(256),
        transforms.CenterCrop(224),
        transforms.ToTensor(),
        transforms.Normalize(mean=[0.485, 0.456, 0.406], std=[0.229, 0.224, 0.225]),
    ])
    dataset = datasets.ImageFolder(root=opt.data_path, transform=transform)
    dataloader = DataLoader(dataset, batch_size=opt.batch_size, shuffle=shuffle, num_workers=4)
    return dataloader

#参数
class Opt:
    batch_size = 256
    data_path = '/path/to/your/dataset'
```

```
opt = Opt()

#加载数据 shuffle 应该设置为 False，即图像不需要随机排序
dataloader = get_dataloader(opt, shuffle=False)
results = torch.Tensor(len(dataloader.dataset), 2048).fill_(0)
batch_size = opt.batch_size

#模型
resnet50 = models.resnet50(pretrained=True)
del resnet50.fc
resnet50.fc = lambda x: x
resnet50.cuda()

#前向传播，计算特征
for ii, (imgs, indexs) in tqdm.tqdm(enumerate(dataloader)):
    #确保序号没有对应错
    assert indexs[0] == batch_size * ii
    imgs = imgs.cuda()
    features = resnet50(imgs)
    results[ii * batch_size:(ii + 1) * batch_size] = features.data.cpu()

# 20 万张图像，每张图像 2048 个特征点
torch.save(results, 'results.pth')
```

需要注意的是，dataloader 中的参数 shuffle 应该设置为 False，即图像不能随机排序，必须按顺序读取图像，以确保特征矩阵 results[ix]和图像文件名 ix2id[ix]的下标一一对应。

9.4.3 模型构建步骤

模型构建步骤如下：

(1) ResNet 网络把图像提取成 2048 维度的向量，然后利用全连接层转化成 256 维的向量。这一步可以认为是从图像的语义空间转换成了词向量的语义空间。

(2) 词描述经过 Embedding 层，每个词都变成了 256 维向量。

(3) 将第(1)步和第(2)步得到的词向量拼接在一起，输入递归神经网络 LSTM 中，计算每个词的输出。

(4) 利用每个词的输出进行分类，预测下一个词(分类)。

具体代码如下：

```
class CaptionModel(nn.Module):
    def __init__(self, opt, word2ix, ix2word):
        super(CaptionModel, self).__init__()
```

```
        self.ix2word = ix2word    #索引到单词的映射
        self.word2ix = word2ix    #单词到索引的映射
        self.opt = opt
        self.fc = nn.Linear(2048, opt.rnn_hidden)
        #全连接层，用于转换图像特征
        #递归神经网络（LSTM），用于生成文字描述
        self.rnn = nn.LSTM(opt.embedding_dim, opt.rnn_hidden, num_layers=opt.num_layers)
        self.classifier = nn.Linear(opt.rnn_hidden, len(word2ix))
        self.embedding = nn.Embedding(len(word2ix), opt.embedding_dim)

    def forward(self, img_feats, captions, lengths):
        embeddings = self.embedding(captions)
        #将图像特征转换为与单词嵌入相匹配的维度
        img_feats = self.fc(img_feats).unsqueeze(0)
        #将图像特征与单词嵌入连接起来，将图像特征视为第一个单词的嵌入
        embeddings = t.cat([img_feats, embeddings], 0)
        #打包嵌入序列以处理可变长度序列
        packed_embeddings = pack_padded_sequence(embeddings, lengths)
        #通过 LSTM 网络传递打包的嵌入
        outputs, state = self.rnn(packed_embeddings)
        #基于 LSTM 输出预测序列中的下一个单词
        pred = self.classifier(outputs[0])
        return pred, state
```

9.4.4 模型训练与测试搭建

模型训练利用前 n−1 个词作为输入，后 n−1 个词作为预测目标，把问题变成一个分类问题。在完成训练后，需要利用图像生成描述，具体步骤如下：

(1) 提取图像特征。通过全连接层得到 256 维的向量 v_0，将其输入 LSTM 网络得到相应输出。

(2) 利用输出预测下一个词，得到最有可能的一个词 w_1。

(3) 将上一步得到的词 w_1 经过 embedding 层得到词向量 v_1，将 v_1 输入 LSTM 网络得到输出。

(4) 利用输出预测下一个词，得到最有可能的一个词 w_2。

(5) 将上一步得到的词 w_2 经过 embedding 层得到词向量 v_2，将 v_2 输入 LSTM 网络得到输出。

(6) 重复以上步骤，直到遇到结束标识符。

使用类似贪心算法的搜索很容易陷入局部最优，对应的改进算法是 beam search。beam

search 算法是一个动态规划算法，在其每次搜索过程中，不是只记下最可能的一个词，而是记住最可能的 k 个词，然后继续搜索下一个词，找到 k^2 个序列，保存概率最大的 k，不断搜索直到结果最优。

(1) 训练部分代码如下：

```
def train(**kwargs):
    opt = Config()
    for k, v in kwargs.items():
        setattr(opt, k, v)
    device=t.device('cuda') if opt.use_gpu else t.device('cpu')
    opt.caption_data_path = 'caption.pth'        #原始数据
    opt.test_img = '测试图片路径'                 #输入图像
    opt.model_ckpt='caption_0914_1947'          #预训练的模型
    #数据
    vis = Visualizer(env=opt.env)
    dataloader = get_dataloader(opt)
    _data = dataloader.dataset._data
    word2ix, ix2word = _data['word2ix'], _data['ix2word']
    #模型
    model = CaptionModel(opt, word2ix, ix2word)
    if opt.model_ckpt:
        model.load(opt.model_ckpt)
    optimizer = model.get_optimizer(opt.lr)
    criterion = t.nn.CrossEntropyLoss()
    model.to(device)
    #统计
    loss_meter = meter.AverageValueMeter()
    for epoch in range(opt.epoch):
        loss_meter.reset()
        for ii, (imgs, (captions, lengths), indexes) in tqdm.tqdm(enumerate(dataloader)):
            #训练
            optimizer.zero_grad()
            imgs = imgs.to(device)
            captions = captions.to(device)
            input_captions = captions[:-1]
            target_captions = pack_padded_sequence(captions, lengths)[0]
            score, _ = model(imgs, input_captions, lengths)
            loss = criterion(score, target_captions)
            loss.backward()
```

```
            optimizer.step()
            loss_meter.add(loss.item())
```

(2) 测试部分代码如下：

```
def generate(**kwargs):
    opt = Config()
    for k, v in kwargs.items():
        setattr(opt, k, v)
    device = t.device('cuda') if opt.use_gpu else t.device('cpu')
    #数据预处理
    data = t.load(opt.caption_data_path, map_location=lambda s, l: s)
    word2ix, ix2word = data['word2ix'], data['ix2word']
    normalize = tv.transforms.Normalize(mean=IMAGENET_MEAN, std=IMAGENET_STD)
    transforms = tv.transforms.Compose([
        tv.transforms.Resize(opt.scale_size),
        tv.transforms.CenterCrop(opt.img_size),
        tv.transforms.ToTensor(),
        normalize
    ])
    img = Image.open(opt.test_img)
    img = transforms(img).unsqueeze(0)
    #用 resnet50 来提取图像特征
    resnet50 = tv.models.resnet50(True).eval()
    del resnet50.fc
    resnet50.fc = lambda x: x
    resnet50.to(device)
    img = img.to(device)
    img_feats = resnet50(img).detach()
    # Caption 模型
    model = CaptionModel(opt, word2ix, ix2word)
    model = model.load(opt.model_ckpt).eval()
    model.to(device)
    results = model.generate(img_feats.data[0])
        print('\r\n'.join(results))
```

9.4.5 运行模型

(1) 训练部分。在终端输入以下代码即可开始训练模型。

```
python main.py train --batch_size=256 --plot_every=500 --epoch=1000 --lr1=0.01
# plot_every 为可视化参数
```

(2) 测试部分。在终端输入以下代码即可完成模型测试。

```
python main.py generate --model_ckpt='root/caption_0915_0000'      --test_img='sampel.jpeg'
# model_ckpt 为训练结束后保存模型的地址
```

经过一段时间的训练后，输入测试数据即可得到测试结果。

输入图像如图 9-8 所示。

图 9-8　输入图像

输出结果如下：

```
两个老人和一个小孩</EOS>
```

从测试结果可以看出，生成的描述结果精确度较低。要提升图像描述精确度，可以同时训练 ResNet 网络和 Generator 两个部分，或者增加 LSTM 层数，或者增加模型训练迭代次数，使得模型泛化性能更强，得出更加准确的图像描述结果。

本 章 小 结

计算机视觉领域飞速发展，现如今也有很多性能非常好的开源图像描述模型，感兴趣的读者可以去查阅更多详细的内容。视觉与语言的深度语义融合将有助于提升图像文本描述的性能，这也是多模态智能交互的关键步骤，是未来的主要发展方向。

参 考 文 献

[1] HUANG B，HE B，WU L，et al. A deep learning approach to detecting ships from high-resolution aerial remote sensing images[J]. Journal of Coastal Research，2020，111(SI)：16-20.

[2] FU K S. Pattern recognition and image processing[J]. IEEE transactions on computers，1976，100(12)：1336-1346.

[3] RUCK D W，ROGERS S K，KABRISKY M. Feature selection using a multilayer perceptron[J]. Journal of Neural Network Computing，1990，2(2)：40-48.

[4] HINTON G E，SALAKHUTDINOV R. Reducing the dimensionality of data with neural networks[J]. Science，2006，313(5786)：504-507.

[5] NIU X，SUEN C Y. A novel hybrid CNN – SVM classifier for recognizing handwritten digits[J]. Pattern Recognition，2012，45(4)：1318-1325.

[6] KRIZHEVSKY A，SUTSKEVER I，HINTON G E. Imagenet classification with deep convolutional neural networks[J]. Advances in neural information processing systems，2012，25：1097-1105.

[7] SIMONYAN K，ZISSERMAN A. Very deep convolutional networks for large-scale image recognition [J]. arXiv preprint arXiv:1409.1556, 2014.

[8] SZEGEDY C，LIU W，JIA Y, et al. Going deeper with convolutions[C]//Proceedings of the 2015 IEEE Conference on Computer Vision and Pattern Recognition. Piscataway：IEEE，2015：1-9.

[9] HE K，ZHANG X，REN S，et al. Deep residual learning for image recognition[C]// Proceedings of the 2016 IEEE Conference on Computer Vision and Pattern Recognition. Piscataway：IEEE，2016：770-778.

[10] ZHANG L，WANG X，YANG D，et al. Generalizing deep learning for medical image segmentation to unseen domains via deep stacked transformation[J]. IEEE transactions on Medical Imaging，2020，39(7)：2531-2540.

[11] CHEN R, WANG M, LAI Y, et al. Analysis of the role and robustness of artificial intelligence in commodity image recognition under deep learning neural network[J]. PLOS ONE, 2020, 15(7): 1-17.

[12] FUKUSHIMA K, MIYAKE S. Neocognitron: a new algorithm for pattern recognition tolerant of deformations and shifts in position[J]. Pattern Recognition, 1982, 15(6): 455-469.

[13] ZHANG J, BRANDT J, LIN Z, et al. Top-down neural attention by excitation backprop[J].

International Journal of Computer Vision, 2018, 126(10): 1084-1102.

[14] MCCULLOCH W S, PITTS W. A logical calculus of the ideas immanent in nervous activity[J]. The Bulletin of Mathematical Biophysics, 1943, 5(4): 115-133.

[15] XU B, WANG N, CHEN T, et al. Empirical evaluation of rectified activations in convolutional network [EB/OL]. 2021.08.09. https://arxiv.org/pdf/1505.00853.pdf.

[16] CLEVERT DA, UNDERTHINER T, HOCHREITER S. Fast and accurate deep network learning by exponential linear units (ELUs) [EB/OL]. [2021-08-09]. https://arxiv.org/pdf/1511.07289.pdf.

[17] MAAS AL, HANNUN AY, NG AY. Rectifier nonlinearities improve neural network acoustic models[C]//Proceedings of the 2013 International Conference on Machine Learning. Atlanta: ICML, 2013: 3-6.

[18] BEN ATHIWARATKUN, MARC FINZI, PAVEL IZMAILOV, ANDREW GORDON WILSON, et al. There Are Many Consistent Explanations of Unlabeled Data: Why You Should Average. In International Conference on Learning Representations, 2019.

[19] PHILIP BACHMAN, R DEVON HJELM, WILLIAM BUCHWALTER, et al. Learning Representations by Maximizing Mutual Information Across Views. In Advances in Neural Information Processing Systems, pages 15509-15519, 2019.

[20] D. BERTHELOT, N. CARLINI, I. GOODFELLOW, et al. MixMatch: A Holistic Approach to Semi-Supervised Learning. In Advances in Neural Information Processing Systems, pages 5050-5060, 2019.

[21] MATHILDE CARON, PIOTR BOJANOWSKI, ARMAND JOULIN, MATTHIJS DOUZE, et al. Deep clustering for unsupervised learning of visual features. In Proceedings of the European Conference on Computer Vision (ECCV), pages 132-149, 2018.

[22] CANNY J. A Computational Approach To Edge Detection[J]. IEEE Trans. Pattern Analysis and Machine Intelligence, 1986, 8(6): 679-698.

[23] DALAL N, TRIGGS B. Histograms of Oriented Gradients for Human Detection[C]. IEEE Computer Society Conference on Computer Vision and Pattern Recognition, 2005: 886-893.

[24] KRIZHEVSKY A, SUTSKEVER I, HINTON G E. Image Net classification with deep convolutional neural networks[C]. International Conference on Neural Information Processing Systems. Curran Associates Inc. 2012: 1097-1105.

[25] HE K, ZHANG X, REN S, et al. Deep residual learning for image recognition[C]. IEEE Conference on Computer Vision and Pattern Recognition, 2016, 770-778.

[26] MOTTAGHI R, CHEN X, LIU X, et al. The Role of Context for Object Detection and Semantic Segmentation in the Wild[C]. IEEE Conference on Computer Vision and Pattern Recognition,2014:891-898.

[27] LONG J, SHELHAMER E, DARRELL T. Fully convolutional networks for semantic

segmentation[J]. IEEE Transactions on Pattern Analysis and Machine Intelligence, 2014, 39(4): 640-651.

[28] SIMONYAN K, ZISSERMAN A. Very deep convolutional networks for large-scale image recognition[J]. Computer Science, 2014.

[29] ZHANG X, ZHOU X, LIN M, et al. Shuffle net: an extremely efficient convolutional neural network for mobile devices[C]. IEEE Conference on Computer Vision and Pattern Recognition, 2018: 6848-6856.

[30] MA N, ZHANG X, ZHENG H T, et al. Shuffle net V2: practical guidelines for efficient CNN architecture design[J]. Springer, Cham, 2018.

[31] HOWARD A G, ZHU M, CHEN B, et al. Mobile nets: efficient convolutional neural networks for mobile vision applications[J]. ar Xiv preprint ar Xiv:1704.04861, 2017.

[32] SANDLER M, HOWARD A, ZHU M, et al. Mobile net V2: inverted residuals and linear bottlenecks[C]. IEEE Conference on Computer Vision and Pattern Recognition, 2018: 4510-4520.

[33] HOWARD A, SANDLER M, CHU G, et al. Searching for mobile net V3 [C]. IEEE/CVF International Conference on Computer Vision, Seoul, Korea (South), 27 Oct-2 Nov, 2019: 1314-1324.

[34] YANG T, HOWARD A, CHEN B, et al. Net adapt: platform-aware neural network adaptation for mobile applications[C]. Proceedings of the European Conference on Computer Vision. Springer, 2018: 289-304.

[35] JACOB B, KLIGYS S, CHEN B, et al. Quantization and training of neural networks for efficient integer-arithmetic-only inference[C]. IEEE Conference on Computer Vision and Pattern Recognition, 2018: 2704-2713.

[36] HINTON G, VINYALS O, DEAN J. Distilling the knowledge in a neural network[J]. Computer Science, 2015, 14(7): 38-39.

[37] 景庄伟, 管海燕, 彭代峰, 等. 基于深度神经网络的图像语义分割研究综述[J]. 计算机工程, 2020, 46(10): 1-17.

[38] KIPF T N, WELLING M. Semi-supervised classification with graph convolutional networks[J]. ICLR, 2017: 1-14.

[39] KRIZHEVSKY A，SUTSKEVER I，HINTON G E. Imagenet classification with deep convolutional neural networks[J]. Communications of the ACM，2017，60(6)：84-90.

[40] GIRSHICK R，DONAHUE J，DARRELL T，et al. Rich Feature hierarchies for accurate object detection and semantic segmentation[C]//Proceedings of the IEEE Conference on Computer Vision And Pattern Recognition, 2014：580-587.

[41] GOODFELLOW I, BENGIO Y, COURVILLE A, et al. Deep learning[M]. Massachusetts：MIT Press，2016：201-204.

[42] 林景栋，吴欣怡，柴毅，等. 卷积神经网络结构优化综述[J]. 自动化学报，2020，46(1):

24-37.

[43] SINGH B，DAVIS L S. An analysis of scale invariance in object detection nip[C]//Proceedings of the IEEE Conference on Computer Vision and Pattern Recognition，2018：3578-3587.

[44] HU J，SHEN L，SUN G. Squeeze-and-excitation networks[C]//Proceedings of the IEEE Conference on Computer Vision and Pattern Recognition, 2018：7132-7141.

[45] LI X，WANG W，HU X，et al. Selective kernel networks[C]//Proceedings of the IEEE Conference on Computer Vision and Pattern Recognition, 2019：510-519.

[46] DONAHUE J，JIA Y，VINYALS O，et al. Decaf：a deep convolutional activation feature for generic visual recognition[C]//International Conference on Machine Learning, 2014，50(1)：647-655.

[47] LONG J，SHELHAMER E，DARRELL T. Fully convolutional networks for semantic segmentation[C]//Proceedings of the IEEE Conference on Computer Vision and Pattern Recognition, 2015：3431-3440.

[48] CARION N, MASSA F, SYNNAEVE G, et al. End-to-end object detection with transformers[C]//European conference on computer vision. Springer, Cham, 2020: 213-229.

[49] 田启川，王满丽. 深度学习算法研究进展[J]. 计算机工程与应用，2019，55(22)：25-33.

[50] GATYS L A，ECKER A S，BETHGE M. Image style transfer using convolutional neural networks[C]//Proceedings of the IEEE Conference on Computer Vision and Pattern Recognition，2016：2414-2423.

[51] LI Y，WANG N，LIU J，et al. Demystifying neural style transfer[C]//Twenty-Sixth International Joint Conference on Artificial Intelligence(IJCAI)，2017：2230-2236.

[52] JING Y，YANG Y，FENG Z，et al. Neural style transfer： a review[J]. IEEE Transactions on Visualization and Computer Graphics，2019，26(11)：3365-3385.

[53] LI Y，FANG C，YANG J，et al. Universal style transfer via feature transforms [C] //Advances in Neural Information Processing Systems，2017：386-396.

[54] ZHU J Y，PARK T，ISOLA P，et al. Unpaired image-to-image translation using cycle-consistent adversarial networks[C]//Proceedings of the IEEE International Conference on Computer Vision，2017：2242-2251.

[55] LI X，LIU S，KAUTZ J，et al. Learning linear transformations for fast image and video style transfer[C]//Proceedings of the IEEE Conference on Computer Vision and Pattern Recognition，2019：3804-3812.

[56] ULYANOV D，VEDALDI A，LEMPITSKY V. Improved texture networks：maximizing quality and diversity in feed-forward stylization and texture synthesis[C]//Proceedings of the IEEE Conference on Computer Vision and Pattern Recognition，2017：4105-4113.

[57] PARK D Y，LEE K H. Arbitrary style transfer with style-attentional networks[C]

//Proceedings of the IEEE Conference on Computer Vision and Pattern Recognition，2019：5873-5881.

[58] SHEN F，YAN S，ZENG G. Neural style transfer via meta networks[C]//Proceedings of the IEEE Conference on Computer Vision and Pattern Recognition，2018：8061-8069.

[59] CHOI Y，CHOI M，KIM M，et al. StarGAN：unified generative adversarial networks for multi-domain image-to-image translation[C]//Proceedings of the IEEE Conference on Computer Vision and Pattern Recognition，2018：8789-8797.

[60] GUO N, LIU H, JIANG L. Attention-based visual-audio fusion for video caption generation [C]. 2019 IEEE 4th International Conference on Advanced Robotics and Mechatronics (ICARM). IEEE, 2019: 839-844.

[61] LIU M, LI L, HU H, et al. Image caption generation with dual attention mechanism[J]. Information Processing & Management, 2020, 57(2): 102178.

[62] 刘泽宇, 马龙龙, 吴健, 等. 基于多模态神经网络的图像中文摘要生成方法[J]. 中文信息学报, 2017, 31(6): 162-171.

[63] LIU M, HU H, LI L, et al. Chinese image caption generation via visual attention and topic modeling[J]. IEEE Transactions on Cybernetics, 2020, PP(99): 1-11.

[64] LIU K, LI Y, XU N, et al. Learn to combine modalities in multimodal deep learning [J]. arXiv preprint Xiv: 1805.11730, 2018.

[65] 马龙龙, 韩先培, 孙乐. 图像的文本描述方法研究综述[J]. 中文信息学报, 2018, 32(4): 1-12.